建筑与市政工程施工现场专业人员职业培训教材

材料员通用与基础知识

本书编委会 编

中国建材工业出版社

图书在版编目(CIP)数据

材料员通用与基础知识 /《材料员通用与基础知识》
编委会编. —— 北京：中国建材工业出版社，2016.10
（2018.10 重印）
建筑与市政工程施工现场专业人员职业培训教材
ISBN 978-7-5160-1700-5

Ⅰ. ①材… Ⅱ. ①材… Ⅲ. ①建筑材料－职业培训－
教材 Ⅳ. ①TU5

中国版本图书馆 CIP 数据核字(2016)第 243179 号

材料员通用与基础知识

本书编委会 编

出版发行：中国建材工业出版社

地　　址：北京市海淀区三里河路 1 号
邮　　编：100044
经　　销：全国各地新华书店
印　　刷：北京雁林吉兆印刷有限公司
开　　本：787mm×1092mm　1/16
印　　张：16.5
字　　数：360 千字
版　　次：2016 年 10 月第 1 版
印　　次：2018 年 10 月第 4 次
定　　价：48.00 元

本社网址：www.jccbs.com　微信公众号：zgjcgycbs

前　言

随着工程建设的不断发展和建筑科技的进步，国家及行业对于工程质量安全的严格要求，对于工程技术人员岗位职业技能要求也不断提高，为了更好地贯彻落实《建筑与市政工程施工现场专业人员职业标准》(JGJ/T 250—2011)和2015年最新颁布的《建筑业企业资质管理规定》对于工程建设专业技术人员素质与专业技能要求，全面提升工程技术人员队伍管理和技术水平，促进建设科技的工程应用，完善和提高工程建设现代化管理水平，我们组织编写了这套《建筑与市政工程施工现场专业人员职业培训教材》。本丛书旨在从岗前考核培训到实际工程现场施工应用中，为工程专业技术人员提供全面、系统、最新的专业技术与管理知识，满足现场施工实际工作需要。

本丛书主要依据现场施工中各专业岗位的实际工作内容和具体需要，按照职业标准要求，针对各岗位工作职责、专业知识、专业技能等知识内容，遵循易学、易懂、能现场应用的原则，划分知识单元、知识讲座，这样既便于上岗前培训学习时使用，也方便日常工作中查询、了解和掌握相关知识，做到理论结合实践。本丛书以不断加强和提升工程技术人员职业素养为前提，深入贯彻国家、行业和地方现行工程技术标准、规范、规程及法规文件要求；以突出工程技术人员施工现场岗位管理工作为重点，满足技术管理需要和实际施工应用，力求做到岗位管理知识及专业技术知识的系统性、完整性、先进性和实用性相统一。

本丛书内容丰富、全面、实用，技术先进，适合作为建筑与市政工程施工现场专业人员岗前培训教材，也是建筑与市政工程施工现场专业人员必备的技术参考书。

由于时间仓促和能力有限，本书难免有谬误之处和不完善的地方，敬请读者批评指正，以期通过不断修订与完善，使本丛书能真正成为工程技术人员岗位工作的必备助手。

编委会

2016 年 10 月

目录 CONTENTS

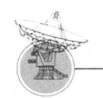

第1部分

建筑材料基本知识与
管理要求

第1单元　建筑材料基本知识

第1讲　建筑材料的分类

所有用于建筑施工的原材料、半成品和各种构件、零部件都被视为建筑材料。工程建设项目使用的材料数量大、品种多，建设企业对工程材料进行合理分类与管理，不仅能发挥各级材料的管理与使用，也能减少中间环节，降低人工和时间成本，提高经济效益，保障工程质量和安全。

一、按使用历史分类

按使用历史可以分为传统工程材料和新型工程材料两类。

1. 传统工程材料

传统工程材料是指那些使用历史较长的材料，如砖、瓦、砂、石骨料和三大材料的水泥、钢材和木材等。

2. 新型工程材料

新型工程材料是针对传统工程材料而言使用历史较短，尤其是新开发的工程材料。新型材料具有轻质、高强度、保温、节能、节土、装饰等优良特性。采用新型材料不但使房屋功能大大改善，还可以使建筑物内外更具时代气息，满足人们的审美要求；有的新型材料节能、节材、可循环再利用、环保符合可持续发展要求；有的新型材料可以显著减轻建筑物自重，为推广轻型建筑结构创造了条件，推动了建筑施工技术现代化，大大加快了建房速度。

二、按主要用途分

按主要用途可以分为结构性材料和功能性材料两类。

1. 结构性材料

结构性材料主要是指用于构造建筑结构部分的承重材料，例如水泥、骨料、混凝土及混凝土外加剂、砂浆、砖和砌块等墙体材料、钢筋及各种建筑钢材、公路和市政工程中大量使用的沥青混凝土等，在建筑中主要利用其具有一定的力学性能。

2. 功能性材料

功能性材料主要是指在建筑物中发挥其力学性能以外特长的材料，例如防水材料、建筑涂料、绝热材料、防火材料、建筑玻璃、防腐涂料、金属或塑料管道材料等，他们赋予建筑物以必要的防水功能、装饰效果、保温隔热功能、防火功能、维护和采光功能、防腐蚀功能及排水功能。正是凭借了这些材料的一项或多项功能，才使建筑物具有或改善了使用功能，产生了一定的装饰美观效果，也使对生活在一个安全、耐久、舒适、美观的环境中的愿望得以实现。当然，有些功能材料除了其自身特有的功能外，也还有一定的力学性能，而且，人们也在不断创造更多更好的功能材料和既具有结构性材料的强度又具有其他功能复合特性的材料。

三、按成分分类

按成分分类工程材料分为无机材料、有机材料和复合材料三大类。工程材料分类见图 1—1。

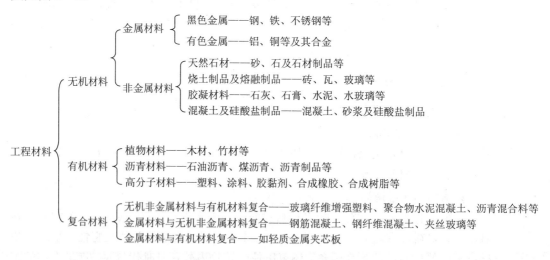

图 1—1 工程材料按成分分类

1. 无机材料

无机材料主要是大部分使用历史较长的材料，它又可以分为金属材料和非金属材料，前者还可以细分为黑色金属（如钢筋及各种建筑钢材）和有色金属（如铜及其合金、铝及其合金），后者如水泥、骨料、混凝土、砂浆、砖和砌块等墙体材料、玻璃等。

2. 有机材料

有机高分子材料主要是指建筑涂料、建筑塑料、混凝土外加剂、泡沫聚苯乙烯和泡沫聚氨酯等绝热保温材料、薄层防火涂料等。

3. 复合材料

复合材料通常是指用不同性能和功能的材料进行复合而成的性能更理想的材料，常见的复合方式有无机材料与无机材料的复合，无机材料与有机材料的复合，有机材料与有机材料的复合等。

四、按材料管理需要分类

目前，大部分企业在对材料进行分类管理，运用"ABC 法"的原理，即关键的少数，次要的多数，根据物资对本企业质量和成本的影响程度和物资管理体制将物资分成了 A、B、C 三类进行管理。

1.材料分类的依据及内容

（1）材料对工程质量和成本的影响程度。

根据材料对工程质量和成本的影响程度可分为三类：对工程质量有直接影响的，关系用户使用生命和效果的，占工程成本较大的物资，一般为 A 类；对工程质量有间接影响，为工程实体消耗的，为 B 类；辅助材料中占工程成本较小的，为 C 类。材料 A、B、C 分类方法见表 1—1。

表 1—1　材料 ABC 分类表

材料分类	品种数占全部品种数（%）	资金额占资金总额（%）
A 类	5～10	70～75
B 类	20～25	20～25
C 类	60～70	5～10
合计	100	100

A 类材料占用资金比重大，是重点管理的材料。要按品种计算经济库存量和安全库存量，并对库存量随时进行严格盘点，以便采取相应措施。对 B 类材料，可按大类控制其库存；对 C 类材料，可采用简化的方法管理，如定期检查库存，组织在一起订货运输等。

（2）企业管理制度和材料管理体制。

根据企业管理制度和材料管理体制不同，由总部主管部门负责采购供应的为 A 类，其余为 B 类、C 类。

2.材料分类的内容

材料的具体分类见表 1—2。

表1-2 材料分类表类

类别	序号	材料名称	具体种类
A类	1	钢材	各类钢筋，各类型钢
	2	水泥	各等级袋装水泥、散装水泥、装饰工程用水泥，特种水泥
	3	木材	各类板、方材、木、竹制模板，装饰、装修工程用各类木制品
	4	装饰材料	精装修所用各类材料，各类门窗及配件，高级五金
	5	机电材料	工程用电线、电缆，各类开关、阀门、安装设备等所有机电产品
	6	工程机械设备	公司自购各类加工设备，租赁用自升式塔吊，外用电梯
B类	1	防水材料	室内、外各类防水材料
	2	保温材料	内外墙保温材料，施工过程中的混凝土保温材料，工程中管道保温材料
	3	地方材料	砂石，各类砌筑材料
	4	安全防护用具	安全网，安全帽，安全带
	5	租赁设备	1.中小型设备：钢筋加工设备，木材加工设备，电动工具； 2.钢模板； 3.架料，U形托，井字架
	6	建材	各类建筑胶，PVC管，各类腻子
	7	五金	火烧丝，电焊条，圆钉，钢丝，钢丝绳
	8	工具	单价400元以上使用的手用工具
C类	1	油漆	临建用调和漆，机械维修用材料
	2	小五金	临建用五金
	3	杂品	
	4	工具	单价400元以下手用工具
	5	旁保用品	按公司行政人事部有关规定执行

第2讲 建筑材料基本性能

一、材料的物理性质

1.材料的密度

密度是指材料的质量与体积之比。根据材料所处状态不同，材料的密度可分为密度、表观密度和堆积密度。

（1）密度。材料在绝对密实状态下，单位体积的质量称为密度，即

$$\rho = \frac{m}{V} \qquad (1-1)$$

式中　ρ——材料的密度，g/cm^3 或 kg/m^3；

　　　　m——材料的质量，g 或 kg；

　　　　V——材料在绝对密实状态下的体积，即材料体积内固体物质的实体积，cm^3 或 m^3。

建筑材料中除少数材料（如钢材、玻璃等）外，大多数材料都含有一些孔隙。为了测得含孔材料的密度，应把材料磨成细粉，除去内部孔隙，用李氏瓶测定其实体积。材料磨得越细，测得的体积越接近绝对体积，所得密度值越准确。

（2）表观密度。材料在自然状态下，单位体积的质量称为表观密度（也称体积密度），即

$$\rho_0 = \frac{m}{V_0} \qquad (1-2)$$

式中　ρ_0——材料的表观密度，kg/m^3 或 g/cm^3；

　　　　m——在自然状态下材料的质量，kg 或 g；

　　　　V_0——在自然状态下材料的体积，m^3 或 cm^3。

在自然状态下，材料内部的孔隙可分为两类：有的孔之间相互连通，且与外界相通，称为开口孔；有的孔互相独立，不与外界相通，称为闭口孔。大多数材料在使用时其体积为包括内部所有孔在内的体积，即自然状态下的外形体积（V_0），如砖、石材、混凝土等。有的材料如砂、石在拌制混凝土时，因其内部的开口孔被水占据，因此材料体积只包括材料实体积及其闭口孔体积（以 V' 表示）。为了区别两种情况，常将包括所有孔隙在内时的密度称为表观密度；把只包括闭口孔在内时的密度称为视密度，用 ρ' 表示，即 $\rho' = \frac{m}{V'}$。视密度在计算砂、石在混凝土中的实际体积时有实用意义。

在自然状态下，材料内部常含有水分，其质量随含水程度而改变，因此视密度应注明其含水程度。干燥材料的表观密度称为干表观密度。可见，材料的视密度除决定于材料的密度及构造状态外，还与含水程度有关。

（3）堆积密度。粉状及颗粒状材料在自然堆积状态下，单位体积的质量称为堆积密度（也称松散体积密度），即

$$\rho_0' = \frac{m}{V_0'} \qquad (1-3)$$

式中　ρ'_0——材料的堆积密度，kg/m^3；

　　　　m——材料的质量，kg；

　　　　V'_0——材料的自然堆积体积，m^3。

材料的堆积密度主要与材料颗粒的表观密度以及堆积的疏密程度有关。

在建筑工程中，进行配料计算；确定材料的运输量及堆放空间；确定材料用量及构件自重等经常用到材料的密度、表观密度和堆积密度值，见表1—3。

表1—3　常用材料的密度、表观密度及堆积密度

材料名称	密度/(g/cm³)	表观密度/(g/cm³)	堆积密度/(kg/m³)
钢材	7.85	—	
木材(松木)	1.55	0.4~0.8	—
普通黏土砖	2.5~2.7	1.6~1.8	—
花岗石	2.6~2.9	2.5~2.8	—
水泥	2.8~3.1	—	1000~1600
砂	2.6~2.7	2.65	1450~1650
碎石(石灰石)	2.6~2.8	2.6	1400~1700
普通混凝土	—	2.1~2.6	

2.材料的孔隙率、空隙率

（1）孔隙率。孔隙率是指在材料体积内，孔隙体积所占的比例。以 P 表示，即

$$P = \frac{V_0 - V}{V_0} \times 100\% = \left(1 - \frac{\rho_0}{\rho}\right) \times 100\%$$

（1—4）

材料的孔隙率的大小，说明了材料内部构造的致密程度。许多工程性质，如强度、吸水性、抗渗性、抗冻性、导热性、吸声性等，都与材料的孔隙有关。这些性质除了取决于孔隙率的大小外，还与孔隙的构造特征密切相关。孔隙特征主要指孔的种类（开口孔与闭口孔）、孔径的大小及分布等。实际上绝对闭口的孔隙是不存在的，在建筑材料中，常以在常温常压下，水能否进入孔中来区分开口孔与闭口孔。因此，开口孔隙率（P_K）是指在常温常压下能被水所饱和的孔体积（即开口孔体积 V_K）与材料的体积之比，即

$$P_K = \frac{V_K}{V_0} \times 100\%$$

（1—5）

闭口孔隙率（P_B）便是总孔隙率（P）与开口孔隙率（P_K）之差，即

$$P_B = P - P_K$$

（1—6）

（2）空隙率。空隙率是用来评定颗粒状材料在堆积体积内疏密程度的参数。它是指在颗粒状材料的堆积体积内，颗粒间空隙体积所占的比例。以 P' 表示，即

$$P' = \frac{V_0' - V_0}{V_0'} \times 100\% = \left(1 - \frac{\rho_0'}{\rho_0}\right) \times 100\%$$

（1—7）

式中　V_0——材料所有颗粒体积之总和，m^3；

　　　ρ_0——材料颗粒的表观密度。

当计算混凝土中粗骨料的空隙率时，由于混凝土拌和物中的水泥浆能进入石子

的开口孔内（即开口孔也作为空隙），因此，ρ_0 应按石子颗粒的视密度 ρ' 计算。

3.材料与水有关的性质

（1）亲水性与憎水性（疏水性）。当水与建筑材料在空气中接触时，会出现两种不同的现象。图 1-2（a）中水在材料表面易于扩展，这种与水的亲和性称为亲水性。表面与水亲和力较强的材料称为亲水性材料。水在亲水性材料表面上的润湿边角（固、气、液三态交点处，沿水滴表面的切线与水和固体接触面所成的夹角）$\theta \leqslant 90°$。与此相反，材料与水接触时，不与水亲和，这种性质称为憎水性。水在憎水性材料表面上呈图 1-2（b）所示的状态，$\theta > 90°$。

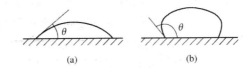

图 1-2　材料润湿边角
（a）亲水性材料；（b）憎水性材料

在建筑材料中，各种无机胶凝材料、石材、砖瓦、混凝土等均为亲水性材料，因为这类材料的分子与水分子间的引力大于水分子之间的内聚力。沥青、油漆、塑料等为憎水性材料，它们不但不与水亲和，而且还能阻止水分渗入毛细孔中，降低材料的吸水性。憎水性材料常用作防潮、防水及防腐材料，也可以对亲水性材料进行表面处理，以降低其吸水性。

（2）吸湿性与吸水性。

1）吸湿性。

材料在环境中能吸收空气中水分的性质称为吸湿性。吸湿性常以含水率表示，即吸入水分与干燥材料的质量比。一般来说，开口孔隙率较大的亲水性材料具有较强的吸湿性。材料的含水率还受环境条件的影响，随温度和湿度的变化而改变。最终，材料的含水率将与环境湿度达到平衡状态，此时的含水率称为平衡含水率。

2）吸水性。

材料在水中能吸收水分的性质称为吸水性。吸水性大小用吸水率表示，吸水率常用质量吸水率，即用材料在水中吸入水的质量与材料干质量之比表示：

$$W_m = \frac{m_1 - m}{m} \times 100\% \qquad (1-8)$$

式中　W_m——材料的质量吸水率，%；

　　　m_1——材料吸水饱和后的质量，g 或 kg；

　　　m——材料在干燥状态下的质量，g 或 kg。

对于高度多孔、吸水性极强的材料，其吸水率可用体积吸水率，即用材料吸入水的体积与材料在自然状态下体积之比表示：

$$W_V = \frac{V_w}{V_0} = \frac{m_1 - m}{V_0} \times \frac{1}{\rho_w} \times 100\% \qquad (1-9)$$

式中 W_V——材料的体积吸水率，%；

V_w——材料吸水饱和时，水的体积，cm^3；

ρ_w——水的密度，g/cm^3。

可见，体积吸水率与开口孔隙率是一致的。质量吸水率与体积吸水率存在如下关系：

$$W_V = \frac{W_m \rho_0}{\rho_w}$$

（1—10）

材料吸水率的大小主要取决于材料的孔隙率及孔隙特征，密实材料及只具有闭口孔的材料是不吸水的；具有粗大孔的材料因不易吸满水分，其吸水率常小于孔隙率；而那些孔隙率较大，且具有细小开口连通孔的亲水性材料往往具有较大的吸水能力。材料的吸水率是一个定值，它是该材料的最大含水率。

材料在水中吸水饱和后，吸入水的体积与孔隙体积之比称为饱和系数，其计算式为

$$K_B = \frac{V_w}{V_0 - V} = \frac{W_0}{P} = \frac{P_K}{P}$$

（1—11）

式中 K_B——饱和系数，%；

P_K、P——分别为材料的开口孔隙率及总孔隙率，%。

饱和系数说明了材料的吸水程度，也反映了材料的孔隙特征，若 K_B=0，说明材料的孔隙全部为闭口的，若 K_B=1，则全部为开口的。

材料吸水后，不但可使质量增加，而且会使强度降低，保温性能下降，抗冻性能变差，有时还会发生明显的体积膨胀，可见，材料中含水对材料的性能往往是不利的。

（3）耐水性。材料长期在水的作用下，强度不显著降低的性质称为耐水性。

材料含水后，将会以不同方式来减弱其内部结合力，使强度有不同程度的降低。材料的耐水性用软化系数表示：

$$K = \frac{f_1}{f}$$

（1—12）

式中 K——材料的软化系数；

f_1——材料在吸水饱和状态下的抗压强度，MPa；

f——材料在干燥状态下的抗压强度，MPa。

软化系数在 0~1 之间波动，软化系数越小，说明材料吸水饱和后强度降低得越多，耐水性越差。受水浸泡或处于潮湿环境中的重要建筑物所选用的材料，其软化系数不得低于 0.85。因此，软化系数大于 0.85 的材料，常被认为是耐水的。干燥环境中使用的材料可不考虑耐水性。

（4）抗渗性。材料抵抗压力水渗透的性质称为抗渗性（或不透水性）。材料的抗渗性常用抗渗等级来表示，抗渗等级用材料抵抗压力水渗透的最大水压力值来确定。其抗渗等级越大，则材料的抗渗性越好。

材料的抗渗性也可用其渗透系数 Ks 表示，Ks 值越大，表明材料的透水性越好，

抗渗性越差。

材料的抗渗性主要取决于材料的孔隙率及孔隙特征。密实的材料，具有闭口孔或极微细孔的材料，实际上是不会发生透水现象的。具有较大孔隙率，且为较大孔径、开口连通孔的亲水性材料往往抗渗性较差。

对于地下建筑及水工构筑物等经常受压力水作用的工程所用材料及防水材料都应具有良好的抗渗性能。

（5）抗冻性。材料在使用环境中，经受多次冻融循环而不破坏，强度也无显著降低的性质称为抗冻性。

材料经多次冻融循环后，表面将出现裂纹、剥落等现象，造成重量损失、强度降低。这是由于材料内部孔隙中的水分结冰时体积增大（约 9%）对孔壁产生很大的压力（每平方毫米可达 100N），冰融化时压力又骤然消失所致。无论是冻结还是融化过程，都会使材料冻融交界层间产生明显的压力差，并作用于孔壁使之遭损。

材料的抗冻性大小与材料的构造特征、强度、含水程度等因素有关。一般来说，密实的以及具有闭口孔的材料有较好的抗冻性；具有一定强度的材料对冰冻有一定的抵抗能力；材料含水量越大，冰冻破坏作用越大。此外，经受冻融循环的次数越多，材料遭损越严重。

材料的抗冻性试验是使材料吸水至饱和后，在 $-15℃$ 温度下冻结规定时间，然后在室温的水中融化，经过规定次数的冻融循环后，测定其质量及强度损失情况来衡量材料的抗冻性。有的材料如普通砖以反复冻融 15 次后其重量及强度损失不超过规定值，即为抗冻性合格。有的材料如混凝土的抗冻性用抗冻等级来表示。

对于冬季室外计算温度低于 $-10℃$ 的地区，工程中使用的材料必须进行抗冻性检验。

4.材料与热有关的性质

（1）导热性。材料传导热量的能力称为导热性。材料的导热能力用导热系数 λ 表示：

$$\lambda = \frac{Qd}{A(T_2 - T_1)t} \tag{1-13}$$

式中　λ——导热系数，$W/(m \cdot K)$；

$\quad\quad Q$——传导的热量，J；

$\quad\quad d$——材料的厚度，m；

$\quad\quad A$——材料的导热面积，m^2；

$\quad T_2 - T_1$——材料两侧的温度差，K；

$\quad\quad t$——传热时间，s。

令 $q = \frac{Q}{At}$，q 称为热流量，上式可写成：

$$q = \frac{\lambda}{d}(T_2 - T_1) \tag{1-14}$$

从式（1—14）中可以看出，材料两侧的温度差是决定热流量的大小和方向的客观条件，而 A 则是决定 q 值的内在因素。材料的热阻用 R 表示，单位为 m·K/W。

$$R=d/\lambda \tag{1-15}$$

式中　R——热阻，$(m^2·K)/W$；

　　　d——材料厚度，m；

　　　λ——传热系数，$W/(m·K)$。

可见，导热系数与热阻都是评定建筑材料保温隔热性能的重要指标。材料的导热系数越小，热阻值越大，材料的导热性能越差，保温、隔热性能越好。

材料的导热性主要取决于材料的组成及结构状态。

1）组成及微观结构。金属材料的导热系数最大，如在常温下铜的 $\lambda=370W/(m·K)$，钢的 $\lambda=58W/(m·K)$，铝的 $\lambda=221W/(m·K)$；无机非金属材料次之，如普通黏土砖的 $\lambda=0.8W/(m·K)$，普通混凝土的 $\lambda=1.51W/(m·K)$；有机材料最小，如松木（横纹）的 $\lambda=0.17W/(m·K)$，泡沫塑料的 $\lambda=0.03W/(m·K)$。相同组成的材料，结晶结构的导热系数最大，微晶结构的次之，玻璃体结构的最小，为了获取导热系数较低的材料，可通过改变其微观结构的办法来实现，如水淬矿渣就是一种较好的绝热材料。

2）孔隙率及孔隙特征。由于密闭的空气的导热系数很小，$\lambda=0.023W/(m·K)$，因此材料的孔隙率的大小，能显著地影响其导热系数，孔隙率越大，材料的导热系数越小。在孔隙率相近的情况下，孔径越大，孔隙互相连通的越多，导热系数将偏大，这是由于孔中气体产生对流的缘故。对于纤维状材料，当其密度低于某一限值时，其导热系数有增大的趋势，因此这类材料存在一个最佳密度，即在该密度下导热系数最小。

此外，材料的含水程度对其导热系数的影响非常显著。由于水的导热系数 $\lambda=0.58W/(m·K)$，比空气约大 25 倍，所以材料受潮后其导热系数将明显增加，若受冻，则导热系数更大，冰的导热系数 $\lambda=2.33W/(m·K)$。

人们常把防止内部热量散失称为保温，把防止外部热量的进入称为隔热，将保温、隔热统称为绝热。并将 $\lambda \leqslant 0.175W/(m·K)$ 的材料称作绝热材料。

（2）热容量。材料受热时吸收热量，冷却时放出热量的性质称为材料的热容量。材料吸收或放出的热量可用下式计算：

$$Q=Cm（T_2-T_1） \tag{1-16}$$

式中　Q——材料吸收（或放出）的热量，J；

　　　C——材料的比热（也称热容量系数），$J/(kg·K)$；

　　　m——材料的质量，kg；

　　T_2-T_1——材料受热（或冷却）前后的温度差，K。

比热与材料质量之积称为材料的热容量值。材料具有较大的热容量值，对室内温度的稳定有良好的作用。

几种常用建筑材料的导热系数和比热值见表 1—4。

表1-4　几种典型材料的热性质指标

材料	导热系数 /[W/(m·K)]	比热 /[J/(g·K)]	材料	导热系数 /[W/(m·K)]	比热 /[J/(g·K)]
钢材	58	0.48	泡沫塑料	0.035	1.30
花岗岩	3.49	0.92	水	0.58	4.19
普通混凝土	1.51	0.84	冰	2.33	2.05
普通黏土砖	0.80	0.88	密闭空气	0.023	1.00
松木	横纹 0.17 顺纹 0.35	2.5			

（3）耐热性与耐燃性。

1）耐热性（也称耐高温性或耐火性）。材料长期在高温作用下，不失去使用功能的性质称为耐热性。材料在高温作用下会发生性质的变化而影响材料的正常使用。

①受热变质。一些材料长期在高温作用下会发生材质的变化。如二水石膏在65～140℃脱水成为半水石膏；石英在 573℃由 α 石英转变为 β 石英，同时体积增大 2%；石灰石、大理石等碳酸盐类矿物在 900℃以上分解；可燃物常因在高温下急剧氧化而燃烧，如木材长期受热发生碳化，甚至燃烧。

②受热变形。材料受热作用要发生热膨胀导致结构破坏。材料受热膨胀大小常用膨胀系数表示。普通混凝土膨胀系数为 $10×10^{-6}$，钢材膨胀系数为（10～12）×10^{-6}，因此它们能组成钢筋混凝土共同工作。普通混凝土在 300℃以上，由于水泥石脱水收缩，骨料受热膨胀，因而混凝土长期在 300℃以上工作会导致结构破坏。钢材在 350℃以上时，其抗拉强度显著降低，会使钢结构产生过大的变形而失去稳定。

2）耐燃性。在发生火灾时，材料抵抗和延缓燃烧的性质称为耐燃性（或称防火性）。材料的耐燃性按耐火要求规定分为非燃烧材料、难燃烧材料和燃烧材料三大类。

①非燃烧材料，即在空气中受高温作用不起火、不微燃、不炭化的材料。无机材料均为非燃烧材料，如普通砖、玻璃、陶瓷、混凝土、钢材、铝合金材料等。但是，玻璃、混凝土、钢材、铝材等受火焰作用会发生明显的变形而失去使用功能，所以它们虽然是非燃烧材料，有良好的耐燃性，但却是不耐火的。

②难燃烧材料，即在空气中受高温作用难起火、难微燃、难炭化，当火源移走后燃烧会立即停止的材料。这类材料多为以可燃材料为基体的复合材料，如沥青混凝土、水泥刨花板等，它们可推迟发火时间或缩小火灾的蔓延。

③燃烧材料，即在空气中受高温作用会自行起火或微燃，当火源移走后仍能继续燃烧或微燃的材料，如木材及大部分有机材料。

为了使燃烧材料有较好的防火性，多采用表面涂刷防火涂料的措施。组成防火涂料的成膜物质可为非燃烧材料（如水玻璃）或是有机含氯的树脂。在受热时能分解而放出的气体中含有较多的卤素（F、Cl、Br 等）和氮（N）的有机材料具有自消火性。

常用材料的极限耐火温度见表 1—5。

表 1—5　常见材料的极限耐火温度

材　　料	温度/℃	注　　解
普通黏土砖砌体	500	最高使用温度
普通钢筋混凝土	200	最高使用温度
普通混凝土	200	最高使用温度
页岩陶粒混凝土	400	最高使用温度
普通钢筋混凝土	500	火灾时最高允许温度
预应力混凝土	400	火灾时最高允许温度
钢材	350	火灾时最高允许温度
木材	260	火灾危险温度
花岗石(含石英)	575	相变发生急剧膨胀温度
石灰岩、大理石	750	开始分解温度

5.材料的声学性质

（1）吸声。声波传播时，遇到材料表面，一部分将被材料吸收，并转变为其他形式的能。被吸收的能量 E_a 与传递给材料表面的总声能 E_0 之比称为吸声系数。用 α 表示：

$$\alpha = \frac{E_a}{E_0}$$

（1—17）

吸声系数评定了材料的吸声性能。任何材料都有一定的吸声能力，只是吸收的程度有所不同，并且，材料对不同频率的声波的吸收能力也有所不同。因此通常采用频率为 125、250、500、1000、2000、4000Hz，平均吸声系数 α 大于 0.2 的材料作为吸声材料。吸声系数越大，表明材料吸声能力越强。

材料的吸声机理是复杂的，通常认为，声波进入材料内部使空气与孔壁（或材料内细小纤维）发生振动与摩擦，将声能转变为机械能最终转变为热能而被吸收。可见，吸声材料大多是具有开口孔的多孔材料或是疏松的纤维状材料。一般来讲，孔隙越多，越细小，吸声效果越好；增加材料厚度，对低频吸声效果提高，对高频影响不大。

（2）隔声。隔声与吸声是两个不同的概念。隔声是指材料阻止声波的传播，是控制环境中噪声的重要措施。

声波在空气中传播遇到密实的围护结构（如墙体）时，声波将激发墙体产生振动，并使声音透过墙体传至另一空间中。空气对墙体的激发服从"质量定律"，即墙体的单位面积质量越大，隔声效果越好。因此，砖及混凝土等材料的结构，隔声效果都很好。

结构的隔声性能用隔声量表示，隔声量是指入射与透过材料声能相差的分贝（dB）数。隔声量越大，隔声性能越好。

6.材料的光学性质

（1）光泽度。材料表面反射光线能力的强弱程度称为光泽度。它与材料的颜色及表面光滑程度有关，一般来说，颜色越浅，表面越光滑，其光泽度越大。光泽度越大，表示材料表面反射光线能力越强。光泽度用光电光泽计测得。

（2）透光率。光透过透明材料时，透过材料的光能与入射光能之比称为透光率（透光系数）。玻璃的透光率与其组成及厚度有关。厚度越厚，透光率越小。普通窗用玻璃的透光率约为 0.75～0.90。

二、材料的力学性质

1.强度及强度等级

（1）材料的强度。材料在外力（荷载）作用下，抵抗破坏的能力称为强度。材料在外力作用下，不同的材料可出现两种情况：一种是当内部应力值达到某一值（屈服点）后，应力不再增加也会产生较大的变形，此时虽未达到极限应力值，却使构件失去了使用功能；另一种是应力未能使材料出现屈服现象就已达到了其极限应力值而出现断裂。这两种情况下的应力值都可作为材料强度的设计依据。前者，如建筑钢材，以屈服点值作为钢材设计依据，而几乎所有的脆性材料，如石材、普通砖、混凝土、砂浆等，都属于后者。

材料的强度是通过对标准试件在规定的实验条件下的破坏试验来测定的。根据受力方式不同，可分为抗压强度、抗拉强度及抗弯强度等。常用材料强度测定见表1-6。

表 1-6　测定强度的标准试件

受力方式	试件	简　图	计算公式	材料	试件尺寸/mm
		(a)轴向抗压强度极限			
轴向受压	立方体			混凝土 砂浆 石材	$150 \times 150 \times 150$ $70.7 \times 70.7 \times 70.7$ $50 \times 50 \times 50$
	棱柱体		$f_压 = \dfrac{F}{A}$	混凝土 木材	$a = 100, 150, 200$ $h = 2a \sim 3a$ $a = 20, h = 30$
	复合试件			砖	$s = 115 \times 120$

续表

受力方式	试件	简　图	计算公式	材料	试件尺寸/mm
	半个棱柱体			水泥	$s=40\times62.5$
			(b)轴向抗拉强度极限		
轴向受拉	钢筋拉伸试件		$f_{拉}=\dfrac{F}{\Lambda}$	钢筋	$l=5d$ 或 $l=10d$ $\Lambda=\dfrac{\pi d^2}{4}$
				木材	$a=15,h=4$ $(\Lambda=ab)$
	立方体			混凝土	$100\times100\times100$ $150\times150\times150$ $200\times200\times200$
			(c)抗弯强度极限		
受弯	棱柱体砖		$f_{弯}=\dfrac{3Fl}{2bh^2}$	水泥	$b=h=40$ $l=100$
	棱柱体		$f_{弯}=\dfrac{Fl}{bh^2}$	混凝土 木材	$20\times20\times300,l=240$

不同种类的材料具有不同的抵抗外力。同种材料，其强度随孔隙率及宏观构造特征不同而有很大差异。一般来说，材料的孔隙率越大，其强度越低。此外，材料的强度值还受试验时试件的形状、尺寸、表面状态、含水程度、温度及加荷载的速度等因素影响，因此国家规定了试验方法，测定强度时应严格遵守。

（2）强度等级、比强度。

1）强度等级。

为了掌握材料的力学性质，合理选择材料，常将建筑材料按极限强度（或屈服点）划分成不同的等级，即强度等级。对于石材、普通砖、混凝土、砂浆等脆性材料，由于主要用于抗压，因此以其抗压强度来划分等级，而建筑钢材主要用于抗拉，则以其屈服点作为划分等级的依据。

2）比强度。

比强度是用来评价材料是否轻质高强的指标。它是指材料的强度与其表观密度之比，其数值较大者，表明该材料轻质、高强。表 1-7 的数值表明，松木较为轻质高强，而烧结普通砖比强度值最小。

表 1-7　常用材料的比强度

材 料 名 称	表观密度/(kg/m³)	强度值/MPa	比　强　度
低碳钢	7800	235	0.0301
松木	500	34	0.0680
普通混凝土	2400	30	0.0125
烧结普通砖	1700	10	0.0059

2.弹性和塑性

（1）弹性。材料在外力作用下产生变形，当外力取消后能够完全恢复原来形状、尺寸的性质称为弹性。这种能够完全恢复的变形称为弹性变形。材料在弹性范围内变形符合胡克定律，并用弹性模量 E 来反映材料抵抗变形的能力。E 值越大，材料受外力作用时越不易产生变形。

（2）塑性变形。材料在外力作用下产生不能自行恢复的变形，且不破坏的性质称为塑性。这种不能自行恢复的变形称为塑性变形（或称不可恢复变形）。

实际上，只有单纯的弹性或塑性的材料都是不存在的。各种材料在不同的应力下，表现出不同的变形性能。

3.脆性和韧性

（1）脆性。材料在外力作用下，直至断裂前只发生弹性变形，不出现明显的塑性变形而突然破坏的性质称为脆性。具有这种性质的材料称为脆性材料，如石材、普通砖、混凝土、铸铁、玻璃及陶瓷等。脆性材料的抗压能力很强，其抗压强度比抗拉强度大得多，可达十几倍甚至更高。脆性材料抗冲击及动荷载能力差，故常用于承受静压力作用的建筑部位，如基础、墙体、柱子、墩座等。

（2）韧性。材料在冲击、震动荷载作用下，能承受很大的变形而不致破坏的性质称为韧性（或冲击韧性）。建筑钢材、木材、沥青混凝土等都属于韧性材料。用作路面、桥梁、吊车梁以及有抗震要求的结构都要考虑材料的韧性。材料的韧性用冲击试验来检验。

三、材料的耐久性

材料的使用环境中，在多种因素作用下能经久不变质，不破坏而保持原有性能的能力称为耐久性。

材料在环境中使用,除受荷载作用外,还会受周围环境的各种自然因素的影响,如物理、化学及生物等方面的作用。

物理作用包括干湿变化、温度变化、冻融循环、磨损等,都会使材料遭到一定程度的破坏,影响材料的长期使用。

化学作用包括受酸、碱、盐类等物质的水溶液及有害气体作用,发生化学反应及氧化作用、受紫外线照射等使材料变质或遭损。

生物作用是指昆虫、菌类等对材料的蛀蚀及腐朽作用。

实际上,影响材料耐久的原因是多方面因素作用的结果,即耐久性是一种综合性质。它包括抗渗性、抗冻性、抗风化性、耐蚀性、抗老化性、耐热性、耐磨性等诸方面的内容。

然而,不同种类的材料,其耐久性的内容各不相同。无机矿质材料(如石材、砖、混凝土等)暴露在大气中受风吹、日晒、雨淋、霜雪等作用产生风化和冻融,主要表现为抗风化性和抗冻性,同时有害气体的侵蚀作用也会对上述破坏起促进作用;金属材料(如钢材)主要受化学腐蚀作用;木材等有机材料常因生物作用而遭损;沥青、高分子材料在阳光、空气、热的作用下逐渐老化等。

处在不同建筑部位及工程所处环境不同,其材料的耐久性也具有不同的内容,如寒冷地区室外工程的材料应考虑其抗冻性;处于有水压力作用下的水工工程所用材料应有抗渗性的要求;地面材料应有良好的耐磨性等。

为了提高材料的耐久性,首先,应努力提高材料本身及对外界作用的抵抗能力(提高密实度,改变孔结构,选择恰当的组成原材料等);其次,可用其他材料对主体材料加以保护(覆面、刷涂料等);此外,还应设法减轻环境条件对材料的破坏作用(对材料处理或采取必要构造措施)。

对材料耐久性能的判断应在使用条件下进行长期的观察和测定。但这需要很长时间。因此,通常是根据使用要求进行相应的快速试验,如干湿循环、冻融循环、碳化、化学介质浸渍等,并据此对耐久性作出评价。

第3讲 建筑材料检测知识

一、材料检测标准化

1.建筑材料检测标准化要求

标准是构成国家核心竞争力的基本要素,是规范经济和社会发展的重要技术制度。对于各种建筑材料,其形状、尺寸、质量、使用方法及试验方法,都必须有一个统一的标准,既能使生产单位提高生产率和企业效益,又能使产品与产品之间进行比较,也能使设计和施工标准化、材料使用合理化。

建筑材料试验和检验标准根据不同的材料和试验、检验的内容而定,通常包括取样方法、试样制备、试验设备、试验和检验方法、试验结果分析等内容。

2.材料标准的制定目的和内容

建筑材料标准的制定目的：为了正确评定材料品质，合理使用材料，以保证建筑工程质量，降低工程造价。

建筑材料标准通常包含以下内容：主题内容和适用范围、引用标准、定义与代号、等级、牌号、技术要求、试验方法、检验规则以及包装、标志、运输与贮存标准等。

3.材料标准的分类

标准的制定和类型按使用范围划分为国际标准和国内标准。根据技术标准的发布单位和适用范围不同，我国的国内标准分为国家标准、行业标准、企业及地方标准三级，并将标准分为强制性标准和推荐性标准两类。

4.材料标准介绍

各种标准都有自己的代号、编号和名称。

（1）标准代号：标准代号反映该标准的等级、含义或发布单位，用汉语拼音首字母表示，见表1－8。

表1－8　我国现行建材标准代号表

所属行业	标准代号	所属行业	标准代号
国家标准代管理委员会	GB	交通部	JT
中国建筑材料工业协会	JC	中国石油和化学工业协会	SY
住房和城乡建设部	JG	中国石油和化学工业协会	HG
中国钢铁工业协会	YB	国家环境保护总局	HJ

（2）具体标准编号：具体标准由代号、顺序号和发布年份号组成，名称反映该标准的主要内容。例如：

1）国家标准：分为强制性国家标准和推荐性国家标准，强制性标准用代号"GB"表示，推荐性标准用"GB/T"表示。例：

GB5101－2003 烧结普通砖，表示国家强制性标准，二级类目顺序号为5101号，2003年发布的烧结普通砖标准。

其中GB——标准代号

5101——发布顺序号

2003——发布年份

烧结普通砖－－标准名称

GB/T2015－2005 白色硅酸盐水泥，表示国家推荐性标准，二级类目顺序号为2015号，2005年发布的白色硅酸盐水泥标准。

2）行业标准：建材标准用代号"JC"表示，推荐性标准用"JC/T"表示；针对工程建设的用"JG"和"JGJ"表示。例：

JC/T2031－2010 水泥砂浆防冻剂，表示建材推荐性标准，二级类目顺序号为2031号、2010年发布的水泥砂浆防冻剂标准。

其中：JC/T——标准代号

2031——发布顺序号

2010——发布年份

水泥砂浆防冻剂——标准名称

JGJ52－2006普通混凝土用砂、石质量及检验方法标准，表示建筑行业的建材标准，二级类目顺序号为52号、2006年发布的普通混凝土用砂、石质量及检验方法标准。

3）企业标准：企业标准用代号"QB"表示，其后分别注明企业代号、标准顺序号、制定年份代号。

例：《土工合成材料复合地基施工工艺标准》QB－CNCECJ010104－2004，表示XX公司的企业标准，标准顺序号为J010104，2004年发布的土工合成材料复合地基施工工艺标准。

其中 CNCEC——企业代号，××公司

J010104——发布顺序号

2004——发布年份

土工合成材料复合地基施工工艺标准－－标准名

二、数理统计基本知识

1.概率论与数理统计

概率论是研究随机现象的统计规律性的一门数学分支。它是从一个数学模型出发（比如随机变量的分布）去研究它的性质和统计规律性。

数理统计也是研究大量随机现象的统计规律性，所不同的是数理统计是以概率论为理论基础，利用观测随机现象所得到的数据来选择、构造数学模型（即研究随机现象）。对研究对象的客观规律性做出种种合理性的估计、判断和预测，为决策者和决策行动提供理论依据和建议。

2.总体与个体

在数理统计学中，我们把所研究的全部元素组成的集合称为总体；而把组成总体的每个元素称为个体。例如：需要知道某批钢筋的抗拉强度，则该批钢筋的全体就组成了总体，而其中每根钢筋就是个体。

但对于具体问题，由于我们关心的不是每个个体的种种具体特性，而仅仅是它的某一项或几项数量指标 X 和该数量指标 X 在总体的分布情况。在上述例子中 X 是表示钢筋的抗拉强度。在试验中，抽取了若干个个体就观察到了 X 的这样或那样的数值，因而这个数量指标 X 是一个随机变量（或向量），而 X 的分布就完全描写了总体中我们所关心的那个数量指标的分布状况。由于我们关心的正是这个数量指标，因此我们以后就把总体和数量指标 X 可能取值的全体组成的集合等同起来。

为了对总体的分布进行各种研究，就必须对总体进行抽样观察。抽样是从总体中按照一定的规则抽出一部分个体的行动。

　　一般地，我们都是从总体中抽取一部分个体进行观察，然后根据观察所得数据来推断总体的性质。按照一定规则从总体 X 中抽取的一组个体（X1，X2，X3…，Xn）称为总体的一个样本。样本的抽取是随机的，才能保证所得数据能够代表总体。

3.抽样

　　（1）抽样的概念及抽样目的：抽样又称取样，指从想要研究的全部样品中抽取一部分样品单位。其基本要求是要保证所抽取的样品单位对全部样品具有充分的代表性。

　　抽样的目的是从被抽取样品单位的分析、研究结果来估计和推断全部样品特性，是科学实验、质量检验、社会调查普遍采用的一种经济有效的工作和研究方法。

　　（2）抽样类型：

　　1）简单随机抽样。一般的，设一个总体个数为～如果通过逐个抽取的方法抽取一个样本，且每次抽取时，每个个体被抽到的概率相等，这样的抽样方法为简单随机抽样。简单随机抽样适用于总体个数较少的研究样本。

　　2）系统抽样。当总体的个数比较多的时候，首先把总体分成均衡的几部分，然后按照预先定的规则，从每一个部分中抽取一些个体，得到所需要的样本，这样的抽样方法叫作系统抽样。

　　3）分层抽样。抽样时，将总体分成互不交叉的层，然后按照一定的比例，从各层中独立抽取一定数量的个体，得到所需样本，这样的抽样方法为分层抽样。分层抽样适用于总体由差异明显的几部分组成。

　　4）整群抽样。整群抽样又称聚类抽样，是将总体中各单位归并成若干个互不交叉、互不重复的集合，称之为群；然后以群为抽样单位抽取样本的一种抽样方式。

　　应用整群抽样时，要求各群有较好的代表性，即群内各单位的差异要大，群间差异要小。

　　5）多段抽样。多段随机抽样，就是把从调查总体中抽取样本的过程，分成两个或两个以上阶段进行的抽样方法。

表1—9　三种常用抽样方法的比较

类别	共同点	各自特点	相互联系	适用范围
简单随机抽样	抽样过程中每个个体被抽取的概率相等	从总体中逐个抽取		总体中的个数较少
系统抽样		将总体均分成几部分，按事先确定的规则分别在各部分中抽取	在起始部分抽样时采用简单随机抽样	总体中的个数较多
分层抽样		将总体分成几层，分层进行抽取	各层抽样时采用简单随机抽样或系统抽样	总体由差异明显的几部分组成

（3）抽样的一般程序：

1）界定总体。界定总体就是在具体抽样前，首先对从总抽取样本的总体范围与界限作明确的界定。

2）制定抽样框：这一步骤的任务就是依据已经明确界定的总体范围，收集总体中全部抽样单位的名单，并通过对名单进行统一编号来建立起供抽样使用的抽样框。

3）决定抽样方案。

4）实际抽取样本：实际抽取样本的工作就是在上述几个步骤的基础上，严格按照所选定的抽样方案，从抽样框中选取一个抽样单位，构成样本。

5）评估样本质量：所谓样本评估，就是对样本的质量、代表性、偏差等等进行初步的检验和衡量，其目的是防止由于样本的偏差过大而导致的失误。

（4）抽样原则：抽样设计在进行过程中要遵循四项原则，分别是：

1）目的性；

2）可测性；

3）可行性；

4）经济型原则。

4.样本的数字特征

（1）平均数

1）算术平均数：算术平均数是指在一组数据中所有数据之和再除以数据的个数。它是反映数据集中趋势的一项指标。

算术平均数公式为：

$$\overline{S} = \frac{(s_1 + s_2 + \cdots + s_n)}{n}$$

2）几何平均数

几何平均数是指 n 个观察值连乘积的 n 次方根（所有观察值均大于 0）。

根据资料的条件不同，几何平均数有加权和不加权之分。

几何平均数公式为：

$$S_g = \sqrt[n]{s_1 \times s_2 \times \cdots \times s_n}$$

（2）样本方差和样本标准差

样本方差和样本标准差都是衡量一个样本波动大小的量，样本方差或样本标准差越大，样本数据的波动就越大。

样本中各数据与样本平均数的差的平方和的平均数叫作样本方差。方差的计算公式：

$$S^2 = \frac{\sum_{i=1}^{n}(s_i - \overline{S})^2}{n}$$

样本方差的算术平方根叫作样本标准差。标准差的计算公式：

$$S = \sqrt{\frac{\sum_{i=1}^{n}(s_i - \overline{S})^2}{n}}$$

三、建筑材料见证取样

建筑材料质量的优劣是建筑工程质量的基本要素，而建筑材料检验则是建筑现场材料质量控制的重要保障。因此，见证取样和送检是保证检验工作科学、公正、准确的重要手段。

1.见证取样概述

见证取样和送检制度是指在监理单位或建设单位见证下，对进入施工现场的有关建筑材料，由施工单位专职材料试验人员在现场取样或制作试件后，送至符合资质资格管理要求的试验室进行试验的一个程序。

见证取样和送检由施工单位的有关人员按规定对进场材料现场取样，并送至具备相应资质的检测单位进行检测。见证人员和取样人员对试样的代表性和真实性负责。如今，这项工作大部分工程均由监理和施工单位共同完成。实践证明，见证取样和送检工作是保证建设工程质量检测公正性、科学性、权威性的首要环节，对提高工程质量，实现质量目标起到了重要作用，为监理单位对工程质量的验收、评估提供了直接依据。但是，在实际操作过程中，来自业主、监理、施工单位及检测部门等方面的原因，导致这项工作的开展存在一定的困难和问题，也就是工作的真实性难以保证。

2.见证取样规定

取样是按照有关技术标准、规范的规定，从检验（或检测）对象中抽取实验样品的过程；送检是指取样后将样品从现场移交有检测资格的单位承检的过程。取样和送检是工程质量检测的首要环节，其真实性和代表性直接影响到监测数据的公正性。

住房城乡建设部《关于印发〈房屋建筑工程和市政基础设施工程实行见证取样和送检制度的规定〉的通知》的要求规定：

在建设工程质量检测中实行见证取样和送检制度，即在建设单位或监理单位人员见证下，由施工人员在现场取样，送至试验室进行试验。

（1）施工单位的现场试验人员应在建设单位或工程监理人员的见证下，对工程中涉及结构安全的试块、试件和材料进行现场取样，送至有见证检测资质的建筑工程质量检测单位进行检测。

（2）有见证取样项目和送检次数应符合国家和本市有关标准、法规的规定要求，重要工程或工程的重要部位可增加有见证取样和送检次数。送检试样在施工试验中随机抽取，不得另外进行。

（3）单位工程施工前，项目技术负责人应与建设、监理单位共同制定有见证取样的送检计划，并确定承担有见证试验的检测机构。当各方意见不一致时，由承监工程的质量监督机构协调决定。每个单位工程只能选定一个承担有见证试验的检测机构。承担该工程的企业试验室不得担负该项工程的有见证试验业务。

（4）见证取样和送检时，取样人员应在试样或其包装上作出标识、封志。标识和封志应标明样品名称和数量、工程名称、取样部位、取样日期，并有取样人和见证人签字。见证人员应做见证记录，见证记录列入工程施工技术档案。承担有见证试验的检测单位，在检查确认委托试验文件和试样上的见证标识、封志无误后方可进行试验，否则应拒绝试验。

（5）各种有见证取样和送检试验资料必须真实、完整，不得伪造、涂改、抽换或丢失。

（6）对涉及结构安全和使用功能的重要分部工程应进行抽样检测，并应按照各专业分部（子分部）验收计划，在分部（子分部）工程验收前完成。抽测工作实行见证取样。

3.见证取样内容

（1）见证取样涉及三方行为：施工方，见证方，试验方。

（2）试验室的资质资格管理：①各级工程质量监督检测机构（有 CMA 章，即计量认证，1 年审查一次②建筑企业试验室一逐步转为企业内控机构，4 年审查1 次。（它不属于第三方试验室）

CMA（中国计量认证/认可）是依据《中华人民共和国计量法》为社会提供公正数据的产品质量检验机构。

计量认证分为两级实施：一级为国家级，由国家认证认可监督管理委员会组织实施；一级为省级，实施的效力完全是一致的。

见证人员必须取得《见证员证书》，且通过业主授权，并且授权后只能承担所授权工程的见证工作。对进入施工现场的所有建筑材料，必须按规范要求实行见证取样和送检试验，试验报告纳入质保资料。

4.见证取样范围

（1）见证取样的数量：涉及结构安全的试块、试件和材料，见证取样和送样的比例，不得低于有关技术标准中规定应取样数量。

（2）见证取样的范围：按规定下列试块、试件和材料必须实施见证取样和送检：

1）用于承重结构的混凝土试块；

2）用于承重墙体的砌筑砂浆试块；

3）用于承重结构的钢筋及连接接头试件；

4）用于承重墙的砖和混凝土小型砌块；

5）用于拌制混凝土和砌筑砂浆的水泥；

6）用于承重结构的混凝土中使用的掺加剂；

7）地下、屋面、厕浴间使用的防水材料；

8）国家规定必须实行见证取样和送检的其他试块、试件和材料。

第 4 讲　抽样与计量知识

一、抽样技术

1.全数检查和抽样检查

检查批量生产的产品质量一般有 2 种方法:全数检查和抽样检查。全数检查是对全部产品逐个进行检查,以区分合格品和不合格品;检查的对象是每个单位产品,因此也称为全检或 100% 检查,目的是剔除不合格品,进行返修或报废。抽样检查则是利用所抽取的样本对产品或过程进行的检查,其对象可以是静态的批或检查批（有一定的产品范围）或动态的过程（没有一定的产品范围）,因此也简称为抽检。大多数情况是对批进行抽检,即从批中抽取规定数量的单位产品作为样品,对由样品构成的样本进行检查,再根据所得到的质量数据和预先规定的判定规则来判断该批是否合格，其一般程序如图 1—3 所示。

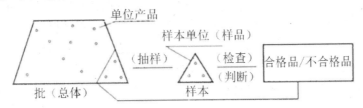

图 1—3　抽样程序

由图可见，抽样检查是为了对批作出判断并作出相应的处理，例如：在验收检查时，对判为合格的批予以接收，对判为不合格的批则拒收。由于合格批允许含有不超过规定限量的不合格品，因此在顾客或需方（即第二方）接收的合格批中，可能含有少量不合格品；而被拒收的不合格批，只是不合格品超过限量，其中大部分可能仍然是合格品。被拒收的批一般要退返给供方（即第一方），经 100%检查并剔除其中的不合格品（报废、返修）或用合格品替换后再提供检查。

鉴于批内单位产品质量的波动性和样本抽取的偶然性,抽检的错判往往是不可避免的,即有可能把合格批错判为不合格,也可能把不合格批错判为合格。因此供方和顾客都要承担风险,这是抽样检查的一个缺点。

但是当检查带有破坏性时，显然不能进行全检；同时，当单位产品检查费用很高或批量很大时,以抽检代替全检就能取得显著的经济效益。这是因为抽检仅需从批中抽取少量产品，只要合理设计抽样方案，就可以将抽样检查固有的错判风险控制在可接受的范围内。而且在批量很大的情况下，如果全检的人员长时操作，就难免会感到疲劳，从而增加差错出现的机会。

对于不带破坏性的检查，且批量不大，或者批量产品十分重要，或者检查是在低成本、高效率（例如全自动的在线检查）情况下进行时，当然可以采用全数检查的方法。

现代抽样检查方法建立在概率统计基础上，主要以假设检验为其理论依据。抽样检查所研究的问题包括 3 个方面：

（1）如何从批中抽取样品，即采用什么样的抽样方式；

（2）从批中抽取多少个单位产品，即取多大规模的样本大小；

（3）如何根据样本的质量数据来判断批是否合格，即怎样预先确定判定规则。

实际上，样本大小和判定规则即构成了抽样方案。因此，抽样检查可以归纳为：采用什么样的抽样方式才能保证抽样的代表性，如何设计抽样方案才是合理的。抽样方案的设计以简单随机抽样为前提，为适应于不同的使用目的，抽样方案的类型可以是多种多样的。至于样品的检查方法、检测数据的处理等，则不属于其研究的对象。

2.抽样检查的基本概念

（1）单位产品、批和样本:为实施抽样检查的需要而划分的基本单位，称为单位产品，它们是构成总体的基本单位。为实施抽样检查而汇集起来的单位产品，称为检查批或批，它是抽样检查和判定的对象。一个批通常是由在基本稳定的生产条件下，在同一生产周期内生产出来的同形式、同等级、同尺寸以及同成分的单位产品构成的。即一个批应由基本相同的制造条件、一定时间内制造出来的同种单位产品构成。该批包含的单位产品数目，称为批量，通常用符号# 表示。从批中抽取用于检查的单位产品，称为样本单位，有时也称为样品。样本单位的全体，称为样本。样本中所包含的样本单位数目，称为样本大小或样本量，通常用符号 n 表示。

（2）单位产品的质量及其特性:单位产品的质量是以其质量性质特性表示的，简单产品可能只有一项特性，大多数产品具有多项特性。质量特性可分为计量值和计数值两类，计数值又可分为计点值和计件值。计量值在数轴上是连续分布的，用连续的量值来表示产品的质量特性。当单位产品的质量特性是用某类缺陷的个数度量时，即称为计点的表示方法。某些质量特性不能定量地度量，而只能简单地分成合格和不合格，或者分成若干等级，这时就称为计件的表示方法。

在产品的技术标准或技术合同中，通常都要规定质量特性的判定标准。对于用计量值表示的质量特性，可以用明确的量值作为判定标准，例如·.规定上限或下限，也可以同时规定上、下限。对于用计点值表示的质量特性,也可以对缺陷数规定一个界限。至于缺陷本身的判定，除了靠经验外，也可以规定判定标准。

在产品质量检验中，通常先按技术标准对有关项目分别进行检查，然后对各项质量特性按标准分别进行判定，最后再对单位产品的质量作出判定。这里涉及"不合格"和"不合格品"两个概念：前者是对质量特性的判定，后者是对单位产品的判定。

单位产品的质量特性不符合规定，即为不合格。按质量特性表示单位产品质量的重要性，或者按质量特性不符合的严重程度，不合格可分为 A 类、B 类、C 类。A 类不合格最为严重，B 类不合格次之，C 类不合格最为轻微。

在判定质量特性的基础上，对单位产品的质量进行判定。只有全部质量特性符合规定的单位产品才是合格品，有一个或一个以上不合格的单位产品，即为不合格品。不合格品也可分为 A 类、B 类、C 类。A 类不合格品最为严重，B 类不合格品次之，C 类不合格品最为轻微，不合格品的类别是按单位产品中包含的不合格的类别来划分的。

确定单位产品是合格品还是不合格品的检查，称为"计件检查"。只计算不合格数，不必确定单位产品是否是合格品的检查，称为"计点检查"。两者统称为"计数检查"。用计量值表示的质量特性，在不符合规定时也判为不合格，因此也可用计数检查的方法。"计量检查"是对质量特性的计量值进行检查和统计，故对所涉及的质量特性应予分别检查和统计。

（3）批的质量：抽样检查的目的是判定批的质量，而批的质量是根据其所含的单位产品的质量统计出来的。根据不同的统计方法，批的产量可以用不同的方式表示。

1）对于计件检查，可以用每百单位产品不合格品数表示 P，即

$$P = \frac{\text{批中不合格品总数} D}{\text{批量} N} \times 100$$

在进行概率计算时，可用不合格品率 P % 或其小数形式表示，例如：不合格品率为 5% ，或 0.05。对不同的试验组或不同类型的不合格品应予分别统计。由于不合格品是不能重复计算的，即一个单位产品只可能被一次判为不合格品，因此每百单位产品不合格品数^1、然不会大于 100。

2）对于计点检查，可以用每百单位产品不合格数 P 表示，即

$$P = \frac{\text{批中不合格总数} D}{\text{批量} N} \times 100$$

在进行概率计算时，可用单位产品平均不合格率或其小数形式表示。对不同试验组或不同类型的不合格，应予分别统计。对于具有多项质量特性的产品来说，一个单位产品可能会有一个以上的不合格，即批中不合格总数有时会超过批量，因此每百单位产品不合格数有时会超过 100。

3）对于计量检查，可以用批的平均值 μ 和标准（偏）差 σ 表示，即

$$\mu = \frac{\sum_{i=1}^{N} x_i}{N}$$

$$\sigma = \sqrt{\frac{\sum_{i=1}^{N} (x_i - \mu)^2}{N-1}}$$

式中 x——某一个质量特性的数值；

x_i——第 i 个单位产品该质量特性的数值。

对每个质量特性值应予分别计算。

（4）样本的质量：样本的质量是根据各样本单位的质量统计出来的，而样本单位是从批中抽取的用于检查的单位产品，因此表示和判定样本的质量的方法，与单位产品是相似的。

1）对于计件检查，当样本大小 n 一定时，可用样本的不合格品数即样本中所含的不合格品数 d 表示。对不同类的不合格品应予分别计算。

2）对于计点检查，当样本大小 n 一定时，可用样本的不合格数即样本中所含的不合格数 d 表示。对不同类的不合格应予分别计算。

3）对于计量检查，则可以用样本的平均值 $\bar{x}$ 和标准（偏）差 s 表示，即

$$\bar{x} = \frac{\sum\limits_{i}^{n} x_i}{n}$$

$$s = \sqrt{\frac{\sum\limits_{i}^{n} (x_i - \bar{x})^2}{n - 1}}$$

对每个质量特性值应予分别计算。

3.抽样方法简介

从检查批中抽取样本的方法称为抽样方法。抽样方法的正确性是指抽样的代表性和随机性，代表性反映样本与批质量的接近程度，而随机性反映检查批中单位产品被抽样本纯属偶然，即由随机因素所决定。在对总体质量状况一无所知的情况下，显然不能以主观的限制条件去提高抽样的代表性，抽样应当是完全随机的，这时采用简单随机抽样最为合理。在对总体质量构成有所了解的情况下，可以采用分层随机或系统随机抽样来提高抽样的代表性。在采用简单随机抽样有困难的情况下，可以采用代表性和随机性较差的分段随机抽样或整群随机抽样。这些抽样方法除简单随机抽样外，都是带有主观限制条件的随机抽样法。通常只要不是有意识地抽取质量好或坏的产品，尽量从批的各部分抽样，都可以近似地认为是随机抽样。

（1）简单随机抽样：根据《随机数的产生及其在产品质量抽样检验中的应用程序》GB/T 10111-2008 规定，简单随机抽样是指从总体中抽取几个抽样单元构成样本，使几个抽样单元所有的可能组合都有相等的被抽到概率。显然，采用简单随机抽样法时，批中的每一个单位产品被抽入样本的机会均等，它是完全不带主观限制条件的随机抽样法。操作时可将批内的每一个单位产品按 1 到 N 的顺序编号，根据获得的随机数抽取相应编号的单位产品，随机数可按国家标准 GB/T 10111 用掷骰子的方法，或者扑克牌法、查随机数表等方法获得。

（2）分层随机抽样：如果一个批是由质量明显差异的几个部分所组成，则可将其分为若干层，使层内的质量较为均匀，而层间的差异较为明显。从各层中按一定的比例随机抽样，即称为分层按比例抽样。在正确分层的前提下，分层抽样的代

表性比简单随机抽样好;但是，如果对批质量的分布不了解或者分层不正确，则分层抽样的效果可能会适得其反。

（3）系统随机抽样：如果一个批的产品可按一定的顺序排列，并可将其分为数量相当的 n 个部分，此时，从每个部分按简单随机抽样方法确定的相同位置，各抽取一个单位产品构成一个样本，这种抽样方法即称为系统随机抽样。它的代表性在一般情况下比简单随机抽样要好些;但在产品质量波动周期与抽样间隔正好相当时，抽到的样本单位可能都是质量好的或都是质量差的产品，显然此时代表性较差。

（4）分段随机抽样：如果先将一定数量的单位产品包装在一起，再将若干个包装单位（例如若干箱）组成批时，为了便于抽样，此时可采用分段随机抽样的方法:第一段抽样以箱作为基本单元，先随机抽出 k 箱；第二段再从抽到的 k 个箱中分别抽取 m 个产品，集中在一起构成一个样本，k 与 m 的大小必须满足 $k \times m = n$。分段随机抽样的代表性和随机性，都比简单随机抽样要差些。

（5）整群随机抽样：如果在分段随机抽样的第一段，将抽到的 k 组产品中的所有产品都作为样本单位，此时即称为整群随机抽样。实际上，它可以看作是分段随机抽样的特殊情况，显然这种抽样的随机性和代表性都是较差的。

二、法定计量单位

1.法定计量单位的构成

我国计量法明确规定，国家实行法定计量单位制度。法定计量单位是政府以法令的形式，明确规定要在全国范围内采用的计量单位。

计量法规定："国家采用国际单位制。国际单位制计量单位和国家选定的其他计量单位，为国家法定计量单位。"国际单位制是我国法定计量单位的主体，国际单位制如有变化，我国法定计量单位也将随之变化。

（1）国际单位制计量单位。

1）国际单位制的产生。1960 年第 11 届国际计量大会（CGPM）将一种科学实用的单位制命名为"国际单位制"，并用符号 SI 表示。经多次修订，现已形成了完整的体系。

SI 是在科技发展中产生的。由于结构合理、科学简明、方便实用，适用于众多科技领域和各行各业，可实现世界范围内计量单位的统一，因而获得国际上广泛承认和接受，成为科技、经济、文教、卫生等各界的共同语言。

2）国际单位制的构成。国际单位制的构成如图 1—4 所示。

```
                              SI 基本单位
国际单位制  SI 单位                      包括辅助单位在内的具有专门名称的导出单位
  （SI）              SI 导出单位
                                        组合形式的导出单位
            SI 单位的倍数单位
```

图 1—4　国际单位制构成示意图

3）SI 基本单位 SI 基本单位是 SI 的基础，其名称和符号见表 1—10。

表 1—10　国际单位制的基本单位

量的名称	单位名称	单位符号
长度	米	m
质量	千克（公斤）	kg
时间	秒	s
电流	安［培］	A
热力学温度	开［尔文］	K
物质的量	摩［尔］	mol
发光强度	坎［德拉］	cd

4）SI 导出单位。为了读写和实际应用的方便，以及便于区分某些具有相同量纲和表达式的单位，在历史上出现了一些具有专门名称的导出单位。但是，这样的单位不宜过多，SI 仅选用了 19 个，其专门名称可以合法使用。没有选用的，如电能单位"度"（即千瓦时），光亮度单位"尼特"（即坎德拉每平方米）等名称，就不能再使用了。应注意在表 1—11 中，单位符号和其他表示式可以等同使用。例如：力的单位牛顿（N）和千克米每二次方秒（$kg·m/s^2$）是完全等同的。

表 1—11　包括 SI 辅助单位在内的具有专门名称的 SI 导出单位

量的名称	SI 导出单位		
	名称	符号	用 SI 基本单位和 SI 导出单位表示
［平面］角	弧度	rad	$1rad=1m/m=1$
立体角	球面度	sr	$1sr=1 m^2/m^2=1$
频率	赫［兹］	Hz	$1Hz=1s^{-1}$
力	牛［顿］	N	$1N=1kg·m/s^2$
压力，压强，应力	帕［斯卡］	Pa	$1Pa=1N/m^2$
能［量］，功，热量	焦［耳］	J	$1J=1N·m$
功率，辐［射能］通量	瓦［特］	W	$1W=1J/s$
电荷［量］	库［仑］	C	$1C=1A·s$
电压，电动势，电位，（电势）	伏［特］	V	$1V=1W/A$
电容	法［拉］	F	$1F=1C/V$
电阻	欧［姆］	Ω	$1Ω=1V/A$
电导	西［门子］	S	$1S=1Ω^{-1}$
磁通［量］	韦［伯］	Wb	$1Wb=1V·s$
磁通［量］密度，磁感应强度	特［斯拉］	T	$1T=1Wb/m^2$
电感	亨［利］	H	$1H=1Wb/A$
摄氏温度	摄氏度	℃	$1℃=1K$
光通量	流［明］	lm	$1lm=1cd·sr$
［光］照度	勒［克斯］	lx	$1lx=1lm/m^2$

5）SI 单位的倍数单位。基本单位、具有专门名称的导出单位，以及直接由它们构成的组合形式的导出单位，都称之为 SI 单位，它们有主单位的含义。在实际使用时，量值的变化范围很宽，仅用 SI 单位来表示量值是很不方便的。为此，SI 中规定了 20 个构成十进倍数和分数单位的词头和所表示的因数。这些词头不能单独使用，也不能重叠使用，它们仅用于与 SI 单位（kg 除外）构成 SI 单位的十进倍数单位和十进分数单位。需要注意的是：相应于因数 103（含 103）以下的词头符号必须用小写正体，等于或大于因素 106 的词头符号必须用大写正体，从 103 到 10−3 是十进位，其余是千进位。详见表 1−12。

表 1−12　用于构成十进倍数和分数单位的词头

量的名称	SI 导出单位		
	名称	符号	用 SI 基本单位和 SI 导出单位表示
［平面］角	弧度	rad	$1rad=1m/m=1$
立体角	球面度	sr	$1sr=1\ m^2/m^2=1$
频率	赫［兹］	Hz	$1Hz=1s^{-1}$
力	牛［顿］	N	$1N=1kg \cdot m/s^2$
压力，压强，应力	帕［斯卡］	Pa	$1Pa=1N/m^2$
能［量］，功，热量	焦［耳］	J	$1J=1N \cdot m$
功率，辐［射能］通量	瓦［特］	W	$1W=1J/s$
电荷［量］	库［仑］	C	$1C=1A \cdot s$
电压，电动势，电位，（电势）	伏［特］	V	$1V=1W/A$
电容	法［拉］	F	$1F=1C/V$
电阻	欧［姆］	Ω	$1\Omega=1V/A$
电导	西［门子］	S	$1S=1\Omega^{-1}$
磁通［量］	韦［伯］	Wb	$1Wb=1V \cdot s$
磁通［量］密度，磁感应强度	特［斯拉］	T	$1T=1Wb/m^2$
电感	亨［利］	H	$1H=1Wb/A$
摄氏温度	摄氏度	℃	$1℃=1K$
光通量	流［明］	lm	$1lm=1cd \cdot sr$
［光］照度	勒［克斯］	lx	$1lx=1lm/m^2$

S1 单位加上 SI 词头后两者结合为一整体，就不再称为 SI 单位，而称为 SI 单位的倍数单位，或者叫 SI 单位的十进倍数或分数单位。

（2）国家选定的其他计量单位。尽管 SI 有很大的优越性，但并非十全十美。在日常生活和一些特殊领域，还有一些广泛使用、重要的非 SI 单位不能废除，尚需继续使用。因此，我国选定了若干非 SI 单位与 SI 单位一起，作为国家的法定计量单位，它们具有同等的地位。详见表 1−13。

我国选定的非 SI 单位包括 10 个由 CGPM 确定的允许与 SI 并用的单位，3 个暂时保留与 SI 并用的单位（海里、节、公顷）。此外，根据我国的实际需要，还选取了"转每分"、"分贝"和"特克斯"3 个单位，一共 16 个 SI 基本单位，作为国家法定计量单位的组成部分。

表 1—13　国家选定的非国标单位制单位

量的名称	单位名称	单位符号	换算关系和说明
时间	分	Min	1min=60s
	［小］时	H	1h=60min=3600s
	天［日］	D	1d=24h=86400s
平面角	［角］秒	″	$1'' = (\pi/64800)$ rad
	［角］分	′	$1' = 60'' = (\pi/10800)$ rad
	度	°	$°=60' = (\pi/180)$ rad
旋转速度	转每分	r/min	$1r/min = (1/60)$ s^{-1}
长度	海里	n mile	1n mile=1852m（只用于航程）
速度	节	Kn	1kn=1n mile/h＝（1852/3600）m/s（只用于航行）
质量	吨	t	$1t=10^3kg$
	原子质量单位	u	$1u\ 1.660540\times10^{-27}kg$
体积	升	L,（l）	$1L=1dm^3=10^{-3}\ m^3$
能	电子伏	eV	$1eV\ 1.602177\times10^{-19}J$
级差	分贝	dB	
线密度	特［克斯］	tex	$1tex=10^{-6}kg/m$
面积	公顷	Hm^2	$1hm^2=10^4m^2$

注：1. 周、月、年（a）为一般常用时间单位。

2. ［］内的字是在不致混淆的情况下，可以省略的字。

3. （）内的字为前者的同义语。

4. 角度单位度、分、秒的符号不处于数字后时，应加括弧。

5. 升的符号中，小写字母 l 为备用符号。

6. r 为"转"的符号。

7. 人民生活和贸易中，质量习惯称为重量。

8. 公里为千米的俗称，符号为 km。

9. 10^4 称为万，10^8 称为亿，10^{12} 称为万亿，这类数词的使用不受词头名称的影响，但不应与词头混淆。

2.法定计量单位的使用规则

（1）法定计量单位名称。

1）　计量单位的名称，一般是指它的中文名称，用于叙述性文字和口述中，不得用于公式、数据表、图、刻度盘等处。

2）　组合单位的名称与其符号表示的顺序一致，遇到除号时，读为"每"字，且

"每"只能出现 1 次。例如：$\dfrac{J}{mol \cdot K}$ 或 $J/(mol \cdot K)$ 的名称应为"焦耳每摩尔开尔文"。书写时亦应如此，不能加任何图形和符号，不要与单位的中文符号相混。

3）乘方形式的单位名称举例：m^4 的名称应为"四次方米"而不是"米四次方"。用长度单位米的二次方或三次方表示面积或体积时，其单位名称应为"平方米"或"立方米"，否则仍应为"二次方米"或"三次方米"。

$℃^{-1}$ 的名称为"每摄氏度"，而不是"负一次方摄氏度"。

s^{-1} 的名称应为"每秒"。

（2）法定计量单位符号。

1）计量单位的符号分为单位符号（即国际通用符号）和单位的中文符号（即单位名称的简称），后者便于在知识水平不高的场合下使用，一般推荐使用单位符号。十进制单位符号应置于数据之后。单位符号按其名称或简称读，不得按字母读音。

2）单位符号一般用正体小写字母书写，但是以人名命名的单位符号，第一个字母必须正体大写。单位符号后，不得附加任何标记，也没有复数形式。

组合单位符合书写方式的举例及其说明，见表 1—14。

表 1—14　组合单位符号书写方式举例

单位名称	符号的正确书写方式	错误或不适当的书写形式
牛顿米	$N \cdot m, Nm$ 牛·米	$N-m, mN$ 牛米.牛—米
米每秒	$m/s, m \cdot s^{-1}, \dfrac{m}{s}$ 米·秒$^{-1}$.米/秒, $\dfrac{米}{秒}$	ms^{-1} 秒米.米秒$^{-1}$
瓦每开尔文米	$W/(K \cdot m)$. 瓦/(开·米)	$W/(开·米)$ $W/K/m, W/K \cdot m$
每米	$m^{-1}, 米^{-1}$	$1/m.1/米$

注：1.分子为 1 的组合单位的符号，一般不用分子式，而用负数幂的形式。

　　2.单位符号中，用斜线表示相除时，分子、分母的符号与斜线处于同一行内。分母中包含两个以上单位符号时，整个分母应加圆括号，斜线不得多于 1 条。

　　3.单位符号与中文符号不得混合使用。但是非物理量单位（如台、件、人等），可用汉字与符号构成组合形式单位；摄氏度的符号℃可作为中文符号使用，如 J/℃ 可写为焦　/℃。

（3）词头使用方法。

1）词头的名称紧接单位的名称，作为一个整体，其间不得插入其他词。例如：面积单位 km^2 的名称和含义是"平方千米"，而不是"千平方米"。

2）仅通过相乘构成的组合单位在加词头时，词头应加在第一个单位之前。例如：力矩单位 $kN \cdot m$，不宜写成 $N \cdot km$。

3) 摄氏度和非十进制法定计量单位,不得用 SI 词头构成倍数和分数单位。它们参与构成组合单位时,不应放在最前面。例如:光量单位 1m·h,不应写为 h·1m。

4) 组合单位的符号中,某单位符号同时又是词头符号,则应尽量将它置于单位符号的右侧。例如:力矩单位 N·m,不能写成 m·N。温度单位 K 和时间单位 s 和 h,一般也在右侧。

5) 词头 h、da、d、c(即百、十、分、厘)一般只用于某些长度、面积、体积和早已习用的场合,例如,m、dB 等。

6) 一般不在组合单位的分子分母中同时使用词头。例如:电场强度单位可用 MV/m,不宜用 kV/mm。词头加在分子的第一个单位符号前,例如:热容单位 J/K 的倍数单位 kJ/K,不应写为 J/mK。同一单位中,一般不使用两个以上的词头,但分母中长度、面积和体积单位可以有词头,k 也作为例外。

7) 选用词头时,一般应使量的数值处于 $0.1 \sim 1000$ 范围内。例如:1401Pa 可写成 1.401kPa。

8) 万(10^4)和亿(10^8)可放在单位符号之前作为数值使用,但不是词头。十、百、千、十万、百万、千万、十亿、百亿、千亿等中文词语,不得放在单位符号前作数值用。例如:"3 千秒$^{-1}$"应读作"三每千秒",而不是"三千每秒";对"三千每秒",只能表示为"3000 秒$^{-1}$"。读音"一百瓦",应写作"100 瓦"或"100W"。

9) 计算时,为了方便,建议所有量均用 SI 单位表示,词头用 10 的幂代替。这样,所得结果的单位仍为 SI 单位。

三、试验数值统计与修约

单一的测量结果由于材质的不均匀性或测量误差的存在,很多时候不能最佳地反映材料的实际。这时,就必须通过增加受检对象的数量或增加测量的次数来保证测量结果的可靠。有了充足的测量数据,我们就可以利用最基本的统计知识,来分析、判断受检材料的状况。

1.总体、个体与样本的概念

总体是指某一次统计分析工作中,所要研究对象的全体,而个体则为所要研究的全体对象中的一个单位。例如,我们要了解预制构件厂某天 C20 级混凝土抗压强度情况,那么该厂这天生产的 C20 级混凝土的所有抗压强度便构成我们研究的全部对象,也就是构成我们要研究的总体;而这天生产的每一组试件强度,则为我们研究的一个个体。可是,如果我们要研究该厂某一个月中每天所生产混凝土的平均抗压强度逐日变化情况,那么该厂一个月即 30 天中所生产混凝土的抗压强度,便成为我们研究的全部对象,即构成我们研究的总体,而某天所生产混凝土的平均抗压强度,则为我们研究的一个个体。

从上述例子可以看出,什么是总体、什么是个体,并不是一成不变的,而是根据每一次研究的任务而定。

　　总体的性质由该总体中所有个体的性质而定,所以要了解总体的性质,就必须测定各个个体的性质。很容易理解,要对一个总体的性质了解得很清楚,必须把总体之中每一个个体的性质都加以测定。但是我们知道,在工业技术上常遇到两种主要困难:第一,总体中个体数目繁多,甚至近似无限多,事实上不可能把总体中全部个体都加以测定,如机器零件制造厂每天加工的螺钉等;第二,总体中的个体数目并不很多,但对个体的某种性质的测定是具有破坏性的测定。例如,一台轧钢机每天轧制的工字钢,为数并不多。但要了解每天轧制的工字钢的屈服强度时,却不能将每一根钢材都加以测定,因为一经测定,这根钢材就失去了使用价值。

　　鉴于上述原因,在工业统计研究中,常抽取总体中的一部分个体,通过对这部分个体的测定结果,来推测总体的性质。被抽取出来的个体的集合体,称为样本(子样)。样本中包含个体的数量,一般称样本容量。而在实践中,用样本的统计性质去推断总体的统计性质,这一过程称为推断。

2.平均值

　　(1)算术平均值。这是最常用的一种方法,用来了解一批数据的平均水平,度量这些数据的中间位置。

$$\overline{X} = \frac{X_1 + X_2 + \cdots + X_n}{n} = \frac{X}{n} \tag{1-18}$$

式中　　　　　$\overline{X}$——算术平均值;

　$X_1, X_2, \ldots, X_n$——各个试验数据值;

　　　　　　$\sum X$——各试验数据值的总和;

　　　　　　n——试验数据个数。

　　(2)均方根平均值。均方根平均值对数据大小跳动反映较为灵敏,计算公式如下:

$$S = \sqrt{\frac{X_1^2 + X_2^2 + \cdots + X_n^2}{n}} = \sqrt{\frac{X^2}{n}} \tag{1-19}$$

式中　　　　　S——各试验数据的均方根平均值;

$X_1, X_2, \ldots, X_n$——各个试验数据值;

　　　　　　$\sum X_2$——各试验数据值平方的总和;

　　　　　　n——试验数据个数。

　　(3)加权平均值。加权平均值是各个试验数据和它的对应数的算术平均值,如计算水泥平均强度采用加权平均值。计算公式如下:

$$m = \frac{X_1 g_1 + X_2 g_2 + \cdots + X_n g_n}{g_1 + g_2 + \cdots + g_n} = \frac{Xg}{g} \tag{1-20}$$

式中　　　　　m——加权平均值;

　$X_1, X_2, \ldots, X_n$——各试验数据值;

g_1，g_2，…，g_n——试验数据的对应数；

∑Xg——各试验数据值和它的对应数乘积的总和；

∑g——各对应数的总和。

3.误差计算

（1）范围误差。范围误差也叫极差，是试验值中最大值和最小值之差。例如：3 块砂浆试件抗压强度分别为 5.21、5.63、5.72MPa。则这组试件的极差或范围误差为

$$5.72-5.21=0.51（MPa）$$

（2）算术平均误差。算术平均误差的计算公式为

$$\delta = \frac{|X_1 - \overline{X}| + |X_2 - \overline{X}| + \cdots + |X_n - \overline{X}|}{n}$$

$$= \frac{|X - \overline{X}|}{n} \tag{1-21}$$

式中　　　　　　　δ——算术平均误差；

X_1，X_2，X_3，…，X_n——各试验数据值；

$\overline{X}$——试验数据值的算术平均值；

N——试验数据个数。

（3）标准差（均方根差）。只知道试件的平均水平是不够的，要了解数据的波动情况及其带来的危险性，标准差（均方根差）是衡量波动性（离散性大小）的指标。标准差的计算公式为

$$S = \sqrt{\frac{(X_1 - \overline{X})^2 + (X_2 - \overline{X})^2 + \cdots + (X_n - \overline{X})^2}{n-1}} = \sqrt{\frac{(X - \overline{X})^2}{n-1}} \tag{1-22}$$

式中　　　　　　　S——标准差（均方根差）；

X_1，X_2，X_3，…，X_n——各试验数据值；

X——试验数据值的算术平均值；

n——试验数据个数。

（4）极差估计法。极差是表示数据离散的范围，也可用来度量数据的离散性。极差是数据中最大值和最小值之差：

$$W = X_{max} - X_{min} \tag{1-23}$$

当一批数据不多时（$n \leqslant 10$），可用极差法估计总体标准离差：

$$\hat{\sigma} = \frac{1}{d_n} W \tag{1-24}$$

当一批数据很多时（$n > 10$），要将数据随机分成若干个数量相等的组，对每组求极差，并计算平均值：

$$\overline{W} = \frac{\sum_{i=1}^{m} W_i}{m} \tag{1-25}$$

则标准差的估计值近似地用下式计算：

$$\hat{\sigma} = \frac{1}{d_n} W$$

（1－26）

式中　d_n——与 n 有关的系数（见表 1－15）；

　　　m——数据分组的组数；

　　　n——每一组内数据拥有的个数；

　　　$\hat{\sigma}$——标准差的估计值；

W、$\overline{W}$——分别为极差、各组极差的平均值。

表 1－15　极差估计法 dn 系数表

n	1	2	3	4	5	6	7	8	9	10
d_n	—	1.128	1.693	2.059	2.326	2.534	2.704	2.847	2.970	3.078
$1/d_n$	—	0.886	0.591	0.486	0.429	0.395	0.369	0.351	0.337	0.325

极差估计法主要出于计算方便，但反映实际情况的精确度较差。

4.变异系数

标准差是表示绝对波动大小的指标，当测量较大的量值，绝对误差一般较大；测量较小的量值，绝对误差一般较小。因此，要考虑相对波动的大小，即用平均值的百分率来表示标准差，即变异系数。计算式为

$$C_v = \frac{S}{\overline{X}} \times 100$$

（1－27）

式中　C_v——变异系数（％）；

　　　S——标准差；

　　　$\overline{X}$——试验数据的算术平均值。

变异系数可以看出标准偏差不能表示出数据的波动情况。如：

甲、乙两厂均生产 32.5 级矿渣水泥，甲厂某月生产的水泥抗压强度平均值为 39.84MPa，标准差为 1.68MPa；同月，乙厂生产的水泥 28d 抗压强度平均值为 36.2MPa，标准差为 1.62MPa，求两厂的变异系数。

甲厂 $C_v = \dfrac{1.68}{39.8} \times 100 = 4.22\%$

乙厂 $C_v = \dfrac{1.62}{36.2} \times 100 = 4.48\%$

从标准差看，甲厂大于乙厂。但从变异系数看，甲厂小于乙厂，说明乙厂生产的水泥强度相对跳动要比甲厂大，产品的稳定性较差。

5.可疑数据的取舍

在一组条件完全相同的重复试验中，当发现有某个过大或过小的可疑数据时，

应按数理统计方法给以鉴别并决定取舍。常用方法有三倍标准差法和格拉布斯方法。

（1）三倍标准差法。这是美国混凝土标准 ACT 214—1965 的修改建议中所采用的方法。它的准则是 $X_i - \overline{X} > 3\sigma$ 时，不舍弃。另外，还规定 $X_i - \overline{X} > 2\sigma$ 时则保留，但需存疑；如发现试件制作、养护、试验过程中有可疑的变异时，该试件强度值应予舍弃。

（2）格拉布斯方法。

1）把试验所得数据从小到大排列：X_1，X_2，X_i，…，X_n。

2）选定显著性水平 α（一般 $\alpha=0.05$），根据 n 及 α 从 $T(n, \alpha)$（见表 1—16）中求得 T 值。

3）计算统计量 T 值。

当 X_1 为可疑时，则

$$T = \overline{X} - X_1 / S$$

当最大值 X_n 为可疑时，则

$$T = X_n - \overline{X} / S$$

式中　$\overline{X}$——试件平均值，$\overline{X} = \frac{1}{n} \sum_{i=1}^{n} X_i$；

　　　X_i——测定值；

　　　n——试件个数；

　　　S——试件标准差，$S = \sqrt{\frac{1}{n-1} \sum_{i=1}^{n} (X_i - \overline{X})^2}$。

4）查表 1—16 中相应于 n 与 α 的 $T(n, \alpha)$ 值。

表 1—16　$T(n、\alpha)$ 值

$\alpha/\%$	当 n 为下列数值时的 T 值							
	3	4	5	6	7	8	9	10
5.0	1.15	1.46	1.67	1.82	1.94	2.03	2.11	2.18
2.5	1.15	1.48	1.71	1.89	2.02	2.13	2.21	2.29
1.0	1.15	1.49	1.75	1.94	2.10	2.22	2.32	2.41

5）当计算的统计量 $T \geq T(n, \alpha)$ 时，则假设的可疑数据是对的，应予舍弃。当 $T < T(n, \alpha)$ 时，则不能舍弃。

这样判决犯错误的概率为 $\alpha=0.05$。相应于 n 及 $\alpha=1\%\sim5.0\%$ 的 $T(n, \alpha)$ 值列于表 1—16。

以上两种方法中，三倍标准差法最简单，但要求较宽，几乎绝大部分数据可不舍弃。格拉布斯方法适用于标准差不能掌握时的情况。

6.数字修约规则

《标准化工作导则　第 1 部分：标准的结构和编写》（GB/T 1.1—2009）中对数字修约规则作了具体规定。在制订、修订标准中，各种测量值、计算值需要修约

时，应按下列规则进行。

（1）在拟舍弃的数字中，保留数后边（右边）第一个数小于 5（不包括 5）时，则舍去。保留数的末位数字不变。

例如：将 14.2432 修约后为 14.2。

（2）在拟舍弃的数字中，保留数后边（右边）第一个数字大于 5（不包括 5）时，则进一。保留数的末位数字加一。

例如：将 26.4843 修约到保留一位小数。 修约前 26.4843，修约后 26.5。

（3）在拟舍弃的数字中保留数后边（右边）第一个数字等于 5，5 后边的数字并非全部为零时，则进一，即保留数末位数字加一。

例如：将 1.0501 修约到保留小数一位。修约前 1.0501，修约后 1.1。

（4）在拟舍弃的数字中，保留数后边（右边）第一个数字等于 5，5 后边的数字全部为零时，保留数的末位数字为奇数时，则进一；若保留数的末位数字为偶数（包括"0"），则不进。

例如：将下列数字修约到保留一位小数。修约前 0.3500，修约后 0.4；修约前 0.4500，修约后 0.4；修约前 1.0500，修约后 1.0。

（5）所拟舍弃的数字，若为两位以上的数字，不得连续进行多次（包括二次）修约。应根据保留数后边（右边）第一个数字的大小，按上述规定一次修约出结果。

例如：将 15.4546 修约成整数。

正确的修约是：修约前 15.4546，修约后 15。

不正确的修约是：修约前、一次修约、二次修约、三次修约、四次修约结果分别是：15.4546、15.455、15.46、15.5、16。

第 2 单元　材料员岗位管理工作基本要求

第 1 讲　材料员岗位工作要求

一、岗位工作职责

材料员是建筑施工企业的关键岗位，应廉洁自律、秉公办事，认真执行现行法规，遵纪守法，爱岗敬业，努力钻研业务，熟悉各种材料，及时准确保质保量完成任务。材料员主要负责建立公司材料采购平台，编制工程材料采购计划，进行工程材料的询价采购，建立公司库存账目、材料采购和材料使用账目等工作。材料员的工作职责主要包括：

（1）按照公司物资管理办法规定的程序和标准，在项目部主管经理领导下，负责项目经理部的物资采购及仓库管理工作。

（2）根据物资采购计划，充分利用市场竞争机制，组织做好材料进场工作；

负责定期对仓库、材料加工、施工现场物资存放场地进行安全、消防检查的工作。

（3）负责做好材料的进场计量、点（验）收工作，对出场材料必须经项目经理或主管领导同意，进行清点，落实去向。对不符合要求的材料，有权决定进场退货。

（4）按照工程技术人员提供的材料需用计划，做好材料限额领料的控制和管理工作。

（5）负责物资材料保管、领用、核销和周转材料摊销，以及物资材料保管台账的建立等管理工作。

（6）按规定的审批程序，做好物资供销合同的签订和检查、监督等实施工作。

（7）依照公司文明施工管理考核标准，做好施工现场物资材料的存放、保管、标识管理工作。

（8）按照"三证合一"的贯标认证要求，做好物资管理文件和资料的管理工作。

（9）按照工程成本核算的要求，建立分工号材料收、发、存统计台账，进行材料统计核销。

（10）确保产品采购质量和数量，努力降低采购成本，压缩库存，降低占用资金。

（11）及时掌握库存材料信息，对库存材料现状进行管理控制。

（12）按时向公司和项目部有关部门报送统计报表及统计信息。

（13）按照公司和项目经理部的要求，做好创建绿色和文明工地的相关工作。

二、材料员工作程序

一般来说，材料管理人员包括材料计划员、材料采购员、仓库材料保管员和施工现场材料员，但在实行项目承包的过程中往往一人兼数职，但无论怎样分工，材料员都必须围绕着"从施工生产出发，为施工生产服务"这个中心，并按照"计划、采购、运输、仓储、供应到施工现场"的基本程序，加强供、管、用三个环节的协调配合，从而保证施工生产的顺利进行和创造较好的经济效益。材料管理人员的工作程序有以下几个方面：

1. 编制计划

建筑企业的材料计划是为完成施工生产任务取得物资保证的重要环节，所以应该根据企业（工程处、单位、项目、栋号）施工、生产维修任务所需材料的品种、规格、质量和时间的要求进行编制。同时，要加强核算和定额控制，以保证材料耗用的节约，推动材料的合理使用。

材料计划按用途划分为材料需用计划，材料供应计划，材料申请计划，材料订货计划（亦称订货明细表），材料采购计划。其中，材料需用量计划是编制其他材料计划的基础，是控制供应量和供应时间的依据，所以，必须认真进行编制。材料需用计划汇总表编制的依据：一是图纸和技术资料；二是由建设、设计、施工三家会审的图纸；三是计算分部分项实物的工程量；四是按分项实物工程量查消耗定额核算，再填入材料分析表；五是根据施工现场进度确定分期需用材料。

2.计算材料用量

编制需用材料计划时，由于条件和技术资料不同，采取的定额也不同，所以，为做好材料计划工作，平时要注意积累各种定额资料，并将其整理成系统性强、可靠性好的经验资料以备需要时使用。材料用量计算可分为间接计算法与直接计算法两种。

（1）间接计算法：用于工程任务已经落实，但由于设计尚未完成而技术资料不全，或只有投资金额和施工面积指标而不具备直接计算的条件，为了事前做好备料工作，可采用间接计算法。间接计算法有如下两种：

1）已知工程类型、结构特征及施工面积的项目，可选用同类型的建筑面积材料消耗概算定额计算材料。

2）工程任务不具体，只有计划总投资，则采用万元材料消耗概算定额。

在编制材料供应计划时，要掌握好四个要素，即材料需用量、库存资源量、周转储备量和材料供应量。

（2）直接计算法：一般是以单位工程为对象进行编制，在施工图纸到达并经过会审后，根据施工图计算分部分项实物工程量，结合施工方案与措施，套用相应的材料定额编制材料分析表。

做好材料计划工作要注意平时积累各种定额资料，将它们整理分析成为系统性强、可靠性好的经验资料，以供备料或承包工程估算使用。此外，材料计划人员要经常深入基层，调查研究，掌握实际数据，摸清任务，核准材料需用量与库存量，搞好调剂利用，从而保证工程进度。

3.材料采购

材料采购是在商品市场中进行的一项经济活动。它涉及面广，既复杂又繁重，既服务于工程又制约着施工生产，因此要完成采购任务，要做到"知己知彼"，内外协调，配合协作。采购材料时，既要对内部需用情况心中有数，更需了解市场商情，对市场经济信息进行搜集、整理、分析，为采购决策和择优选购提供依据。

建筑材料的特点是种类繁多，常用的有 1000 多种，而且规格、品种复杂，生产分散，经营网点多，许多产品质量无保证，价格又不统一，同时货源不稳定，故受市场供求和价值规律的影响较大。这些特点，决定市场物资供应的渠道多、采购方式多样化，增加了采购工作的难度。采购工作主要是组织材料资料。其主要途径是：直接向供应单位和生产厂家申请订货，建设单位供料，市场采购，协作调剂，加工改制，清仓挖潜及回收利用等。

除现货采购外，组织货源时大多采用合同或协议的形式。因此，材料管理人员必须懂得汀立订货合同或协议的基本原则、主要内容和鉴证的方法与手续，以及违反合同应负的责任和处理方法。

4.运输管理

在材料运输管理中，必须贯彻"及时、准确、安全、经济"的原则，采用正确的运输方式而经济合理地组织运输，用最少的劳动消耗、最短的时间和里程，把材料从产地运到生产消费地点，以满足工程需要。

材料运输可以选择铁路运输、公路运输、水路运输、航空运输、管道运输、民间群运六种基本运输方式，在选择运输方式时，要根据材料的品种、数量、运输距离、装运条件、供应要求和运费等因素择优选用。

材料运到后应及时提货，以免交付暂存费。

材料接运交付仓库或现场验收后，运输工作人员应立即输运货的结算手续。然后，将有关托运、实物交接、到货验收等有关运输资料和凭证整理装订，并将各种材料运输的有关数据逐一登入运输表和运输计划执行情况汇总表。

5.仓储管理

仓库业务管理是企业经营管理的重要组成部分。仓库业务主要由验收入库、保管保养和发料三个阶段组成。

（1）材料验收入库：验收入库的基本要求是：准确、及时、严格，要把好材料质量关、数量关和单据关。即：凭证手续不全不收，规格数量不符不收，质量不合格不收。材料在验收质量和数量后，按实收数及时办理材料入库验收单，及时登账做卡。在验收材料过程中，如发现质量、数量、规格等问题，必须向供方书面提出退货、调换、赔偿或追究违约责任的处理意见。

（2）材料保管保养：材料保管和维护保养是仓库管理的经常性业务，基本要求是：保质、保量、保安全。材料的维护保养，必须坚持"预防为主、防治结合"的原则，在工作实践中做到：

1）根据材料不同的性能，采取不同的保管条件；

2）做好堆码及防潮防损工作；

3）严格控制温度和湿度；

4）经常检查，随时掌握和发现保管材料的变质情况，并采取有效的补救措施；

5）严格控制材料储存期限；

6）搞好仓库卫生及库区环境卫生，加强安全及保卫工作。

（3）仓库和料场的材料必须定期进行盘点，以便准确地掌握实际库存量，了解材料储备定额执行情况，发现材料保管中存在的各种问题。

（4）材料出库：材料出库是仓库作业的最后一个环节，是划清仓库与用料部门经济责任的界线。因此，材料出库必须做到及时、准确、节约。材料出库的程序是：

1）准备：根据品种的性质及数量的多少，准备相应的搬运力量。

2）核证：要认真审核发料地点、品种、规格、质量及数量，并对审核人、领料人的签章及有关规定的审批程序进行详细审核无误后，才能发料。而对外调材料，必须先办理财务手续，财务收款盖章后才能发料。

3）备料：按凭证所列品种、规格、质量和数量进行备料，除指明批号外都应按"先进先出"的原则发放。

4）复核：为防止误差，事后必须复查，然后再下账、改卡。

5）点交：不管是内部领料还是外部提料，都要当面一次点交清楚，以便划清责任。

6）最后填写材料出库凭证。

仓库材料管理员在做好上述工作的同时，要注意控制仓库的储存量，以利于加速材料周转，减少资金占用。对完工后剩余的材料或已领的专用材料退回仓库时，经检查质量，点清数量后，才可办理退料手续。

6.施工现场的材料管理

施工现场是建筑安装企业从事施工生产活动，最终形成建筑产品的场所，因此加强现场材料管理，是提高材料管理水平、克服施工现场混乱浪费现象、提高经济效益的重要途径之一。注意，各施工企业的现场管理人员都应掌握施工现场的材料管理原理和方法。

第 2 讲　建筑材料管理相关法律法规规定

一、《中华人民共和国建筑法》

第二十五条　按照合同约定，建筑材料、建筑构配件和设备由工程承包单位采购的，发包单位不得指定承包单位购入用于工程的建筑材料、建筑构配件和设备或者指定生产厂、供应商。

第三十四条　工程监理单位与被监理工程的承包单位以及建筑材料、建筑构配件和设备供应单位不得有隶属关系或者其他利害关系。

第五十六条　设计文件选用的建筑材料、建筑构配件和设备。应当注明其规格、型号、性能等技术指标，其质量要求必须符合国家规定的标准。

第五十七条　建筑设计单位对设计文件选用的建筑材料、建筑构配件和设备，不得指定生产厂、供应商。

第五十九条　建筑施工企业必须按照工程设计要求、施工技术标准和合同的约定，对建筑材料、建筑构配件和设备进行检验，不合格的不得使用。

二、《中华人民共和国产品质量法》

第二十七条　产品或者其包装上的标识必须真实。并符合下列要求：

（一）有产品质量检验合格证明；

（二）有中文标明的产品名称、生产厂厂名和厂址；

（三）根据使用的产品的特点和使用要求，需要标明产品规格、等级、所含主要成分的名称和含量的，用中文相应予以标明；需要事先让消费者知晓的，应当在外包装上标明，或者预先向消费者提供有关资料；

（四）限期使用的产品，应当在显著位置清晰地标明生产日期和安全使用期或者长效日期；

（五）使用不当，容易造成产品本身损坏或者可能危及人身、财产安全的产品，应当有警示标志或者中文警示说明。

第二十九条至第三十二条生产者不得生产国家明令淘汰的产品。

生产者不得伪造产地，不得伪造或者用他人的厂名、厂址。

生产者不得伪造或者冒用认证标志等质量标志。

生产者生产产品，不得混杂、掺假，不得以假充真、以次充好。不得以不合格产品冒充合格产品。

第三十三条至第三十九条销售者应当建立并执行进货检查验收制度，验明产品合格证明和其他标识。

销售者应当采取措施，保持销售产品的质量。

销售者不得销售国家明令淘汰并停止销售的产品和失效、变质的产品。

销售者销售的产品的标识应当符合本法第二十七条的规定。

销售者不得伪造产地，不得伪造或者冒用他人的厂名、厂址。

销售者不得伪造或者冒用认证标志等质量标志。

销售者销售产品，不得混杂、掺假，不得以假充真、以次充好，不得以不合格产品冒充合格产品。

第八条　建设单位应当依法对工程建设项目的勘察、设计、施工、监理以及与工程建设有关的重要设备、材料等的采购进行招标。

第十四条　按照合同约定，由建设单位采购建筑材料、建筑构配件和设备的，建设单位应当保证建筑材料、建筑构配件和设备符合设计文件和合同要求。

建设单位不得明示或者暗示施工单位使用不合格的建筑材料、建筑构配件和设备。

第二十二条　设计单位在设计文件中选用的建筑材料、建筑构配件和设备，应当注明规格、型号、性能等技术指标，其质量要求必须符合国家规定的标准。

除有特殊要求的建筑材料、专用设备、工艺生产线等外。设计单位不得指定生产厂、供应商。

三、《建设工程质量管理条例》

第二十九条　施工单位必须按照工程设计要求、施工技术标准和合同约定，对建筑材料、建筑构配件、设备和商品混凝土进行检验，检验应当有书面记录和专人签字。未经检验和检验产品不合格的，不得使用。

第三十一条　施工人员对涉及结构安全的试块、试件以及有关材料，应当在建设单位或者在工程监理单位监督下现场取样，并送具有相应资质等级的质量检测单位进行检测。

第三十五条　工程监理单位与被监理工程的施工承包单位以及建筑材料、建筑构配件和设备供应单位有隶属关系或者其他利害关系的，不得承担该项建设工程的监理业务。

第三十七条　未经监理工程师签字，建筑材料、建筑构配件、设备不得在工程上使用或者安装，施工单位不得进行下一道工序的施工，未经总监理工程师签字，建设单位不得拨付工程款，不得进行竣工验收。

第五十一条　供水、供电、供气、公安消防等部门或者单位不得明示或者暗示建设单位、施工单位购买其指定的生产供应单位的建筑材料、建筑构配件和设备。

四、《建设工程勘察设计管理条例》

第二十七条　设计文件中选用的材料、构配件、设备，应当注明其规格、型号、性能等技术指标，其质量要求必须符合国家规定的标准，除有特殊要求的建筑材料、专用设备和工艺生产线等外，设计单位不得指定生产厂、供应商。

第二十九条　建设工程勘察、设计文件中规定采用的新技术、新材料，可能影响建设工程质量和安全，又没有国家技术标准的，应当由国家认可的检测机构进行试验、论证，出具检测报告，并经国务院有关部门或者省、自治区、直辖市人民政府有关部门组织的建设工程技术专家委员会审定后，方可使用。

五、《实施工程建设强制性标准监督规定》

第五条　工程建设中拟采用的新技术、新工艺、新材料，不符合现行强制性规定的，应当由拟采用单位提请建设单位组织专题技术论证，报批准的建设行政主管部门或者国务院有关主管部门审定。

工程建设中采用国际标准或者国外标准，现行强制性标准未作规定的，建设单位应当向国务院建设行政主管部门或者国务院有关行政主管部门备案。

第十条　强制性标准监督检查的内容包括：（三）工程项目采用的材料、设备是否符合标准的规定。

第3讲　项目材料管理相关制度

一、项目材料管理责任制

为了使材料供应管理下作职责明确，合理分工，责任到人，以增强全体物资管理人员的责任感和纪律性，提高业务能力和工作效率，不断改进工作方法，尽快达到管理标准，故应建立健全各级岗位责任制。

1.项目材料管理的基本职责

（1）参与施工组织设计（方案）的编制工作，及时提供供料方法、资源情况、运输条件及现场管理要求，使之合理规划现场存料场地、仓库及其他临时设施和运输道路的位置。

（2）根据项目负责人及上级主管有关部门的管理要求，结合现场实际情况，制定现场料具管理规划及管理制度。

（3）根据有关部门提供的原始资料，负责汇总编制主要材料一次性用料计划、申请计划、构配件加工订货计划、市场采购计划、周转料具租用计划及材料节约计划等，并及时上报上一级材料主管部门。

（4）负责组织经上级业务部门批准的部分市场（就近）的材料、工具的供应工作。坚持比质、比价、比运距的原则。

（5）负责现场料具的收、发、保管工作。认真负责，坚守岗位，严格把好收料关，坚持三验制度，做到手续完备，账目清楚。

（6）开展 TQC 工作，搞好材料质量管理和计量管理工作。

（7）负责现场料具管理工作。做到料具存放按标准；使用合理，维修保养得当；废旧物资、包装容器回收及时，实现文明管理。

（8）搞好材料定额管理工作。建立健全各种单位工程台账及限额领料手续；掌握材料使用去向，加强对材料使用的监督与控制。定额用料要落实到班组，按月份统计消耗及库存情况，按时上报上级业务部门；抓好材料节约工作，实施材料节约奖励办法。

（9）负责工程竣工后的各项收尾工作。在规定的时间内，组织好料具的回收、调剂、退转场；负责债权债务的清理及有关资料的汇总、交接、存档等工作。

（10）各岗业务人员，要坚持工作质量考核评比，材料纪律检查监督工作的开展；坚持为栋号施工服务，为班组服务；遵纪守法，模范遵守职业道德规范及廉政方面的有关规定。

2.项目经理部各岗位人员的基本职责

（1）计划员（业务主管）。

1）了解掌握工程协议的有关规定、工程概况、施工地点、供料方法、运输条件及资源情况，并参与施工组织设计（方案）的编制工作。

2）负责各类材料计划的编制、上报、下达等工作。

3）领导和组织供应工作。督促、检查材料计划的执行与落实情况。

4）深入实际，随时掌握施工进度，了解材料的使用、消耗情况。

5）组织计划供应、定额用料、综合统计等各管理环节的经营活动分析工作。要求分析科学、数据可靠、措施得力、效果显著。

6）负责组织、监督、检查材料管理各项规章制度的执行与落实等工作。

7）制订物资工作计划与规划，组织制定与完善各项规章制度及物资管理等基础建设工作。

8）组织剩余材料、废旧物资、包装容器的回收、利用、清退与转场工作。

（2）定额员（材料技术管理）。

1）协助计划员汇总编制单位工程主要材料一次性用料计划、钢材明细计划、构配件加工订货计划。

2）负责建立健全定额用料制度中规定的各种台账，即单位工程二级核算对比台账，主要材料供应台账、消耗台账，构配件计划供应消耗考核台账，班组主要材料消耗台账。要求数据真实，交圈对口，准确完整。

3）负责限额领料单的签发、下达、验收、结算等工作。

4）负责检查、监督材料的使用、消耗情况。要求做到查项、查量、查措施、查操作，查脚下清。

5）负责编制汇总月份材料消耗统计报表及单位工程主要材料结算表，并负责材料节约奖的统计、申请、签证工作。

6）向计划员提供材料节超情况，并综合分析原因，提出改进措施；监督材料技术节约措施的落实及效果考核工作。

7）在施工预算不具备的情况下，认真做好定额用料的统计工作，负责工程技术洽商、变更的增减账处理及技术翻样资料的收集整理工作，为竣工结算积累原始资料。

（3）统计员（综合统计）。

1）负责建立健全各类统计台账。

2）编制各种统计报表。组织收集汇总各业务的统计数据，要做到统计数字真实可靠，交圈对口，报表清晰无误。

3）向计划员提供材料收、发、使用去向，节超、调拨、调剂、利用代用、回收、维修、库存盘点等情况，并进行综合分析，提供反馈信息。

4）负责制订及完善材料统计管理制度，协同计划员搞好本部门的业务工作总结，参与制订材料工作计划及规划等工作。

5）负责本部门内业资料的收集、整理、汇总及存档等管理工作；负责业务用品及办公用品的管理工作。

（4）核算员（业务记账与核算）。

1）负责原始凭证、账目、报表的编制及管理工作。根据材料目录按二级科目分类，建立三级明细账。记账要及时准确，确保账目数据的连续性。

2）搞好业务核算工作。设立核算台账，坚决执行预算价（人账与发料均按预算价计取），核算以点验单为依据，差价部分采用补做点验单的办法，调整账面平衡，做到账、卡、物、资金四相符。

3）会同会计人员搞好财务稽核工作，并同保管员每月进行一次核查对账。账物不相符时，应在查明原因后做账面调整。

4）按规定每月做好周转料具的摊销工作。编制摊销核算表交财务作账。

5）做好对原始凭证的装订、存档等管理工作。对随货同行的提货单或运输小票，附在点验单后面，妥善保存以便备查。

6）负责指导保管员做好账务管理及盘点工作，定期向计划员提供材料库存及资金动态情况。

（5）收料员（现场收料）。

1）坚守岗位，随叫随到，收料认真负责，准确及时。

2）严格执行收料"三验制"，即验数量、验质量、验规格品种。

3）建立进（出）料登记台账及计量检测记录，认真办理进（出）料各种手续，确认无误后及时登记。

4）严格按照施工平面布置图，合理规范的存放各类材料及构配件。

5）每天应向计划员及其他业务人员提供进料情况。

（6）采购员。

1）严格执行经济合同法及有关购销、加工承揽等法律法规，模范遵守物资政策及材料工作纪律，严格执行材料管理的各项规章制度，在加工订货及市场采购工作中，做到廉洁奉公，自觉抵制不正之风。

2）要坚持"三比一算"的原则，正确选择进货（订货）渠道。坚持"先看货后订货"的原则，认真签订并履行购销合同；及时催货，组织提货送料，做到及时准确、完好无损。

3）严格执行加工订货计划和采购计划，遇有变更或代用时，应及时与计划员（或技术质量人员）签认，不得擅自更改。

4）负责订货进料的质量证明书及产品合格证的索取、下发及管理工作；负责购销合同的传递及管理工作。

5）负责办理材料的入库、下发、记账、结算等有关业务手续。

6）定期（月或季）编报材料采购报表，分析采购价格及管理费用的开支，完成采购成本降低指标。

7）了解掌握市场情况，及时向计划人员及业务领导提供市场信息。

8）认真学习材料的基本知识，掌握材料的性能、用途及质量标准，以有效的工作质量保证材料的供应质量。

（7）保管员。

1）验收。材料设备入库按凭证点验，在规定时间内验收完毕，登账归位。发现问题按规定及时处理。

2）发放。要按规定手续，用正式单据当面点交清楚。外运物资要及时备料、包装，点交运输人员签收。坚持仓库物资先进先发原则。

3）保管。按照仓库规划合理储存，标签明显，账、卡、物、资金相符，规格不串，材质不混。露天物资堆放要上盖下垫，待验收物资应单独存放。坚持定期盘点，维护保养物资要按时提出计划，并组织实施。库存物资要达到"十不"（不锈、不潮、不冻、不霉、不变、不坏、不混、不爆、不漏、不丢），合理的盈亏要按规定及时上报。

4）资料。账卡、单据（包括质量证明书和原始资料）要日清月结，装订成册，妥善保管。上级需要的报表资料做到及时报送，准确无误。

5）库容。要做到整洁美观，物资摆放有序，横平竖直，整齐干净，达到料场无垃圾、无杂草，库内无杂物，货架无尘土。

（8）计量员。

1）认真贯彻执行国家及企业的计量法规、法令和有关规定，参与制定本系统各项计量管理制度及工作规划，并负责监督执行。

2）审核本系统（本部门）计量器具的配备计划及购置，负责检查建账、周检、流转、降级、封存、报废等业务手续。

3）负责原材料及能源计量检测制度的落实，建立进（发）料台账，做好计量检测原始记录，保证量值传递准确可靠。

4）检查计量器具的使用及维护、保养制度的落实，保证计量数据准确一致。

5）负责各类计量管理资料的收集、汇总及整理归档工作。

（9）监督员。

1）熟悉国家或各地有关材料物资工作的政策、法令、法律及法规，熟悉总公司材料处制定下发的各项规章、制度、措施、办法中所规定的规范和标准；掌握各种材料的管理程序及管理知识。

2）负责监督和纠正施工材料供、管、运、用过程中的违章现象和行为。

3）有权对违反管理规定、造成经济损失或管理混乱的责任者，进行规定数额的经济处罚。

4）对阻挠或干扰材料监督工作正常进行的各类人员，应视情节轻重，有权提请上级行政监察、纪检和有关监督、监控部门及领导，追究其党纪、政纪责任或给予经济处罚。

5）不断加强自身建设，提高业务素质及政策水平，坚持实事求是、秉公执法、不徇私情、不谋私利。

3.管理机构

公司材料处负责宏观控制、调剂及供应部分周转料具。各分公司实行一级租赁分级管理的体制。仓库设置租赁站，并编制专职租赁业务人员、核算人员及维修人员，负责周转材料的采购、租赁、发放、保管、维修、核算等工作。各分公司材料科应设有专人负责租赁业务和现场管理的全面工作。各施工单位（租用单位）要设专职或兼职材料人员，负责使用计划的编制和上报，签订租赁合同，办理提退料及结算手续，建立周转材料租赁台账，做好现场租用周转材料的维修、保管及管理等工作。

4.租赁业务的管理

（1）计划申请与签订合同。

1）租用单位对新开工程应按施工组织设计（或施工方案）编制单位工程一次性备料计划，上报公司材料科负责组织备料。

2）租用单位应根据施工进度，提前一个月申报月份使用租赁计划（主要内容包括：使用时间、数量、配套规格等），由材料科下达给租赁站。

3）公司材料科根据申请计划，组织租用单位与租赁站签订租赁合同。

（2）提退料、验收与结算。

1）提料：由租用单位专职租赁业务人员按租赁合同的数量、规格、型号，组织提料到现场，材料人员验收。

2）退料：租用单位材料人员应携带合同，租赁站业务人员按合同的品名、规格、数量、质量情况组织验收。

3）结算办法：连续租用应按月办理结算手续；退料后的结算应根据验收结果进行，租赁费、赔偿费和维修费一并结算收取。

（3）验收标准。

1）钢模板：要求板面平整，无大的翘曲，各种筋、边齐全完好，正面和背面的水泥硬块及杂物要清理干净，禁止在板面上打孔凿洞。

2）钢支柱：要上下管垂直，配件齐全，表面无杂物。

3）钢跳板：板面要平整，边筋要垂直，正反面无杂物。

4）钢管脚手架：无弯曲，无切割或焊接，管面清洁，无杂物。

5）其他料具：无损坏变形，配件齐全，使用功能正常。

（4）赔偿与罚款。

可根据租赁协议明确双方赔偿与罚款的责任。

二、材料计划与采购管理制度

1.基本规定

（1）为提高建筑安装企业材料管理水平，实现采购供应工作程序化、规范化，达到及时配套供应，降低采购成本，加速资金周转，保证工程质量和工期的目的，特制定本制度。

（2）凡施工、临设、周转材料自采买开始至供到工地验收时止，均属于采购供应管理范围。

（3）材料采购供应必须严格遵守国家的法律、法规、政策和物资工作纪律，廉洁奉公，自觉抵制不正之风。

（4）材料采购供应应由公司级以上单位确定的专门机构和岗位的专业人员办理，必须持证上岗，严格岗位责任制，无上岗证不准从事采购工作。

2.材料采购订货计划编制

（1）单位工程一次性用料计划：根据施工组织设计和施工预算材料分析进行编制，在工程开工前提出。

（2）构配件加工订货计划：根据技术翻样资料编报。

（3）材料需用计划：根据施工方案，按需用的品种、规格、数量及用料进度进行编制。

（4）采购供应计划：根据编制的材料需用计划，考虑期末储备量、期初库存量、本期到货量，进行综合平衡，确定本期采购量，编制采购计划、用款计划、运输计划。

（5）计划执行过程中，遇有设计变更和技术洽商，应及时提出变更计划，据此调整原需用计划、采购订货计划，以避免造成损失。

3. 采购订货

（1）采购订货必须依据采购订货计划、采购原则和市场行情，保质、保量、按期完成所需材料的采购和订货，满足施工生产需要。

（2）采购订货要坚持"三比一算"、"先看后买"的原则，不得盲目采购；对有安全规定的材料必须到指定厂家购买。

（3）采购时必须向供销单位索取产品合格证及材质证明，具备有关的检测试验等资料；对无材质证明的材料和产品一律不得采购。

（4）大宗及特殊重要的材料订购，必须考虑供方信誉、供应能力及生产技术资料，须经主管领导审批后方可进行。

（5）凡有特殊技术要求的加工订货，必须事先携带图纸会同技术人员进行技术交底，事后进行技术验收；必要时在加工期间进行质量检查。

（6）凡不能及时结清的采购订货，必须按合同法的规定，认真签订合同并严格履行。

（7）企业必须制订内部合同管理办法，明确签约权限、责任、义务、程序，设立合同台账，检查合同履行情况以及合同履行的制约条款。

（8）采购人员必须设有采购登记台账，借款报销台账；企业应对采购订货工作的质量效益进行定期考核分析。

4.采购订货验收

（1）对采购订货的材料，应根据采购计划，合同产品技术标准和有关抽样检查规定，严格检查验收。

（2）对验收不合格的材料及产品要按合同条款，由责任方承担全部经济责任，由采购人员负责找供方协商处理。

（3）材料进场验收合格后，应在当日签署有关交接手续或凭证，并按票证流转程序传递。随时清结财务手续。

5.损耗处理

在采购供应过程中对正常途耗或非正常量差的处理规定：

（1）属于规定范围内的途耗发生的量差，由经办人按审批程序报批处理。

（2）属于非正常发生的量差，由经办人负责同供方核实，损失由责任方承担。

（3）建设单位一般不指定材料（或产品）生产单位。若指定，所发生的质量问题及其造成的经济损失由建设单位负责赔偿。

（4）对材料账务处理必须遵守如下规定：

1）为便于业务管理、会计核算、财务稽查等工作的开展，必须统一凭证、台账、报表的格式及填写方法和流转程序，达到材料账务管理与财务会计核算业务相互交接。

2）各种凭证、账、表必须认真填制，计量准确，数字清楚，不得涂改，印鉴、附件齐全，按要求及时传递。

3）各种原始凭证、账、表及合同文本等资料，按月（季）分别装订、汇总、编号、核实，由负责人、经办人盖章，统一归档，并妥善保存。

6.采购供应统计核算工作

（1）采购供应核算必须遵循"谁采购供应谁核算"的原则；依据采购和供应的数量分别计算采购成本和预算成本，做到日清月结，按季出成本报表，并进行采购成本分析。

（2）采购成本是指在采购过程中所投入的全部费用，包括：购入价、运输装卸费、管理费（采保费）、税金及利息。

（3）材料统计核算必须以各种凭证为依据，真实反映材料采购供应经营成果。

（4）采购供应统计核算必须具备如下报表：

1）材料收、支、存统计报表。

2）单位工程供（耗）料统计报表。

3）采购成本盈亏统计报表。

4）资金运用情况统计报表。

7.违反此制度的，按以下规定给予处罚

（1）有如下行为之一，直接责任者应予以赔偿，标准为损失额的10%：

1）决策失误或计划不周造成材料浪费或积压。

2）越权采购或未按规定程序，违反正常渠道进行采购和加工订货，造成经济损失。

3）在订货和采购工作中对材料质量把关不严造成经济损失。

（2）有如下行为的直接责任者应按损失额赔偿，并根据情节轻重分别交纪律监察部门处理：

1）在供应中故意克扣、缺斤短两，超过合理误差转嫁亏损，给使用者造成损失。

2）违反物资政策，物资纪律和廉洁规定，以物谋私，捞取好处，给企业造成经济损失。

（3）有如下行为之一的，给予责任者处以50～100元罚款：

1）工作责任心不强，造成账目和手续混乱，财产不清，债权债务无法清理或形成死账者。

2）弄虚作假、不记账、不销账，造成账物不符，成本不实，虚盈实亏者。

3）违反规定，擅自销毁单据、凭证和账册者。

4）拒绝上报各种统计报表之一者。

5）不履行规定职责，使工作秩序不能正常运转，经多次提出无改进者。

8.附则

（1）本制度由总公司物资供应部负责解释。

（2）本制度自××年×月×日起执行。

三、材料供应管理制度

1.目的

为更好地满足施工生产对材料质量的要求，确保工程质量，加强材料供应的管理，完善材料供应质量的保证体系，制定本制度。

2.材料供应过程中的质量管理

（1）加工订货的质量把关。

1）正确选择进货渠道，对生产厂家及供货单位要进行资格审查，内容如下：

① 要有营业执照、生产许可证、生产产品允许等级标准、产品鉴定证书、产品获奖情况。

② 应有完善的检测手段、手续和试验机构，可提供产品合格证和材质证明。

③ 应对其产品质量和生产历史情况进行调查和评估，了解其他用户使用情况与意见，生产厂方（或供货单位）的经济实力、赔偿能力、有无担保及包装储运能力等。

2） 建立严格的审核制度。

① 计划人员和技术人员要严格把关，认真审核各类计划。

② 对材料、构配件、设备等加工订货计划中的品名、规格、型号、材质要求等要进行逐项审核。

③ 对构配件和设备计划的标准图集编号及非标准件加工图要详细核对，确认无误后，向业务人员做技术交底（或会同与厂方交底），计划落实执行后，与订货合同一并归档。

3） 严格履行合同手续与程序。

① 材料业务人员在加工订货时，必须与生产厂方（或供货单位）签订加工订货合同（或购货合同）。

② 合同除了按标的数量和质量、价款或酬金、履行的期限、交货地点与方式、违约的责任等主要必备条款签订外，还应严格按照《加工承揽合同条例》的条款签订；特别对供货质量、验收标准和验收办法，对出现质量问题的处理及经济责任（索赔违约金、赔偿金）等要详细明确地列出。

③ 双方应严格履行合同的各项条款，不得擅自通融、变更和解除。

4） 加强供货渠道及各种计划、合同的管理。

① 供货渠道要相时稳定。

② 加工订货应本着"先内后外，以国营厂方为主，其他为辅"的原则。

③ 业务人员对下达执行的各类计划和签订的合同,应分类编号存档管理，建立计划及合同管理台账。

（2） 市场采购材料的质量把关。

1） 材料采购人员应做好市场调查和预测工作，采购应坚持"比质、比价、比运距，以集中批发为主，就近零星采购为辅"的原则。

2） 采购时必须向供销单位索取产品合格证及有关检测试验等资料，对无合格证的材料及产品一律不得采购。

3） 采购批量产品时，一律签订合同。

（3） 纪律与要求。

1） 负责加工订货和市场采购的业务人员，应严格遵守物资政策及物资工作纪律，廉洁奉公，不得搞不正之风；认真学习合同法和有关工矿产品购销条例等法律、法规，学习材料基本知识，掌握材料性能、用途与质量标准；要以科学有效的工作质量，保证材料供应质量。

2） 要坚持先看货后订货的原则，不得盲目采购与订货。必要时，应与技术质量人员事先进行产品质量考察工作。

3） 集团总公司、公司两级配套供应单位要配置质量技术人员，指导、监督材料供应质量工作。

4） 做好售后服务工作。业务人员应及时和定期了解供应到现场的材料及产品质量情况，发现验收不合格的材料及产品，要按合同要求和法律、法规的时效及有关规定去办，及时找厂家或供货单位洽谈，做到包退、包换、包损失。

3. 材料验收的质量管理

（1） 双控把关：为了避免因质量问题造成拒收，确保进场材料合格，对预制构件、钢木门窗、各种制品及机电设备等大型产品，在组织送料前，由两级供应部门业务人员会同技术质量人员先行看货验收，无质量问题再送料。现场收料人员接料时再行验收签证。

（2） 联合验收把关：对直接送到现场的材料及构配件，收料人员可会同现场的技术质量人员联合验收；进库物资由保管员和材料业务人员一起组织验收。

（3） 收料员验收把关：收料员对地材、建材及有包装的材料及产品，应认真进行外观检验；查看规格、品种、型号是否与来料相符，宏观质量是否符合标准，包装、商标是否齐全完好。

（4） 提料验收把关：总公司、分公司两级供应部门的业务人员到外单位及集团三个专业公司提送料时，要认真检查验收提料的质量，索取产品合格证和材质证明书。送到现场（或仓库）后，应与现场（仓库）的收料员（保管员）进行交接验收。

（5） 验收结果的处理。

1） 验收质量合格，技术资料齐全，可及时登入进料台账，发料使用。

2） 验收质量不合格，不能点收时，可做拒收，并及时通知上级供应部门（或供货单位）。如与供货单位协商作代保管处理时，应有书面协议，并应单独存放，在来料凭证上写明质量情况和暂行处理意见。

3） 已进场（进库）的材料，发现质量问题或技术资料不齐时，收料员应在3天内上报《材料质量验收报告单》（或电话报告）给上级供应部门，以便及时处理。暂不发料、不使用，原封妥善保管。

4. 质量资料的管理

（1）　资料内容包括：产品合格证、材质证明书及其他有关资料（资格审查资料、产品认证评价资料、试验资料、市场调查资料、产品广告说明、产品使用情况、用户使用意见等）。

（2）　材料及产品范围。

1）　钢材、水泥、油毡、沥青、焊条、橡塑及化工制品、水暖、电气配件。

2）　预制混凝土构件及其他制品、门窗及机电设备产品。

3）　地材及新型建筑材料、新型防火材料。

4）　技术质量部门要求的其他材料及产品。

（3）　管理要求。

1）　签发与索取：两级供应部门负责产品合格证和材质证明书（抄件或复印件）的索取和签发，各公司试验室负责对材料的复验工作。

2）　整理存档：各级供应部门及使用单位都要建立材料质量证明的管理台账和严格的交接签发手续，并分类整理存档；竣工资料需用时应及时转交技术部门。

3）　材料人员要学习、了解、掌握材料质量标准及有关规范，逐步完善材料质量管理的标准化工作，为现代化管理创造条件。

5. 附则

（1）　本制度由总公司物资供应部负责解释。

（2）　本制度自××年×月×日起执行。

四、物资进场验收与保管管理制度

1.物资进场要求

（1）　仓库保管员一旦接到采购部门转来的"采购单"，即应按物资类别、来源和进场时间等分门别类归档存放。

（2）物资在待验进场前应在外包装上贴好标签，详细填写批量、品名、规格、数量及进场日期。

（3）内购物资进场。

1）　材料进场前，保管人员必须对照"采购单"，对物料名称、规格、数量、送货单和发票等一一清点核对，确认无误后，将到货日期及实收数量填入"请购单"。

2）　如发现实物与"采购单"上所列的内容不符，保管人员应立即通知采购人员和主管。在这种情况下原则上不予接受入库，如采购部门要求接收则应在单据上注明实际收料状况，并请采购部门会签。

（4）　外购物资进场。

1）　材料进场后，保管人员即会同检验人员对照"装箱单"及"采购单"开箱核对材料名称、规格和数量，并将到货日期及实收数量填入"采购单"。

2）　开箱后，如发现所装载材料与"装箱单"或"采购单"记载不符，应立即通知进货人员及采购部门处理。

3）　如发现所装载物料有倾覆、破损、变质、受潮等现象，经初步估算损失在

2000 元以上者，保管人员应立即通知采购人员、公证人员等前来公证并通知代理商前来处理，此前应尽可能维持原来状态以利公证作业。如未超过 2000 元，可按实际数量办理进场，并在"采购单"上注明损失程度和数量。

4）受损物品经公证或代理商确认后，保管人员开具"索赔处理单"呈主管批示，再送财务部门及采购部门办理索赔。进场以后，保管人员应将当日所收料品汇总填入"进货日报表"作为入账依据。

（5）交货数量超过"订购量"部分原则上应予退回，但对于以重量或长度计算的材料，其超交量在3%以下时，可在备注栏注明超交数量，经请示采购部门主管同意后予以接收。

（6）交货数量未达订购数量时，原则上应予以补足。但经请购部门主管同意后，可采用财务方式解决。届时保管部门应通知采购部门联络供应商处理。

（7）紧急材料进场交货时，若保管部门尚未收到"请购单"，收料人员应先询问采购部门。确认无误后，方可办理进场。

2.验收与退货

（1）为保证企业产品与服务的高质量，须高度重视来料质量标准问题。质量管理部门应就材料重要性及特性等，适时召集使用部门和其他有关部门按照生产要求制定"材料验收规范"，呈总经理核准后公布实施，作为采购、验收依据。

（2）属外观等易识别性质检验的物料，验收应于收料后 1 天内完成。

（3）属化学或物理检验的材料，检验部门应于收料后 3 天内完成。

（4）对于必须试用才能实施检验者，由检验部门主管于"材料检验报告表"中注明预定完成日期，一般不得超过 7 天。

（5）检验合格的材料，检验人员在外包装上贴合格标签，交保管人员进场定位。

（6）检验不合格的材料，检验人员在外包装上贴不合格标签，并于"材料检验报告表"上注明具体评价意见，经主管核实处理办法，转采购部门处理并通知请购单位，通知保管部门办理退货。

（7）对于检验不合格的材料办理退货时，应开具"材料交运单"并附"材料检验报告表"呈主管签认，作为出厂凭证。

3.其他

本制度呈总经理核准后实施，修订时亦同。

五、施工现场仓库管理制度

1.库存物资盘点检查制度

（1）每年年底保管员对自己所管物资都要定期盘点一次，并做出明细报表，报上级有关业务部门。盘点后保管员要在自己的保管账上盖"上年结转"的印章。

（2）在盘点中发现的差错和盈亏，要查明原因。经商务经理、财务部门审批后进行账务处理，没有批准前不得自行改账。

（3）对库存物资保管员每月应进行一次自点。在自点中发现的盈亏，凡属合理损耗的，保管员可填制单据，报有关业务部门审批，及时进行调整，不属于合理损耗，则放在年终一并处理。

（4）除了上述规定的定期盘点、自点外，保管员应经常进行不定期的自点、自查工作，了解和掌握库存动态，做到心中有数。自点自查内容如下：

1）查质量：库存物资的质量是否变化，是否有生锈、霉烂、干裂、虫蛀、变质、鼠咬等情况。

2）查数量：账、卡、物是否一致，单价是否准确。

3）查保管条件：堆垛是否合理和稳固，苫盖物是否严密，库房有无漏雨，料区有无积水，门窗通风是否良好。

4）查安全：各种安全措施和消防设备是否符合安全要求。

5）查计量工具：磅秤、皮尺是否准确，其他工具是否齐全，使用和保养情况是否良好。

2.仓库收、发料制度

（1）收货时应根据运单及有关资料详细核对品名、规格、数量，注意外观检查（包装、封印完好情况，有无玷污、受潮、水渍、油渍等异状），若有短缺损坏情况，应当场要求运输部门检查。凡属他方的责任，应做出详细记录，记录内容与实际情况相符合后方可收货。

（2）核对证件：入库物资在进行验收前，首先要将供货单位提供的质量证明书或合格证、装箱单、磅码单、发货明细等进行核对，看是否与合同相符。

（3）数量验收：数量检验要在物资入库时一次进行，应当采取与供货单位一致的计量方法进行验收，以实际检验的数量为实收数。

（4）质量检验：一般只作外观形状和外观质量检验的物资，可由保管员或验收员自行检查，验后作好记录。凡需要进行物理、化学试验以检查物资理化特性的，应由专门检验部门加以化验和技术测定，并做出详细鉴定记录。

（5）对验收中发现的问题，如证件不齐全，数量、规格不符，质量不合格，包装不符合要求等，应及时报有关业务部门。按有关法律、法规及时进行处理，保管员不得自作主张。

（6）物资经过验收合格后应及时办理入库手续，进行登账、立卡、建档工作，以便准确地反映库存物资动态。在保管账上要列出金额，保管员能随时掌握储存金额状况。

（7）核对出库凭证：保管员接到出库凭证后，应核对名称、规格、单价等是否准确，印鉴、单据是否齐全，有无涂改现象，检查无误后方可发料。

（8）备料复核：保管员按出库凭证所列的货物逐项进行备料，备完后要进行复核，以防差错。为使物资出库时间不因复核而延长，复核工作应在出库过程中交替进行，在未交给提货人之前，应该复核清楚。

3.库存物资维护保养制度

物资的维护保养工作是物资技术管理的主要环节，保管人员经常对所管物资进行验查，了解和掌握物资保管过程中的变化情况，以便及时采取措施。进行防护，从而保证物资的安全和完好。物资入库后的保管阶段，保管人员应做好以下工作：

（1）物资入库后，按要求堆码整齐、牢固。应轻拿轻放，不得损坏。要对堆放料场的物资采取合理的堆码苫垫，保证物资不变形、不紊乱、不霉烂、不锈蚀，保证物资的完好。

（2）根据各种物资的不同性能和季节气候的变化，要加强对物资的防护，做到勤检查、勤保养，做好"十二防"工作（防锈、防盗、防火、防霉烂变质、防爆、防冻、防漏、防鼠、防虫、防潮、防雷、防丢）。

（3）物资在库期间，如发现有锈蚀、损坏、变质的现象，保管员要及时向领导建议，提出维护保养计划；对精密仪器和较复杂的设备、电器、通信器材等，如需保养的，应请有关技术人员鉴定后方可进行，不得随意拆卸解体。

（4）搞好仓库卫生，勤清扫，经常保持货垛、货架、包装物、苫垫料及地面的清洁，防止灰尘及污染物飞扬，侵蚀物资。

（5）做好季节性的预防措施。保管员要根据气候变化做好防护工作，如汛期到来前，要做好疏通排水沟、加固露天物资的遮盖物和防潮防霉等工作；梅雨季节，注意通风散潮，使库内湿度保持在一定范围内；高温季节，对怕热物资要采取降温措施；寒冷季节，要做好物资防冻保温工作。

4.安全保卫防火制度

（1）保管员每日上、下班前，要检查库房、库区、场区周围是否有不安全的因素存在，门窗、锁是否完好，如有异常应采取必要措施并及时向保卫部门反映。

（2）在规定禁止吸烟的地段和库区内，应严禁明火及吸烟，仓库禁止携入火种。保管员对入库人员有进行宣传教育、监督、检查的义务。

（3）对危险品物资要专放，对易燃易爆物品要采取隔离措施，单独存放。消灭不安全因素，防止事故的发生。

（4）保管员应保持本库区内的消防设备、器具的完整、清洁，不允许他人随意挪用；对他人在库区内进行不安全作业的行为，有权监督和制止。

（5）保管员对自己所管物资，对外有保密的责任，领料人员和其他人员不得随意进出库房，如确需领料人员进库搬运的物资，要在库内点交清楚，不得在搬运中点交，以防出现差错和丢失。

（6）保管员有事长时间外出时，不得把仓库钥匙带出；工作时间不得将钥匙乱扔乱放；人离库时应立即锁门，不得擅离职守。

（7）保管员发完料后，应在发料凭证上签字，同时也要请领料人员签认，并给领料人员办理出门手续。

（8）仓库是料具存放的专用场所，任何人不得随意将私人物品存入库内。

六、施工现场料具管理制度

1.限额领退料制度

（1）严格执行班组限额领料制度，做到领料有手续，发料有依据。

（2）领料额度应根据施工预算及实际需要，由工长、材料组长共同研究提出意见，项目经理批准执行。

（3）领料时应出示工长签发的领料单，材料员应在额度范围内发料，按规定办理材料出库和领退料记录等，每月作一次统计结算。

（4）对特殊用品，如工具、小型仪器等，执行交旧领新的原则，遗失或损坏应酌情赔偿。

（5）节约材料，应及时办理退料入库手续。节约材料要奖，浪费材料要罚，奖、罚及时兑现。

（6）材料领出后，由班组负责使用和保管，材料员必须按保管和使用要求对班组进行跟踪检查、监督。

（7）在领、发（或退）料过程中，双方必须办理相关手续，注明用料单位工程和班组、材料名称、规格、数量及领用日期、批准人等，双方需签字认证。

（8）限额领（退）料的材料范围：水泥、油毡、沥青、砌块、建筑五金、装饰材料、水暖配件、电线电缆、油漆稀料、卫生洁具、玻璃等。

2.贵重物品、易燃、易爆物品管理制度

（1）贵重物品、易燃、易爆物品应及时入库，专库专管，加设明显标志，并建立严格的限额领退料手续。

（2）存放易燃、易爆物品（油漆、稀料、氧气、乙炔瓶）的仓库必须和房屋、交通要道、高压线等保持安全距离，仓库要用砖石砌筑。

（3）库内要有良好的通风条件和湿度表。门窗应向外开，不要使用透明玻璃，垫板的铁钉不能外露。照明要用防爆照明设备和专用启封工具，并应有消防设备。库区应设置"严禁烟火"标志。

（4）有毒物品和危险物品应分别储存在可靠的专设处所，设指定专人负责，严格管理制度。

（5）对有毒或有危险性的废料处理，应在当地公安、卫生机关的指导下进行。

（6）贵重物品、易燃、易爆物品的发放有项目部专人审批，记录清楚。

3.材料节约制度

（1）坚持实事求是的原则，不粗估冒算，提高计划的准确性，防止因计划不周造成积压、浪费现象的发生。

（2）坚持勤俭节约，反对浪费的原则，挖掘内部潜力，开展清仓利库工作。

（3）坚持计划的严肃性与方法的灵活性相结合的原则，计划一经订立或批准，无意外变化，就必须严格执行。

（4）加强对计量工作和计量器具的管理，对进入现场的各种材料要加强验收、保管工作，减少材料的人为和自然消耗。

（5）加强材料的平面布置及合理码放，防止因堆放不合理造成的损坏和浪费。

（6）加强现场用料管理，如：搅拌混凝土按配比、计量用料，钢筋选用按设计标准，木材、板材按需用料，严格执行限额领退料制度等，严禁优材劣用、长材短用、大材小用而造成浪费。

（7）执行限额领料制度，实现班组负责制，并作好现场用料跟踪检查，避免只干不算或先干后算的情况发生。

（8）现场材料按规定装卸，杜绝野蛮装卸造成的浪费。

（9）妥善保管和运输模板及其他周转材料，以增加周转次数，增产节约。

（10）现场设立垃圾分拣站、及时分拣、回收可利用的材料。

（11）用经济手段管理好材料，建立材料承包经济合同，严格执行材料节奖超罚。

4.材料验收制度

（1）工地材料员或仓库保管员应对进场、进库的各种材料、工具、构件等，认真办理验收手续。在确保质量合格的前提下，验好规格、数量，填写验收单。

（2）大堆材料，如砂石、陶粒、卵石等，按平面图堆放，逐车验尺，换算成吨位；砖成丁码放，防止乱摔乱卸，清点数目后进行验收。

（3）钢材进场应检验其出厂合格证，是否符合要求，并按品种、规格码放整齐，换算成吨位验收。

（4）木材进场要按树种、材种、规格进行码放，在确认材质合格后，换算成规定单位数量进行验收。

（5）水泥进场应检验其出厂合格证，按规定整齐码放到水泥库中。核实强度等级、数量、质量、出厂时间，防止乱用或过期使用。

（6）预制构件，钢、木门窗，以及工程所需其他料具进场时，应会同有关部门一起，对其外观尺寸、规格、数量、零配件以及有关技术资料进行核实验收。

（7）对贵重物、危险品，按规定把好验收关，及时入库，妥善保存。

（8）对不符合质量或规格、数量要求的料具，材料员、保管员有权拒绝验收并报料具负责人。根据负责人的决定退回或另行处理。

5.工具管理制度

为了方便施工生产，以经济手段管理经济，调动工人积极性，直接参与企业管理，提高施工工具利用率，节约工具使用费用，增加企业经济效益，制定以下制度：

（1）通用工具的配发：通用工具由项目部按专业工种一次性配发给班组，按使用期限包干使用。

（2）通用工具管理：材料部门建立班组领用工具台账或工具卡片，由班组负责管理和使用，配发数量及使用期限按料具管理规定执行。

（3）通用工具的维修：在使用期限内的修理费由班组负责控制，超过规定标准的费用从班组工资含量中解决。

（4）配发给各专业工种班组或个人的工具，如丢失（含被盗）、损坏等一律不再无偿补发，维修、购置或租赁的费用一律自理。

（5）随机（车）使用配发的电缆线，焊把线、氧气（乙炔气）软管等均列入班组管理，坚持谁用谁管。丢失者按以质论价的原则，从月工资或奖金中扣除。

（6）工作调动或变换工种时，要交回原配发的全部工具，不交或部分不交者，则按质论价记入个人支出账目。

（7）因特殊工程需用特种工具时，由项目工程技术人员提报计划，经主管领导审批，由材料部门采购提供，并建立工具账卡，工程完工后及时回收。

6.施工现场料具防雨、防潮、防损坏措施

（1）大堆材料的存放。

1）机砖码放应成丁（每丁为 200 块）、成行，高度不超过 1.5m；加气混凝土块、空心砖等轻质砌块应成垛、成行，堆码高度不超过 1.8m；耐火砖用苫布覆盖不得受雨受潮；各种水泥方砖及平面瓦不得平放。

2）砂、石、灰、陶粒等存放成堆，场地平整，不得混杂；色石渣要下垫上苫，分档存放。

（2）库内存放。

1）水泥库要具备有效的防雨、防水、防潮措施；库门上锁，专人管理；分品种标号堆码整齐，离墙不少于 100mm，严禁靠墙。垛底架空垫高，保持通风防潮，垛高不超过 10 袋；抄底使用，先进先出。

2）露天存放：临时露天存放具备可靠的苫、垫措施，下垫高度不低于 300mm，做到防水、防雨、防潮、防风。

3）散灰存放：存放在固定容器（散灰罐）内，没有固定容器时设封闭专库存放，并具备可靠的防雨、防水、防潮等措施。

4）袋装粉煤灰、白灰粉存在料棚内，或码放齐后搭盖严密以防雨淋。

（3）门窗及木制品。

1）堆放应选用能防雨、防晒的干燥场地或库房内，设立靠门架与地面的倾角不小于 70°，离地面架空 200mm 以上，以防受潮、变形、损坏。

2）按规格及型号竖立排放，码放整齐，不塞插挤压，五金及配件应放入库内妥善保管。

3）露天存放时下垫上苫，发现钢材表面有油漆剥落时及时刷油（补漆）；铝合金制品不准破坏保护膜，保证包装完整无损。

（4）钢材及金属材料。

1）须按规定、品种、型号、长度分别挂牌堆放，底垫木不小于 200mm。

2）有色金属、薄钢板、小口径薄壁管应存在仓库或料棚内，不露天存放。

3）码放要整齐，做到一头齐一条线。盘条要靠码整齐；成品、半成品及剩余料应分别码放，不得混堆。

（5）木材。

1）在干燥、平坦、坚实的场地堆放，垛基不低于 400mm，垛高不超过 3m，以便防腐防潮。

2）按树种及材种等级、规格分别一头齐码放，板方材顺垛留有斜坡；方垛密排留坡封顶，含水量较大的木材留空隙；有含水率要求的应放在料库或料棚内。

3）选择堆放点时，远离危险品仓库及有明火（锅炉、烟囱、厨房等）的地方，并有严禁烟火的标志和消防设备，防止火灾。

4）拆除的木模板、支撑料随时整理码放，模板与支撑料分开码放。

（6）玻璃。

1）按品种、规格、等级定量顺序码放在干燥通风的库房内，如临时露天存放时，必须下垫上苫，禁止与潮湿及挥发物品（酸、碱、盐、石灰、油脂和酒精等）放在一起。

2）码放时箱盖向上，不准歪斜或平放，不承受重压或碰撞；垛高：2～3mm厚的不超过3层，4～6mm厚的不超过2层；底垫木不小于10cm；散箱玻璃单独存放。

3）经常检查玻璃保管情况，遇有潮湿、霉斑、破碎的玻璃及时处理。

4）装车运输时应使包装箱直立，箱头向前，箱间靠拢，切忌摇晃和碰撞；装卸时应直立并轻拿轻放。

（7）五金制品。

1）按品种、规格、型号、产地、质料、整洁顺序定量码放在干燥通风的库房内。

2）存放时保持包装完整，不得与酸碱等化工材料混库，防止锈蚀。

3）发放按照先入先出的原则，遇有锈蚀及时处理，螺钉与螺帽及时涂防锈漆。

（8）水暖器材。

1）按品种、规格、型号顺序整齐码放，交错互咬，颠倒重码，高度不超过1.5m，散热器有底垫木，高度不超过1m。

2）对于小门径及带丝扣配件，保持包装完整，防止磕碰潮尘。

（9）橡塑制品。

1）按品种、规格、型号、出厂期整齐定量码放在仓库内，以防雨、防晒、防高温。

2）严禁与酸、碱、油类及化学药品接触，防止侵蚀老化。

3）存放是保持包装完整，发放掌握先入先出的原则，防变形及老化。

（10）油漆涂料及化工材料。

1）按品种、规格，存放在干燥、通风、阴凉的仓库内，严格与火源、电源隔离，温度保持在5℃～30℃之间。

2）保持包装完整及密封，码放位置要平稳牢固，防止倾斜与碰撞；先进先用，严格控制保存期；油漆应每月倒置一次，以防沉淀。

3）制订严格的防火、防水、防毒措施，对于剧毒品、危险品（电石、氧气等），设专库存放，并有明显标志。

（11）防水材料。

1）沥青料底部应坚实平整，并与自然地面隔离，严禁与其他大堆料混杂。

2）普通油毡存放在库房或料棚内，并且立放，堆码高度不超过 2 层，忌横压与倾斜堆放。玻璃布油毡平放时，堆码高度不超过 3 层。

3）其他防水材料按油漆化工材料保管存放要求执行。

（12）其他轻质装修材料的存放要求。

1）分类码放整齐，底垫不低于 100mm，分层码放时高度不超过 1.8m。

2）具备防水、防风措施，进行围挡、上苫；石膏制品存放在库房或料棚内，竖立码放。

七、周转材料管理制度

（1）为了进一步加强周转材料的管理，使其标准化、规范化，提高使用的经济效果，制定本制度。

（2）本制度规定了周转材料的计划采购、收发保管使用、回收处理和核算业务管理流程。

（3）本规定所指周转材料是钢（木）模板、钢（木竹）脚手架板、钢（木）支撑门型脚手架及其零配件。

（4）周转材料自企业购入至报废处理的全过程，均属本制度管理的范围。

（5）企业要设置专门机构和管理人员，对周转材料要集中管理，实行租赁。

（6）出租部门要遵守以下规定：

1）根据需用计划编制供需平衡表，组织平衡调度。

2）采购验收按《仓库管理制度》执行。

3）质量验收按照《周转材料验收和报废标准》执行，采取随机抽样的办法，定型组合钢模板每种规格抽验五块；其他品种每批到货抽检 10 件。如果不符，不予验收。

4）对使用中的周转材料进行监督检查指导，并组织回收，及时修复，凡需报废的按规定程序办理报废。租用部门必须遵守以下规定使用和维护：

①使用和维护周转材料的组配支搭、拆除、整修等作业过程。

②组配和支搭要严格按照施工方案执行。严禁挪作他用，随意裁截和打孔。

③拆除时不得从高空扔摔。

④拆除后应及时清除灰垢，外观整形和保养，并按规格分开好坏，码放在指定地点。

⑤施工现场不再使用的周转材料应及时退库，并做好记录。

（7）出租和租用部门都必须遵守以下规定对周转材料实行保养和维修：

1）各种周转材料均应按规格码放，阳面朝上，垛位见方。

2）露天存放的周转材料，先夯实场地，并下垫 30cm，有排水措施，堆放高度一般不超过 2m，垛位间距有通道。

3） 零配件要装入容器中保管。

4） 使用后的周转材料要及时清除灰垢，进行外观整形和技术保养。

（8）出租部门三项考核指标。

1） 钢模出租率=［期内平均出租数量（平方米）］/［期内平均拥有量（平方米）×100%］。

2） 报废率=［期内报废数量总金额］/［期内平均拥有量总金额］×100%。

3） 钢模周转次数=［期内完成支模面积（平方米）］×［期内平均拥有量（平方米）］。损耗率按品种分别计算，损耗数量为缺量与损坏且不可修复的数量之和。

（9）凡违反周转材料管理制度的，按照以下规定处罚：

1） 有下列行为之一的，处责任者个人 50 元罚款，处责任单位 500 元罚款：

①无专门机构或人员进行管理的。

②采购和验收未能按规定办理的。

③未按《周转材料验收和报废标准》进行质量验收的。

④出租部门未对使用过程进行监督检查的。

⑤未能及时组织回收修复的，以及未按规定标准报废的。

⑥组配和支搭违反施工方案的，并随意挪作他用、裁截和打孔的。

⑦在拆除时随意从高空中扔掉的。

⑧使用后未能及时清理、整理、保养的。

⑨未按规定码放，随意堆放的。

2） 对情节较严重，管理确实混乱，将视其情况加重处罚。

（10）附则。

1） 本制度由总公司物资供应部负责解释。

2） 本制度自××年×月×起执行。

八、劳动保护用品管理制度

1. 职工劳保用品发放管理办法

（1） 发放原则。

1） 凡属在施工生产过程中，起保护职工生命安全和身体健康者应予配发；否则，不发。

2） 根据劳动条件，本着最低的需要和节约使用的精神，对于不同的工种、不同的条件，发放不同的劳保用品。

3） 凡从事多工种生产作业的职工，按其担负的主要工种的标准发给。

4） 标准规定的虽有，但不需要者不发。

（2） 发放和管理。

1） 劳保用品的采购可由各公司负责统一采购供应。

2） 各单位要建立健全劳保用品的计划、保管、发放、奖惩等制度，各级领导要认真贯彻国家劳保政策、法律规定的标准，并定期检查执行情况。

3） 安全保卫部门负责作劳保用品计划，制定修改本单位劳保实施细则，并会同劳资、工会、财务等部门检查劳动保护政策、法律、规定与标准的执行情况，及时研究采用能增强防护能力的，物美价廉、新颖耐用的新产品。

4） 劳保用品使用期满，需经所在班、组和主管领导（部门）鉴定核实后方可换发。个人保管使用的物品由保管者个人拆洗修补。

5） 支援外地的施工人员可按当地规定标准供给或借给（有押金），用后收回。

6） 职工因各种原因脱离生产岗位在半年以上者，个人用品应根据实际有的停发，有的则相应延长使用期，调出管理工作半年以上者应按管理人员标准发给。

7） 参加各类政治、业务、技术、文化、学习的职工，可按其时间长短，分别实行停发、减发或延长使用期的办法。

8） 参加生产劳动或短期下班组劳动的干部，可发给必需的劳保用品，长期参加班、组劳动的干部，应按其所在班、组工种的标准发给。

9） 代培、代训、送外或实习人员的劳保用品，由原单位负责发放或借给，用后收回。

10） 职工在总公司范围内调动，个人使用的物品可带到新单位继续使用，并由调出单位办理调拨手续。调出总公司，劳保用品一律收回。职工变更工种时，应按新工种标准发放。

11） 劳保用品属施工生产所需，非生产需要不得擅自挪用。必须严格执行标准，任何单位和个人都不准擅自扩大发放范围，提高标准，违者要追究责任。同时教育职工自觉爱护、保管、使用好，不得任意丢失、损坏或挪作他用。

12） 对防护物品，如安全帽、安全网（带）、防毒口罩、漏电保安器、绝缘用品等，须建立健全检验制度，使用前要严格检查，发现破损、失效、影响安全时，应及时修理或停止使用。

2. 关于发放劳保用品的几点说明

（1） 施工现场露天作业的职工，每人可发给夏季安全帽一顶，使用年限两年；冬季棉安全帽一顶，使用年限三年。

（2） 雨季施工现场露天作业的职工，可发给雨衣和雨鞋，使用期限分别为五年和三年。冬季施工现场露天作业按规定分别发给棉大衣、棉上衣，使用年限为四年。野外勘探测试人员可发给皮大衣，使用八年，棉胶鞋使用两年。

（3） 所用劳保用品一律发实物，不发现金。

（4） 合同工、临时工、代培工的劳保用品发放使用待遇同本单位职工。

（5） 防护眼镜只发给对眼部有伤害危险的人员使用，其使用期限为三年。需验目配置防护镜的工种人员，其报销标准最高不得超过 200 元。

（6） 劳保用品的发放原则要本着实事求是的精神，虽有标准规定，但不需要者不再发给。在特殊情况下，确实不适用的，可根据情况和实际需要补供。

九、限额领料制度

1. 目的

为了加强施工班组材料使用情况的考核，提高材料使用的计划性和合理性，达到降低消耗的目的，制定本制度。

2. 限额领料的范围

凡公司所属企业的生产班组（含外包队）在施工生产中所使用的材料都必须实行限额领料。

3. 限额领料的依据

（1）市建委和企业制定的施工材料定额。

（2）预算部门编制的施工预算和变更洽商。

（3）生产、计划部门（计划员或工长）提供的施工任务书和实际验收工程量。

（4）技术部门提供的砂浆、混凝土配合比、技术节约措施及各种翻样、配料表等技术资料。

（5）上级部门下达的材料节约指标。

4. 限额领料的材料范围

根据目前的管理水平，工程在结构和装修施工中，其材料供应可实行两种方式，即限额领料和定额考核。材料品种暂定如下：

（1）限额领料方式：水泥、油毡、沥青、砌体材料（机砖、空心砖、加气块）、建筑五金（门窗五金、铅丝、圆钉、火烧丝、焊条）、装饰材料（色石渣、瓷砖、马赛克、石膏板、大理石、花岗石、各类龙骨）。

（2）定额考核方式：钢筋及其他钢材、木材、构配件（混凝土构件、门窗及木制品、水磨石制品）、大堆料（砂、石、白灰）、玻璃。

（3）水电料亦按以上两种方式单独考核，材料品种暂定如下：

1）限额领料方式：水暖配件、电线电缆、小五金、油漆、绝缘胶布。

2）定额考核方式：钢材、灯具、散热器、卫生洁具。

5. 限额领料的程序及做法

（1）限额领料单的签发与下达。

1）签发：材料定额员根据生产计划部门编制的施工任务书、质量部门为上道工序签署的质量意见及施工材料定额，扣除采取技术节约措施的节约量，计算班组应用材料的数量，编制限额领料单。

2）下达：限额领料单一式三份，一份存根，一份交班组作为领料凭证（月末或料领清后交定额员结算），一份交材料保管员作为发料凭证。

3）限额领料单必须填清任务书、定额编号、施工预算量等，由工长向班组下达和交底。

（2）领料与发料。

1）班组领料人员凭限额领料单领料，发料员在限额领料单规定的限额内发料，并做好分次领用记录。

2) 在领发过程中，双方办理领发料（出库）手续，填制领料单（可一领一填，也可平时做好记录，汇总填制），注明用料的单位工程和班组，材料的名称、规格、数量及领用的日期，双方需签字认证。

3) 材料领出后，由班组负责保管和使用，要求对班组进行监督。

4) 各种原因造成的超耗，必须由工长提出超耗原因，施工队长核实后，由定额员计算数量，补签限额领料单。对非正常因素造成的超耗，在补签的限额领料单上注明"超耗"字样，并写明原因，仅作为超领数量的凭证，不作为应耗量的结算凭证。

（3）验收与结算。

1) 班组任务完成后，由工长组织有关部门对工程量、工程质量及用料情况进行验收，并签署检查意见，验收合格后，班组办理退料手续（或假退料）。

2) 定额员根据验收合格的任务书和结清领料手续的限额领料单，按照实际完成的工程量计算实际应用材料量，与班组实际耗用量对比，计算节约与超耗数量，并对结果进行分析。

3) 限额领料单的结算，当月完成的，完一项结一项，跨月完成的，完成多少预结多少，全部完成后总结算。

6. 班组用料考核、评比、奖罚

（1）班组用料节超，应纳入班组竞赛、评比、立功、授奖的考核内容。

（2）班组用料节超是发放班组超额奖的依据之一。根据班组用料超耗程度，相应减发超额奖。

（3）班组用料节超是执行材料节约奖的主要依据。根据用料节超，按照企业节约奖励办法规定给予奖罚。

7. 限额领料的有关资料、报表、台账

（1）限额领料单。

（2）在施工程检查记录（材料部分）。

（3）月（季）主要材料消耗及定额执行情况统计表。

（4）工程竣工决算报表。

（5）单位工程主要材料两算对比台账。

（6）单位工程供应台账。

（7）单位工程消耗台账。

（8）班组主要材料消耗台账。

（9）单位工程成品、半成品供应消耗台账。

8. 执行限额领料的要求

（1）各部门必须按本制度认真执行。并要求相互配合，按职责分工，及时准确地提出有关资料。

（2）为保证限额领料工作的实施，各企业分公司及大中型项目经理部，生产车间必须设专职材料定额员，负责办理限额领料的具体工作。

（3）为了使限额领料工作做到及时、准确，保持稳定连续，定额员（材料员）必须保持相对稳定，不得经常调换。若必须调离岗位时，应与公司业务主管领导商量，征得其同意。

（4）凡实行限额的材料，无限额领料单，班组不得领料，保管人员不得发料，领发双方须密切配合，共同遵守。

9. 附则

（1）本制度由总公司物资供应部负责解释。

（2）本制度自××年×月×日起实施。

十、主要材料节约制度

1. 目的

为了坚持厉行节约，反对浪费，勤俭建国的方针，实行生产和节约并重，达到减少物资消耗，降低工程成本，提高企业经济效益及管理水平的目的，制定本制度。

2. 综合节约

（1）加强材料指标控制。按照国家二级企业标准及××市能源节约要求，确定主要材料节约指标如下：

1）钢材 2%。

2）木材 2.5%。

3）水泥 1.5%。

4）油料 10%（单机单车考核）。

5）煤炭 3%。

6）有变化时以当年下达的节约指标为准。

（2）加强物资计划管理。各级物资部门在编制物资的采购、申请和分配等计划时要注意以下事项：

1）要坚持实事求是的原则，不得粗估冒算，提高计划的准确性，防止因计划不周造成积压、浪费现象的发生。

2）要坚持勤俭节约、反对浪费的原则，挖掘企业内部潜力，开展清仓利库工作。

3）要坚持计划的严肃性和方法的灵活性相结合的原则，计划一经订立或批准，无意外变化，就必须严格执行。

（3）加强现场管理。

1）加强对计量工作和计量器具的管理。对进场的各种材料要加强验收、保管工作，减少材料的缺方亏吨，最大限度地减少材料的人为和自然损耗。

2）加强材料的平面布置及合理码放，防止因堆放不合理造成的损坏和浪费。

3）严格操作规程，精心施工。

① 施工中要克服操作中的超长、超宽、超厚现象，减少废品数量。

② 施工单位的领导应对操作工人进行遵守操作规程及节约材料的教育，严格

技术复核和质量检验工作。

4）现场必须设垃圾分拣站，并及时分拣、回收、利用。

（4）施工组织设计中，应有采用新工艺、新技术、新材料的措施。

1）在编制施工组织设计时，要有材料技术节约措施，实施中要有材料节约计划和效果台账。

2）下达施工生产计划时，要下达主要材料节约指标。

3）检查施工生产计划时，要检查节约计划执行情况。

4）应推广应用新技术、新工艺，降低材料在施工生产过程中的工艺损耗。

5）要注意使用新材料，广泛采用代用材料，降低工程成本。

（5）搞好限额领料工作。要按照《限额领料制度》和《限额领料执行情况考核制度》的要求实行限额领料，避免只干不算或先干后算情况的发生。

（6）开展综合利用、节约代用及废旧物资和包装容器的回收上交工作。各单位要以多种多样的形式，做到变一用为多用，变小用为大用，变无用为有用，真正做到物尽其用。

（7）用经济手段管好物资。各单位要根据本单位的实际情况，运用指标分管、计分计奖、签订内部承包合同、采用企业内部流通券、实行租赁制、单项节约奖等各种方式搞好物资节约工作。严格实行材料节奖超罚制度。

3. 几种主要材料的节约

（1）钢材节约。

1）增加钢材综合利用效果。钢筋加工应向集中加工方向发展。钢筋加工厂应采用对焊、冷拉、成型的方式，以提高钢材利用率。对集中加工后的剩余短料应尽量利用，制造钢钎、穿墙螺栓、预埋件、U 型卡等制品。

2）对尚不具备钢筋集中加工的单位，应以施工小区为集中加工点加工。

3）施工单位要加强、完善钢筋翻样配料工作，提高钢筋加工配料单的准确性，减少漏项，消灭重项、错项。

4）加强对钢模板、钢跳板、钢脚手管等周转材料的管理，使用后要及时维修保养，不许乱截、垫道、车轧、土埋。

5）搞好钢材的维护保养工作。

6）严禁非法倒卖废钢铁。废钢铁回收工作要有专人（或兼职）负责，并应严格按××市有关文件精神及集团总公司制定的废钢铁回收管理制度执行，完成总公司下达的回收上交指标。

7）搞好修旧利废工作。对各种铁制工具应及时保养、维修，延长使用期限，节约钢材和资金。

（2）木材节约。

1）木材加工应采取集中加工原材方式，要根据原材情况选用适宜的下锯方法，提高出材率及综合利用率。加工后的成材质量应符合国家制定的等级标准，提高木材使用效能。

2) 严禁优材劣用、长材短用、大材小用，合理使用木材。

① 拆模后应及时将木模板、木支撑等清点、整修、堆码整齐，防止车轧土埋，尽量减少模板和支撑物的损坏。

② 不准用木制周转料铺路搭桥，严禁用木材烧火。

3) 加速木制周转料的周转。木模板一般倒用 5 次，木支撑一般倒用 12～15 次，枕木使用年限为 3～5 年。各单位要注重木制周转料的调剂工作，根据木材质量、长短等情况，规定不同的价格，以利于木材周转使用。

4) 应采用以钢代木、以塑代木等各种形式节约木材。

① 施工中尽量以钢门窗、钢木门窗代替木门窗。

② 以钢模板代替木模板，以钢脚手架代替木脚手架。

③ 木装修用料尽可能以玻璃钢、水泥刨花板、石膏板、塑料制品等代替。

（3）水泥节约。

1) 水泥在运输过程中应轻装轻卸；散灰车运输要往返过磅；卸散灰时要敲打灰罐，卸净散灰。因特殊情况需在风雨天运输水泥时，必须做好水泥苫垫工作。

2) 水泥库要有门有锁，有人看管。水泥库内地面一般应高出室外地坪 30～50 厘米，库内地面应做到防水防潮。水泥不得靠墙码放，在使用时应做到先进先出，有散灰时要及时清理使用。露天暂存水泥要做好上苫下垫工作。

3) 拌和站应设置一定规模的粉煤灰储存设施。施工现场应采取掺加粉煤灰、减水剂、外加剂等方式节约水泥。

4) 拌和混凝土时要采用合理的级配，严格按照配合比投料。对水泥、砂、石等要准确计量，不准粗打冒估。水泥计量误差应控制在 1% 以内。

5) 施工现场应尽量采取混凝土、砂浆等集中拌和，严禁就地拌和或在打好的楼层地面上拌和。

6) 在灌注混凝土时，要有专人对下灰工具、模板、支撑等进行检查，防止漏灰、漏浆、跑模。各工序要及时联系，防止超拌，造成浪费。

7) 施工操作中洒漏的混凝土、砂浆应及时清扫利用，做到活完、料净、脚下清。

（4）油料节约。

1) 加强油料供应管理。油料指标按季度下达，按月分配使用。各单位应合理安排使用分配的指标，做到季有安排、月有检查分析。

2) 油料管理须建立以安全、节约为中心的岗位责任制，加强容器机具的维修保养，严格执行各项规章制度和操作规程，防止漏油、变质、失火、爆炸等事故的发生，最大限度地控制自然损耗。对用过的润滑油和废油及时做好回收、利用、上交工作。

3) 加强油料的发放和使用工作。对各用油单位实行定额供油，严格发放手续，建立考核制度。不准以油易物，转让或外借。加强车辆、机械的行驶里程及作业时间、油料消耗等资料的统计工作，建立单机、单车加油登记表及耗油核算台账。对个别长期超定额耗油的车辆、机构，要限期改进或停止使用。行政车辆不准挪用生产用油，严禁用油料做饭、取暖，发现后追查原因和责任。

（5）煤炭节约。

1）按国务院节能相关通知精神，对燃烧效率低的锅炉要更新改造。

2）根据上级要求，逐步完成工程用煤的考核工作。对已经明确用煤标准的工程项目，要坚持定额供煤。生活用煤不能动用工程煤。

3）建立健全节煤制度。供煤要控制指标，耗煤要计量登记。煤炭燃烧要符合规定标准，提高供热效率。

4）加强煤炭管理，防止风化、散失或自燃。大批进煤要避开夏雨季，堆放垛底要平整坚实，仓库储煤要适宜。

第2部分

建筑材料管理知识

第1单元　建筑材料管理内容及信息

第1讲　建筑材料管理的内容

一、建筑材料在施工中的流转过程

建筑材料的消耗过程与建筑产品的形成过程，构成了建筑企业的生产过程。

1. 从实物形态上看

建筑材料在施工生产中的流转过程从实物形态上看可以由图2—1表示。

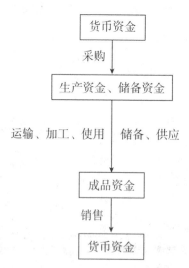

图2—1 建筑材料实物形态流转过程

　　如图2—1所示，施工企业购进建筑材料，通过与工人的劳动相结合，经过运输、储备、加工和供应环节，使建筑材料失去原有的形态和使用价值，构成具有新的形态、使用价值和特定功能的建筑产品。而企业通过销售部门的运转完成建筑材料在施工生产中的流转过程并获得利润。

2. 从价值形态上看

建筑材料在施工生产中的流转过程从价值形态上看可以由图2—2表示。

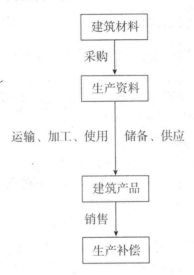

图 2—2 建筑材料价值形态流转过程

如图 2—2 所示，施工企业购进建筑材料后，其拥有的货币资金转换为生产资金或储备资金，通过与工人的劳动相结合，经过运输、储备、加工和供应环节完成建筑产品的制造过程。此时，生产资金或储备资金创造了新的价值，转变为成品资金并实现了资金的增值。

二、建筑企业材料管理的主要内容

建筑企业材料管理，指建筑企业对施工生产过程中所需各种材料的采购、储备、保管、使用等工作的总称。从广义上来讲，建筑材料管理涉及两方面内容，包括材料流通领域的管理和生产及使用领域的管理。

1. 建筑材料流通领域的管理

物质资料由材料生产企业转移到需用地点的活动，称为流通。材料流通领域的管理，也称为材料供应，它以企业生产需要为前提，以满足生产需要为目的。材料流通领域的管理一般由企业材料管理部门实现，包括建筑材料的采购、运输、储备及供应到施工现场或加工制作的全过程。

2. 建筑材料生产及使用领域的管理

建筑材料的生产和使用是以建筑材料的流通管理为纽带的。材料的生产和使用领域的管理，也称为材料的消耗管理。它包括从领料开始，经过工人劳动改变其原有形态，直到制造出新产品的全过程。

建筑材料的生产属于工业企业管理的范畴。而建筑材料的使用管理一般由建筑产品的建造者——工程项目经理部来实现，是项目部建筑材料管理的主要内容。材料使用管理包括材料计划、进场验收、储存保管、材料领发、使用监督、材料回收和周转材料管理等。

三、建筑企业材料管理的任务

建筑材料管理工作的基本任务是：本着"管物资必须全面管供、管用、管节约、管回收和修旧利废"的原则，把好"供、管、用"三个主要环节，以最低的材料成本，按质、按量、及时、配套供应施工生产所需的材料，并监督和促进材料的合理使用。

1. 建筑材料管理的具体任务

（1）提高材料计划管理质量，保证材料供应。

提高计划管理质量，首先要提高核算工程用料的正确性。计划是组织和指导材料业务活动的重要环节，是组织货源和供应工程用料的依据。无论是需用计划，还是材料平衡分配计划，都要按单位工程（大的工程可按分部工程）进行编制。但是在实际工作中，原定的材料供应计划往往会因为设计的变更或施工条件的变化而变更或修订。因此，材料计划工作需要与设计单位、建设单位和施工部门保持密切联系。对重大设计变更，大量材料的价差和量差等重要问题，应与有关单位协商解决好。同时材料供应人员要有较强的应变能力，才能保证工程材料供应需要。

（2）提高材料供应管理水平，保证工程进度。

材料供应管理包括采购、运输及仓库管理业务，这是配套供应的先决条件。由于建筑产品的规格、式样多，而每项工程都是按照建筑物的特定功能设计和施工的，对材料各有不同的需求，数量和质量受设计的制约，在材料流通过程中受生产和运输条件的制约，价格上受市场供求关系的制约。因此，材料部门要主动与施工部门保持密切联系，及时沟通，互相配合，才能提高供应管理水平，适应施工要求。对特殊材料要采取专料专用控制，以确保工程进度。

（3）加强施工现场材料管理，坚持定额用料。

建筑产品体积庞大，生产周期长，用料数量多、运量大，而且施工现场一般相对比较狭小，储存材料困难，在施工高峰期间土建、安装交叉作业，材料储存地点与供、需、运、管之间矛盾突出，容易造成材料浪费。因此，施工现场材料管理，首先要建立健全材料管理责任制度，材料员要参加现场施工总平面图关于材料布置的规划工作。在组织管理方面要认真发动群众，坚持专业管理与群众管理相结合，建立健全施工队（组）的管理体制，这是材料使用管理的基础。在施工过程中要坚持定额供料，严格领退手续，达到"工完料尽场地清"，杜绝浪费。

（4）严格进行经济核算，降低成本。

经济核算是借助价值形态对生产经营活动中的消耗和生产成果进行记录、计算、比较和分析，促使企业以最低的成本取得最大的经济效益。材料供应管理同企业的其他各项业务活动一样，都应实行经济核算，寻找降低成本的途径。

2. 建筑材料管理的主要环节

建筑材料是建筑企业生产的三大要素（人工、材料、机械）之一，是建筑生产的物资基础,建筑材料的管理必须像其他生产要素的管理一样,抓好各个主要环节。

（1）抓好材料计划的编制。

编制计划的目的,是对资源的投入量、投入时间和投入步骤做出合理的安排,以满足企业生产实施的需要。计划是优化配置和组合的手段。

（2）抓好材料的采购供应。

采购是按编制的计划,从资源的来源、投入到施工项目的实施,使计划得以实现,并满足施工项目需要的过程。

（3）抓好建筑材料的使用管理。

根据每种材料的特性,制定出科学的、符合客观规律的措施,进行动态配置和组合,协调投入、合理使用,以尽可能少的资源满足项目的使用需求。

（4）抓好经济核算。

进行建筑材料投入、使用和产出的核算,及时发现和纠正偏差,并不断改进,以实现节约使用资源、降低产品成本、提高经济效益。

（5）抓好分析、总结。

进行建筑材料流通过程管理和使用管理的分析,对管理效果进行全面总结,找出经验和问题,为以后的管理活动提供信息,为进一步提高管理工作效率打下坚实的基础。

可见,建筑材料管理是建筑企业进行正常施工,促进企业技术经济取得良好效果,加速流动资金周转,减少资金占用,提高劳动生产率,提高企业经济效益的重要保证。

四、建筑企业材料管理体制及其一般规律

建筑材料管理体制是建筑企业组织、领导材料管理工作的根本制度,是企业生产经营管理体制的重要组成部分,明确了企业内部各级、各部门间在材料的采购、运输、储备和消耗等方面的管理权限和管理形式。正确制定建筑材料管理体制,对于实现企业材料管理的基本任务,改善企业的经营管理,提高企业的承包能力、竞争能力都具有重要意义。

建筑施工生产中,即使是同样的设计、同一个施工地区或同一支施工队伍,也会因为施工季节、操作人员、组织管理模式等因素而具有非重复性。所以建筑材料管理没有确定的模式,不过应该遵循一定的管理规律。

1. 材料管理要适应建筑施工生产及需求特点

建筑施工生产具有流动性和多变性。建筑材料必须随生产而转移,所以材料、机具的储备不宜分散,要尽可能提高成品、半成品的供应程度,能够及时组织剩余材料的转移和回收,减轻基层负担,使基层能轻装转移。材料管理要按照每一个产品特点采取不同的管理方法,常用材料须适当储备,建立灵敏的信息传递、处理、

反馈体系，对变化的情况及时处理，保证施工生产的顺利进行。材料管理要适应生产多工种的连续混合作业，满足建筑材料品种规格多、数量及运输量大的需要；还要体现供管并重，生产程序化，降低消耗，通过核算、监督，保证企业的经济效益。另外，材料管理还要考虑到建筑生产露天作业会受到气候和自然条件的影响。

2. 材料管理要适应企业施工任务和企业施工组织形式

建筑企业的施工任务状况主要包括规模、工期和分布三个方面。一般情况下，企业承担的任务规模较大，工期较长，任务必然相对集中；规模较小，工期较短，任务必然相对分散。建筑企业按照其承担任务的分布状况，可分为现场型企业、城市型企业和区域型企业。

（1）现场型企业，一般采取集中管理的体制，把供应权集中于企业，实行统一计划、统一订购、统一储备、统一供应、统一管理。这种形式有利于统一指挥，减少层次、减少储备、节约设施和人力，材料供应工作对生产的保证程度高。

（2）城市型企业，其施工任务相对集中在一个城市内，常采用"集中领导，分级管理"的体制，对施工用主要材料和机具的供应权、管理权集中企业，对施工用一般材料和机具的供应权、管理权放给基层，这样，既能保证企业的统一指挥，又能调动各级的积极性，同样可以获得减少中转环节，减少资金占用，加速物资周转和保证供应的目的。

（3）区域型企业，是指任务比较分散，甚至跨省跨市，这类企业应因地制宜，或在"集中领导，分级管理"的体制下，扩大基层单位的供应和管理权限，或在企业的统一计划指导下，把材料供应和管理权完全放给基层，这样既可以保证企业在总体上的指挥和调节，又能发挥各基层单位的积极性、主动性，从而避免由于过于集中而带来不必要层次、环节，造成人力、物力、财力的浪费。

3. 材料管理要适应社会的材料供应方式，加快流通速度、降低流通费用

企业的材料管理体制受国家和地方物资分配方式和供销方式的制约。只有适应国家和地方建筑材料分配方式和供销方式，企业才能顺利地获得自己所需的材料。

（1）要考虑和适应指令性计划部分的物资分配方式和供销方式。

凡是由国家物资部门配套承包供应的，企业除具有接管、核销能力，还要具备调剂、购置的力量，以解决配套承包供应的不足。实行建设单位供料为主的地区，有条件的企业应考虑在高层次接管，扩大调剂范围，提高保证程度。直接接受国家和地方计划分配，负责产需衔接的企业，还应具有申请、订货和储备能力。

（2）要适应地方市场资源供货情况。

凡是有供货渠道和生产厂家的地区，企业除具有采购能力外，要根据市场供货周期建立适当的储备能力，要创造条件直接与生产厂家衔接，享受价格优惠，建立稳定的供货关系。对于没有供货渠道的地区，企业要考虑具有外地采购、协作，以及扶植生产、组织加工、建立基地的能力，通过扩大供销关系和发展生产的途径，满足企业生产的需要。不同的社会供应方式和地区的资源情况，对企业的材料供应体制提出了不同的要求，只有满足并反映了这些要求，才能更好地实现企业材料供应与管理的基本任务，为生产提供良好的物质基础，促进企业的发展。

（3）要了解适应社会资源形势。

一般情况下，社会资源比较丰富，一旦当社会资源比较短缺，甚至供不应求，企业材料的采购权、管理权不宜过于分散，否则就会出现互相抢购、层层储备，这些都会造成人力、物力和财力的浪费，甚至影响施工生产。

企业材料管理体制还取决于企业材料管理队伍的素质状况，在其他条件不变的情况下，队伍素质高可以适当减少层次和环节。

综上所述，建筑企业的材料管理体制既是实现企业经营活动的重要条件，又是企业联系社会的桥梁和纽带，受企业内外各种条件和因素的制约。确定企业材料管理体制必须从实际出发，调查研究，综合考虑各种因素，力求科学、合理；要保证企业经营活动的开展，有利于企业取得最终的整体效益；要保证企业生产管理的完整性，有利于企业生产的指挥和调节；要体现上一层次为下一层次服务的原则，兼顾各级的利益；要有利于信息的收集、传递、反馈和处理，使材料管理机制有机地运行。

建筑企业材料管理体制一般应包括和明确三个方面的内容，即企业各层次在材料采购、加工、储备等方面的分工；企业所用材料的计划、采购、加工、储备、调拨及使用的主要管理办法；按照上述分工和管理要求而建立的各层次的材料管理机构。建筑企业的材料管理机构是企业材料管理的职能部门，负有对企业材料管理工作进行全面规划、领导和组织责任。

4. 材料管理应遵循价值规律和供求规律

建筑材料作为商品进入市场，必然受到价值规律和市场供求规律的影响。要保证建筑材料的采购、供应与生产的协调，降低工程成本，掌握建筑材料的消耗规律，更好地服务于施工生产并获得相对最大的盈利，建筑材料管理人员就必须了解和掌握建筑材料自身的价值规律和市场供求规律，并使材料管理遵循这些规律。

5. 材料管理应遵循经济发展有计划按比例的规律

建筑材料涉及国民经济中多个行业的产品，建筑业要想更快更好地发展，建筑材料的管理形式和规模就必须与社会其他部门相适应、相衔接。国民经济有计划按比例发展，可以促进国民经济整体实力的提升和发挥；而材料管理遵循有计划按比例的发展规律，可以保证建筑业与国民经济整体协调发展。

6. 材料管理应遵循建筑材料储备量相对下降的规律

建筑材料储备量的相对下降是指材料储备量占需用总量的比例减小。随着生产的发展，建筑材料储备绝对量增加，而由于生产组织的合理化，材料储备的相对量将随之下降。这就要求材料供应工作在保证施工生产的前提下，提高供应水平，挖掘材料潜力，搞活流通，使材料储备量不断降低。

第2讲 材料分类管理

项目使用的材料数量大、品种多，对工程成本和质量的影响不同。北京市在2001年预算定额中也将物资分成了实体性消耗材料和非实体性消耗材料两大类。企业将所需物资进行分类管理，不仅能发挥各级材料人员作用，也能尽量减少中间环节。目前，大部分企业在对材料进行分类管理中，运用了"ABC法"的原理，即关键的少数，次要的多数，根据物资对本企业质量和成本的影响程度和物资管理体制将物资分成了ABC三类进行管理。

一、材料分类的依据及方法

1. 材料对工程质量和成本的影响程度

根据材料对工程质量和成本的影响程度可分为三类。对工程质量有直接影响的，关系用户使用生命和效果的，占工程成本较大的物资一般为A类；对工程质量有间接影响，为工程实体消耗的为B类；辅助材料中占工程成本较小的为C类。材料ABC分类方法见表2—1。

表2—1 材料ABC分类表

材料分类	品种数占全部品种数（%）	资金额占资金总额（%）
A类	5～10	70～75
B类	20～25	20～25
C类	60～70	5～10
合计	100	100

A类材料占用资金比重大，是重点管理的材料。要按品种计算经济库存量和安全库存量，并对库存量随时进行严格盘点，以便采取相应措施。对B类材料，可按大类控制其库存；对C类材料，可采用简化的方法管理，如定期检查库存，组织在一起订货运输等。

2. 企业管理制度和材料管理体制

根据企业管理制度和材料管理体制不同，由总部主管部门负责采购供应的为A类，其余为B类、C类。

二、材料分类的内容

材料的具体分类见表2—2。

表 2—2　材料分类表

类别	序号	材料名称	具体种类
A 类	1	钢材	各类钢筋，各类型钢
	2	水泥	各等级袋装水泥、散装水泥、装饰工程用水泥，特种水泥
	3	木材	各类板、方材、木、竹制模板，装饰、装修工程用各类木制品
	4	装饰材料	精装修所用各类材料，各类门窗及配件，高级五金
	5	机电材料	工程用电线、电缆，各类开关、阀门、安装设备等所有机电产品
	6	工程机械设备	公司自购各类加工设备，租赁用自升式塔吊，外用电梯
B 类	1	防水材料	室内、外各类防水材料
	2	保温材料	内外墙保温材料，施工过程中的混凝土保温材料，工程中管道保温材料
	3	地方材料	砂石，各类砌筑材料
	4	安全防护用具	安全网，安全帽，安全带
	5	租赁设备	1. 中小型设备：钢筋加工设备，木材加工设备，电动工具； 2. 钢模板； 3. 架料，U 形托，井字架
	6	建材	各类建筑胶，PVC 管，各类腻子
	7	五金	火烧丝，电焊条，圆钉，钢丝，钢丝绳
	8	工具	单价 400 元以上使用的手用工具
C 类	1	油漆	临建用调和漆，机械维修用材料
	2	小五金	临建用五金
	3	杂品	
	4	工具	单价 400 元以下手用工具
	5	旁保用品	按公司行政人事部有关规定执行

第 3 讲　材料信息管理

一、材料信息的种类

（1）资源信息。包括工程所需各类材料生产（供应）企业的生产能力，产品质量，企业的信誉，生产工艺和服务的水平。

（2）供求信息。包括当期国内外建材市场的供需情况、价格情况和发展趋势。

（3）政策信息。包括国家、地方和行业主管部门对材料供应与管理的各项政策。

（4）新产品信息。包括国内外建材市场新型材料发展和新产品开发与应用的信息。

（5）淘汰材料信息。包括目前淘汰停用的材料种类或某种材料的某种类型、型号等信息。

二、材料信息的获得

由于信息所特有的时效性、区域性和重要性，所以信息管理要求动态管理，收集整理要求全面、广泛，及时准确。收集信息的途径主要有：

（1） 订阅各种专业报刊、杂志。

（2）专业的学术、技术交流资料。

（3） 互联网查询。

（4）政府部门和行业管理部门发布的有关信息。

（5）各级采购人员的实际采购资料。

（6）各类广告资料。

（7）各类展销会、订货会提供的资料。

三、材料信息的整理

为了有效高速地采集信息、利用信息，企业应建立信息员制度和信息网络，应用电子计算机等管理工具，随时进行检索、查询和定量分析。采购信息整理常用的方法有统计报表形式、调查报告形式和建立台账的形式。

（1）统计报表形式。运用统计报表的形式进行整理。按照需用的内容，从有关资料、报告中取得有关的数据，分类汇总后，得到想要的信息。例如，根据历年材料采购业务工作统计，可整理出企业历年采购金额及其增长率，各主要采购对象合同兑现率等。

（2）调查报告形式。以调查报告的形式就某一类信息进行全面的调查、分析、预测，为企业经营决策提供依据。如针对是否扩大企业经营品种，是否改变材料采购供应方式等展开调查，根据调查结果整理经营意向，并提出经营方式、方法的建议。

（3）建立台账的形式。对某些较重要的、经常变化的信息建立台账，做好动态记录，以反映该信息的发展状况。如按各供应项目分别设立采购供应台账，随时可以查询采购供应完成程度。

四、企业材料资源库的建立

材料部门将所收集到的信息进行分类整理，利用计算机等先进工具建立企业的材料资源库。

资源库中包括价格信息库、供方资料库、有关材料的政策信息库、新产品、新材料库和工程材料消耗库。

第 2 单元　材料计划管理

第 1 讲　材料计划管理分类与步骤

材料管理应确定一定时期内所能达到的目标,材料计划就是为实现材料工作目标所做的具体部署和安排。材料计划是企业材料部门的行动纲领,对组织材料资源,满足施工生产需要,提高企业经济效益,具有十分重要的作用。

一、材料计划管理的概念

材料计划管理,就是运用计划的方法来组织、指挥、监督、调节材料的采购、供应、储备、使用等各种经济活动的一种管理制度。

材料计划管理的首要目标是供求平衡。材料部门要积极组织资源,在供应计划上不留缺口,为企业完成施工生产任务提供坚实的物质保证。材料计划管理要确立指令性计划、指导性计划和市场调节相结合的观念,以指导计划的编制和执行。另外,企业还应确立多渠道、多层次筹措和开发资源的观念,充分利用并占有市场;狠抓企业管理,依靠技术进步,提高材料使用能效,降低材料消耗。

二、材料计划管理的任务

1. 为实现企业经济目标做好物质准备

材料部门为建筑企业的发展提供物质保证。材料部门必须适应企业发展的规模、速度和要求才能保证企业经营的顺利进行。所以材料部门制定管理计划要遵循经济采购、合理运输、降低消耗、加速周转的原则,以最少的资金获得最大的经济收益。

2. 做好资源的平衡调度工作

资源的平衡调度是施工生产各部门协调工作的基础。要保证施工生产的顺利进行,材料部门必须掌握施工生产任务,核实需用情况,还要查清内外资源,掌握供需状况和市场信息,确定周转储备并做好材料品种、规格及项目的平衡配套工作。

3. 采取措施,促进材料的合理使用

建筑施工露天作业,操作条件差,浪费材料的问题长期存在。必须加强材料的计划管理,通过计划指标、消耗定额,控制材料使用,并采取一定的手段,如检查、考核、奖励等,提高材料的使用效益,从而提高供应水平。

4. 建立健全材料计划管理制度

材料计划的有效作用是建立在高质量的材料计划管理基础之上的。要保证计划制度的高质量和施工生产有序高效地运行，材料部门必须建立科学、连续、稳定、严肃的计划指标体系，还要健全计划流转程序和制度。

三、材料计划的分类

1. 按照材料的使用方向划分

按照材料的使用方向不同，材料计划可以分为生产用料计划和基建用料计划。

（1）生产用料计划。

生产用料计划是指施工企业所属各类工业企业，如机械制造、制品加工、周转材料生产和维修、建材产品等，为完成计划期的生产任务而提出的产品需用的各类材料计划。其所需材料数量一般按照计划生产某产品的数量和该产品消耗定额通过计算来确定。

（2）基建用料计划。

基建用料计划是指建筑施工企业为完成计划期基本建设任务所需的各类材料计划。基建用料计划包括自身基建项目和对外承包基建项目的材料计划，以承包协议、分工范围及供应方式为编制依据。

2. 按照材料计划的用途划分

材料计划按其用途可分为材料需用计划、材料申请计划、材料供应计划、材料加工订货计划和材料采购计划。

（1）材料需用计划。

材料需用计划由最终使用材料的施工项目编制，作为最基本的材料计划，为其他计划的编制提供依据。材料需用计划是根据施工生产、维修、制造及技术措施等不同的使用方向，按设计图或施工图等技术资料，结合材料消耗定额逐项计算，列出需用材料的品种、规格、质量和数量并汇总而成的。

（2）材料申请计划。

材料申请计划是指根据材料需用计划，经过项目或部门内部平衡后分别向有关供应部门提出材料申请的计划。

（3）材料供应计划。

材料供应计划是指建筑施工企业的材料供应部门为了完成供应任务，组织供需衔接的实施计划，包括材料的品种、规格、数量、质量、使用项目和供应时间等。

（4）材料加工订货计划。

材料加工订货计划是指项目或材料供应部门为获得某种材料或产品向生产厂家订货或委托生产厂家代为加工而编制的一种计划。材料加工订货计划包括供应材料的品种、规格、型号、数量、质量、技术要求和交货时间等，若包括非定型产品，还应附有加工图纸、技术资料，也可由订货项目或部门提供样品。

（5）材料采购计划。

材料采购计划是建筑施工企业为了采购材料而编制的计划，包括材料的品种、规格、数量、质量、预计采购厂商名称及需用资金等。

3. 按照材料计划的期限划分

材料计划按其期限可分为年度计划、季度计划、月度计划、一次性计划和临时追加计划。

（1）年度计划。

年度计划是建筑企业保证全年施工生产任务所需用料的主要材料计划，是企业向国家或地方计划物资部门、经营单位申请分配、组织订货、安排采购和储备提出的计划，也是指导全年材料供应与管理活动的重要依据。因此，年度计划，必须与年度施工生产任务密切结合，计划质量（指反映施工生产任务落实的准确程度）的好与坏，与全年施工生产的各项指标能否实现有着密切的关系。

（2）季度计划。

季度计划是根据企业施工任务的落实和安排的实际情况编制的，用以调整年度计划，具体组织订货、采购、供应；落实各项材料资源，为完成本季施工生产任务提供保证。季度计划中的材料品种、数量一般须与年度计划结合，有增或减的，要采取有效的措施，争取资源平衡或报请上级和主管部门调整计划。如果采取季度分月编制的方法，则需要具备可靠的依据。这种方法可以简化月度计划。

（3）月度计划。

月度计划，是基层单位根据当月施工生产进度安排编制的需用材料计划。它比年度计划、季度计划更细致，要求内容更全面、及时和准确。月度计划以单位工程为对象，按形象进度实物工程量逐项分析计算汇总使用项目及材料名称、规格、型号、质量、数量等，是供应部门组织配套供料、安排运输、基层安排收料的具体行动计划。它是材料供应与管理活动的重要环节，对完成月度施工生产任务，有更直接的影响。凡列入月度计划的施工项目需用材料，都要进行逐项落实，如个别品种、规格有缺口，要采取紧急措施，如借、调、改、代、加工、利库等办法，进行平衡，保证按计划供应。

（4）一次性计划。

一次性计划是指根据承包合同或协议书，在规定的时间内完成施工生产阶段或某项生产任务而编制的需用材料计划。若"某项生产任务"是指一个单位工程时，一次性计划又称单位工程材料计划。一次性计划的用料时间，与季度、月度计划不一定吻合，但在月度计划内要列为重点，专项平衡安排。因此一次性计划要提前编制并交与供应部门，并详细说明需用材料的品种、规格、型号、颜色、交货时间等，以使供应部门保证供应。内包工程也可采取签订供需合同的办法。

（5）临时追加计划。

临时追加计划是指由于材料、施工技术、设备等各方面的原因，例如设计修改或任务调整，原计划品种、规格、数量等的错漏，施工中采取临时技术措施，机械设备发生故障需及时修复等，需要采取临时措施解决而编制的材料计划。列入临时追加计划的一般是急用材料，要作为重点供应。若出现费用超支或材料超用等，要查明原因,分清责任,办理签证,造成的经济损失由责任方承担。

四、编制材料计划的步骤

施工企业常用的材料计划,是按照计划的用途和执行时间编制的年、季、月的材料需用计划、申请计划、供应计划、加工订货计划和采购计划。在编制材料计划时,应遵循一定的步骤。

第一,各建设项目及生产部门按照材料使用方向、分单位工程做工程用料分析,根据计划期内应完成的生产任务量及下一步生产中需提前加工准备的材料数量,编制材料需用计划。

第二,根据项目或生产部门现有材料库存情况,结合材料需用计划,并适当考虑计划期末周转储备量,按照采购供应的分工,编制项目材料申请计划,分报各供应部门。

第三,负责某项材料供应的部门,汇总各项目及生产部门提报的申请计划,结合供应部门现有资源,全面考虑企业周转储备,进行综合平衡,确定对各项目及生产部门的供应品种、规格、数量及时间,并具体落实供应措施,编制供应计划。

第四,按照供应计划所确定的措施,如:采购、加工订货等,分别编制措施落实计划,即采购计划和加工订货计划,确保供应计划的实现。

五、影响材料计划管理的因素

材料计划的管理过程受到多种因素的制约,处理不当极易影响计划的编制质量和执行效果。影响因素主要来自企业外部和企业内部两个方面。

1. 企业内部影响因素

企业内部影响因素主要是指企业内各部门间的衔接问题。例如生产部门提供的生产计划,技术部门提出的技术措施和工艺手段,劳资部门下达的工作量指标等,只有及时提供准确的资料,才能使计划制定有依据而且可行。同时,要经常检查计划执行情况,发现问题及时调整。计划期末必须对执行情况进行考核,为总结经验和编制下期计划提供依据。

2. 企业外部影响因素

企业外部影响因素主要表现在材料市场的变化因素及与施工生产相关的因素。如材料政策因素、自然气候因素等。材料部门应及时了解和预测市场供求及变化情况,采取措施保证施工用料的相对稳定。掌握气候变化信息,特别是对冬、雨季期间的技术处理,劳动力调配,工程进度的变化调整等均应做出预计和考虑。

编制材料计划应实事求是,积极稳妥,不断提高计划制定水平,保证计划切实可行;执行中应严肃、认真,为达到计划的预期目标打好基础。定期检查和指导计划的执行,提高计划的执行水平,考核材料计划执行的情况及效果,可以有效地提高计划管理水平,增强材料计划的控制功能。

第 2 讲　材料计划的编制

一、材料计划的编制原则

1. 综合平衡的原则

综合平衡包括供求平衡，产需平衡，各供应渠道间的平衡和各施工单位间的平衡等，是材料计划管理工作的一个重要内容。坚持综合平衡的原则，可以按计划做好控制协调工作，促进材料的合理使用。

2. 实事求是的原则

编制材料计划必须坚持实事求是的原则，实事求是体现材料计划的科学性。深入调查研究，掌握正确数据，可以使材料计划可靠合理。

3. 留有余地的原则

编制材料计划不能只求保证供应，而盲目扩大储备，造成材料积压；也不能存在缺口，造成供应脱节，影响生产。只有做到供需平衡，略有余地，才能确保供应。

4. 严肃性和灵活性统一的原则

材料计划对供、需两方面都有严格的约束作用，同时建筑施工受多种主客观因素的制约，不可避免地出现一些变化情况，所以在执行材料计划中，既要求严肃性，又要适当重视灵活性，只有做到严肃性和灵活性的统一，才能保证材料计划的有效实施。

综上所述，在编制材料计划过程中应做到实事求是，积极稳妥，使计划切实可行；执行过程中要严肃认真，打好基础，定期检查和指导计划执行，不断考核材料计划的完成情况和效果。

二、材料计划的编制程序和方法

1. 编制材料计划的准备工作

（1）要有正确的指导思想。

建筑企业的施工生产活动与国家各个时期国民经济的发展，有着密切的联系，为了很好地组织施工，必须学习党和国家有关方针政策，掌握上级有关材料管理的经济政策，使企业材料管理工作，沿着正确方向发展。

（2）收集资料。

编制材料计划要建立在可靠的基础上，首先要收集各项有关资料数据，包括上期材料消耗水平，上期施工作业计划执行情况，摸清库存情况，以及周转材料、工具的库存和使用情况等。

（3）了解市场信息。

市场资源是目前建筑企业解决需用材料的主要渠道，编制材料计划时必须了解市场资源情况，市场供需状况，是组织平衡的重要内容，不能忽视。

2. 编制材料需用计划

编制材料需用计划，材料部门要与生产、技术部门相配合，掌握施工工艺，了解施工技术组织方案，仔细阅读施工图纸；根据生产作业计划下达的工作量，结合图纸及施工方案，计算施工实物工程量；查材料消耗定额，计算生产所需的材料数量，完成工料分析；将分项工程工料分析中不同品种、规格、数量的材料需用量进行汇总，编制材料需用计划。所以编制材料需用计划时最重要、最关键的工作是确定材料需用量。

（1）计算材料需用量。

1）计划期内工程材料需用量的计算。

计划期内工程材料的需用量可以采用直接计算法和间接计算法两种方法进行计算。

①直接计算法。

直接计算法一般以单位工程为对象进行编制。在施工图纸到达并经过会审后，根据施工图计算分部分项实物工程量，并结合施工方案与措施，套用相应的材料消耗定额编制材料分析表，按分部进行汇总，编制单位工程材料需用计划；或者按施工部位要求和形象进度，编制季、月需用计划。直接计算法的公式如下：

某种材料计划需用量=建筑安装实物工程量×某种材料消耗定额

式中"材料消耗定额"根据使用对象不同分为施工定额和（概）预算定额。如企业内部编制施工作业计划，向单位工程承包负责人和班组实行定包供应材料，作为承包核算基础，应采用施工定额计算材料需用量。如编制施工图预算向建设单位、上级主管部门和物资部门申请计划分配材料指标、作为结算依据或据以编制定货、采购计划，则应采用（概）预算定额计算材料需用量。

②间接计算法。

当工程任务已经落实，但设计尚未完成，技术资料不全时；或者有的工程甚至初步设计还没有确定，只有投资金额和建筑面积指标，不具备直接计算的条件时，可采用间接计算法。根据初步摸底的任务情况，按概算定额或经验定额分别计算材料用量，编制材料需用计划，作为备料依据。

凡采用间接计算法编制备料计划的，在施工图到达后，应立即用直接计算法核算材料实际需用量，进行调整。

间接计算法的具体做法有两种。

一种是已知工程类型、结构特征及建筑面积的项目，选用同类型按建筑面积平方米消耗定额计算，其计算公式如下：

某材料计划需用量=某类型工程建筑面积×该类型工程每平方米建筑面积某材料消耗定额×调整系数

另外一种是工程任务不具体，如企业的施工任务只有计划总投资，则采用万元定额计算。采用这种方法需要注意的是，由于材料价格浮动较大，计算时必须查清单价、及其浮动幅度，折成系数调整，否则误差较大。其计算公式如下：

某材料计划需用量=工程任务计划总投资×每万元工作量某种材料消耗定额×

调整系数

2）周转材料需用量的计算。

周转材料的特点在于周转，计算周转材料需用量时，首先根据计划期内的材料分析确定总需用量，然后结合工程特点，确定计划期内周转次数，再计算周转材料的实际需用量。

周转材料需用量=某计划期内周转材料的总需用量/计划期内周转次数

3）施工设备和机械制造的材料需用量计算。

建筑企业自制施工设备，一般没有健全的定额消耗管理制度，而且产品也是非定型居多，所以可按各项具体产品，采用直接计算法计算材料需用量。

4）辅助材料及生产维修用料的需用量计算。

辅助材料及生产维修用料的用量较小，有关统计和材料定额资料也不齐全，其需用量可采用间接计算法计算。

材料需用量=（报告期内实际消费量/报告期内实际完成工程量）×本期计划工程量×增减系数

（2）确定材料实际需用量。

根据各工程项目计算的需用量，进一步核算实际需用量。实际需用量的计算公式如下：

实际需用量=计划需用量±调整因素

实际需用量的核算是根据材料种类和特性做出适当调整。

对于一些通用性材料，在工程进行初期阶段，考虑到可能出现的施工进度超额因素，一般都略加大储备，其实际需用量需要略大于计划需用量；在工程竣工阶段，为防止工程竣工而材料积压，一般是利用库存控制进料，这时的实际需用量要略小于计划需用量。

对于一些特殊材料，为保证工程质量，往往要求一次进料，所以计划需用量虽只是一部分，但在申请采购中往往是一次购进，这样实际需用量就要大大增加。

3. 编制材料申请计划

需要上级供应的材料，应编制申请计划。编制申请计划要结合项目库存量，计划周转储备量，计算材料的申请量。计算公式如下：

材料申请量=实际需用量+计划储备量－期初库存量

4. 编制材料供应计划

材料供应计划综合性强，涉及面广，是材料计划的实施计划，是指导材料供应业务活动的具体行动计划。材料供应部门应对用料单位提报的申请计划根据生产任务进行核实，根据各种资源渠道的供货情况、储备情况，进行总需用量与总供应量的平衡，明确供应措施，编制对各用料单位或项目的供应计划。

（1）核实需用计划和申请计划。

编制材料供应计划之前，应认真核实汇总各工程单位或项目的材料申请量是否合乎实际，定额采用是否合理；了解编制计划所需的技术资料是否齐全，材料需用时间、到货时间与生产进度安排是否吻合，品种、规格能否配套等。

（2）预计计划期初库存量。

由于计划编制工作提前进行，从编制计划时间到计划期初的这段预计期内，材料的收发仍然不断，因此预计计划期初库存量十分重要。一般采用下式计算：

期初预计库存量=编制计划时的实际库存量＋预计期内计划收入量－预计期内计划发出量。

计划期初库存量预计的正确与否，影响着平衡计算供应量和计划期内的供应效果。预计不准确，少了将造成数量不足、供需脱节而影响施工；多了会造成材料积压和资金超占。正确预计期初库存量，必须认真核实现场库存的实际资源、调剂拨入、调剂拨出、进货周期、采购收入、在途材料、待验收材料以及施工进度预计消耗等数据。

（3）计算计划期末周转储备量。

计划期末周转储备量是根据生产安排和材料供应周期计算的。合理地确定材料周转储备量，即计划期末的库存量，是为下一期合理的期初库存量做好准备。要根据供求情况的变化、市场信息等，合理计算间隔天数，以求得合理的储备量。

（4）确定材料供应量。

材料供应量是编制材料供应计划的四要素之一。计算公式如下：

材料供应量=材料申请量－计划期初库存量＋计划期末周转储备量

（5）确定供应措施。

根据材料供应量和可能获得资源的渠道，确定供应措施，如建设单位供料、采购、利用库存、改制代用、加工等，并与资金进行平衡，保证材料计划的实施。

材料供应计划参考表式见表 2—3。

表 2—3 材料供应计划参考表式

材料名称	规格质量	计量单位	期初库存	计划申请量				计划期末周围储备	供应量合计	其中：供应措施					备注
				合计	其中					采购	甲方供料	加工制作	利用库存	申请	
					×项目	×项目									

5. 编制材料采购计划及加工订货计划

在供应计划中所明确的供应措施，必须有相应的实施计划。材料采购及加工订货计划是材料供应计划的具体落实计划，二者没有本质的区别。通常施工生产用的标准产品或通用产品使用采购计划，而非标准产品、加工原料具有特殊要求，需在标准产品基础上改变某项指标或功能而不改变使用部位等则采用加工订货计划。

（1）了解供应项目需求特点及质量要求，确定采购及加工订货材料的品种、规格、质量和数量，了解材料的使用时间，以确定加工周期和供应时间。

（2）确定加工图纸或加工样品，并提出具体加工要求。如果必要，可由加工厂家先期提供加工试验品，在需用方认同情况下再批量加工。

（3）按照施工进度和经济批量的确定原则，确定采购批量，同时确定采购及加工订货所需资金及到位时间。

材料采购及加工订货计划的主要内容见表 2—4。

表 2—4　采购（加工订货）计划参考表式

材料名称	规格质量	计量单位	需用数量	需用时间	采购批量	需用资金

第 3 讲　材料计划的实施

材料计划的编制是材料计划管理工作的开始，而更重要的工作还是在材料计划编制以后，就是材料计划的实施。材料计划的实施，是材料计划工作的关键。

一、组织材料计划的实施

材料计划工作以材料需用计划为基础，以材料供应计划为主导。采购、供应、运输、财务等各部门是一个整体。材料计划的落实，可使企业材料系统的各部门了解本系统的总目标和本部门的具体任务，了解各部门在完成任务中的相互关系，组织各部门从满足施工需要总体要求出发，采取有效措施，保证各自任务的完成，从而保证材料计划的实施。

二、协调材料计划实施中出现的问题

材料计划在实施中常因受到内部或外部的各种因素的干扰，影响材料计划的实现。材料计划的实施过程中，经常会出现的问题主要有以下几种。

1. 施工任务的变化

计划实施中施工任务的变化主要是指临时增加或削减任务量等，一般是由于国家基建投资计划的改变、建设单位计划的改变或施工力量的调整等。任务改变后，材料计划应作相应调整，否则就要影响材料计划的实现。

2. 设计的变更

施工准备阶段或施工过程中，往往会遇到设计变更，影响材料的需用品种、规格和数量，这种情况下必须及时采取措施，进行协调，尽可能减少影响，以保证材料计划的执行。

3. 采购情况的变化

到货合同或生产厂的生产情况发生变化，突发性的资源短缺或价格上涨，都会影响材料的及时供应。

4. 施工进度的变化

施工进度发生变化是影响材料计划的常见因素。施工进度的提前或推迟，都会影响到材料计划的正确执行。

5. 解决问题的方法

在材料计划发生变化的情况下，要加强材料部门的协调作用，做好以下几项工作，将这些变化造成的损失降到最低。

（1）关注施工生产的进度安排和变化调整，在企业内部有关部门之间进行协商，及时统一修正意见，采取应对措施，对施工生产计划和材料计划进行必要的修改。

（2）挖掘内部潜力，利用库存储备解决临时供应不及时的矛盾。

（3）利用市场调节的有利因素，及时向市场采购。同供料单位协商临时增加或减少供应量，与有关单位进行余缺调剂。

要做好协调工作，必须掌握设计单位和建设施工单位的变化意图和调整方案，掌握生产动态，了解材料系统各个环节的工作进程，一般通过统计检查，实地调查，信息交流等方法，检查各有关部门对材料计划的执行情况，及时调整，以保证材料计划的实施。

三、建立材料计划分析和检查制度

为了及时发现材料计划实施过程中的问题，保证计划的全面、有效地完成，建筑企业应从上到下按照计划的分级管理职责，以计划实施反馈信息为基础，进行计划的检查与分析。

1. 现场检查制度

基层领导人员应经常深入施工现场，随时掌握生产进行过程中的实际情况，了解工程进度是否正常，资源供应是否及时、合理，各专业队组是否达到定额及完成任务质量的好坏，做到及早发现问题，及时解决问题，并向上一级据实反映。

2. 定期检查制度

建筑企业各级组织机构应有定期的生产会议制度，检查与分析计划的完成情况。通过这些会议检查分析工程进度、资源供应、各专业队组完成定额的情况等，做到统一思想、统一目标，及时解决各种问题。

3. 统计检查制度

统计是企业经营活动的各个方面在时间和数量方面的计算和反映，是检查企业计划完成情况的有力工具。统计可以为各级计划管理部门了解情况、做出决策、指导工作等提供可靠的数据和信息。通过统计报表和文字分析，及时准确地反映计划完成的程度和计划执行中出现的问题，暴露基层施工中的薄弱环节，是揭示矛盾、改进措施、跟踪计划和分析施工动态的依据。

四、计划的变更和修订

材料计划本身的性质决定了它的多变性，材料计划的变更和修订是正常的、常见的。一些主、客观条件的变化都会引起原计划的变更。由于计划编制人员的认识能力和客观条件的差别，所编制出的计划的质量也会存在差异，当发现计划和实际存在脱节时，一定要立即调整。材料计划涉及面广，当与之有联系的某一部门、地区或企业有变时，材料资源和需要也会发生变化。要维护计划的严肃性，使其更加符合实际，必须对计划进行及时的调整和修订。

1. 需要变更或修订材料计划的具体情况

实践证明，材料计划变更主要是由施工生产任务的变更引起的。其他变更对材料计划当然也有一定影响，但远小于生产和基建计划的变更影响。

（1）设计变更。

设计变更对材料计划的变更影响最大，主要体现在基本建设、项目施工、工具和设备修理过程中。

基本建设过程中，由于图纸和技术资料尚不齐全，只能按匡算需要编制材料计划，待图纸和资料到齐后，就需要调整材料计划来修正材料实际需要与原匡算需要的出入。另外，由于现场地质条件及施工中可能出现的变化因素导致需要改变结构和设备型号等，材料计划也需要调整。

项目施工过程中，由于施工技术的革新、材料品种的增加、用户新意见的提出等，所需材料的品种和数量等将发生变化，材料计划的调整不可避免。

另外，在工具和设备修理过程中，由于所需材料的难以预计性导致的实际修理需要的材料与原计划中申请材料的出入也需要调整原来的材料计划。

（2）工艺变更。

工艺变更是设计变更的必然结果，会引起需用材料的变更。若设计不变，工艺也可能发生变更，而加工方法、操作方法和材料消耗也随之改变，因此材料计划需要做相应的调整。

（3）任务量变更。

施工生产的任务量是确定材料需用量的主要依据之一，任务量的变更会相应地引起需用材料的追加和减少。在编制材料计划时，不可能将计划任务变动的各种因素都考虑在内，只有问题出现后，调整原计划来解决。

另外，计划初期预计库存不正确，材料消耗定额改变，计划有误等，都会引起材料计划的变更。

2. 材料计划的变更及修订

材料计划的变更及修订主要有三种方法：全面调整或修订，专案调整或修订和临时调整或修订。

（1）全面调整或修订。

当某些原因，如自然灾害、战争或者经济调整等，导致材料资源和需要都发生了重大变化时，需要进行全面调整和修订。

（2）专案调整或修订。

当某些原因，如某项任务量的突然增减、工程施工的提前或延后、生产建设中的突发状况等，导致局部资源和需要发生了较大变化，需要进行专案调整或修订。一般用分配材料安排或当年储备解决，必要时调整供应计划。专案调整属于局部性调整。

（3）临时调整或修订。

生产和施工过程中不可避免地会发生一些临时变化，这时必须做临时调整，主要通过调整材料供应计划来解决。临时调整也属于局部性调整。

3. 材料计划的变更及修订中应注意的问题

材料计划的变更及修订工作中有许多应该注意的问题，总的来说，体现在以下几个方面。

（1）维护计划的严肃性，调整计划过程中必须实事求是。

在执行材料计划的过程中，实际情况的不断变化决定了计划并不是一成不变的，但是要对计划进行变更及修订，不能无视计划的严肃性。不能机械地维持原计划，也不能违反计划、用计划内材料搞计划外项目。要在维护计划的严肃性的同时，坚持计划的原则性和灵活性的统一，实事求是地调整和修订计划。

（2）权衡利弊，最小限度的调整计划。

计划经过调整或修订后，必然或多或少地造成一些损失，所以当计划需要变更时，一定要权衡利弊，在满足新的材料需求的前提下最小限度地调整原计划，将损失降到最低。

（3）及时掌握材料需求、消耗及供应情况，便于调整计划。

材料部门要做好材料计划的调整和修订工作，必须掌握计划任务安排和落实情况，了解生产建设任务和基本建设项目的安排与进度，了解主要设备和关键材料的准备情况和一般材料的需求落实情况，发生出入应及时调整。另外，掌握材料的消耗和供应情况，加强材料定额管理，控制发料，防止由于超定额用料而追加申请量；掌握库存和运输途中的材料动态及供方能否按时交货等。总之，只有做到需用清楚、消耗清楚和资源清楚，才能做好材料计划的变更和修订工作。

（4）妥善处理、解决变更和修订材料计划中的相关问题。

材料计划的调整或修订过程中，追加或减少的材料，一般以内部平衡调剂为原则，追加或减少的部分内部不能解决的，由负责采购或供应的部门协调解决。特别应该注意的是，要防止在调整计划的过程中拆东墙补西墙，冲击原计划的做法。没有特殊原因，追加材料应通过机动资源和增产解决。

五、考评材料计划的执行水平

考评材料计划的执行水平或效果，应该有一个科学的考评方法。

建立一个完整的材料计划指标体系，需要包括几项重要指标：采购量及到货率、供应量及配套率、自有运输设备的运输量、占用流动资金及其周转次数、材料成本的降低率和三大材料的节超量及节超率，以上各个指标的具体考评办法详见指标涉及各章节。

通过这些指标的考评，激励各部门积极、认真地实施材料计划。

第 3 单元　材料采购管理

第 1 讲　材料采购管理要求

一、材料采购及加工订货

建筑企业采购及加工订货，是有计划、有组织地进行的。其内容有决策、计划、洽谈、签订合同、验收、调运和付款等工作，其业务过程可分为准备、谈判、成交、执行和结算等五个环节。

（1）材料采购及加工订货的准备。

采购及加工订货，在通常情况下需要有一个较长时间的准备，无论是计划分配材料或市场采购材料，都必须按照材料采购计划，事先做好细致的调查研究工作，摸清需要采购及加工材料的品种、规格、型号、质量、数量、价格、供应时间和用途等，以便落实资源。准备阶段中，必须做好下列主要工作：

1）按照材料分类，确定各种材料采购及加工订货的总数量计划。

2）按照需要采购的材料（如一般的产需衔接材料），了解有关厂矿的供货资源，选定供应单位，提出采购矿点的要货计划。

3）选择和确定采购及加工订货企业，这是做好采购及加工订货的基础。必须选择设备齐全、加工能力强、产品质量好和技术经验丰富的企业。此外，如企业的生产规模、经营信誉等，在选择中均应摸清情况。在采购及加工大量材料时，还可采用招标和投标的方法，以便择优落实供应单位和承揽加工企业。

4）按照需要编制市场采购及加工订货材料计划，报请领导审批。

（2）材料采购及加工订货的谈判。

材料采购及加工订货计划经有关单位平衡安排，领导批准后，即可开展业务谈判活动。所谓业务谈判，就是材料采购业务人员与生产、物资或商业等部门进行具体的协商和洽谈。

业务谈判应遵守国家和地方制定的物资政策、物价政策和有关法令，供需双方应本着地位平等、相互谅解、实事求是，搞好协作的精神进行谈判。

1）采购谈判的主要内容。

①确定采购材料的名称、规格、型号和数量等。

②确定采购材料的价格、相关费用和结算方法。

③确定采购材料的各级质量标准和验收方法。

④确定采购材料的交货状态、交货地点、包装方式、交货方式和交货日期等。

⑤确定采购材料的运输工具及费用、运输办法，如需方自理、供方代送或供方送货等。

⑥确定违约责任、纠纷解决方法等其他事项。

2）加工订货谈判的主要内容。

①确定加工品的名称、规格、型号和数量。

②确定加工品的技术性能和质量要求，以及技术鉴定和验收方法。

③确定所需原材料的品种、规格、质量、定额、数量和提供日期，以及供料方式，如由订做单位提供原材料的带料加工或承揽单位自筹材料的包工包料。

④确定订做单位提供加工样品的，承揽单位应按样品复制；订做单位提供设计图纸资料的，承揽单位应按设计图纸加工；生产技术比较复杂的，应先试制，经鉴定合格后成批生产。

⑤确定加工品的加工费用和自筹材料的材料费用，以及结算办法。

⑥确定原材料和加工品的运输办法、运输费用及其负担方法。

⑦确定加工品的交货状态、交货地点、交货方式，以及交货日期及其包装要求。

⑧确定双方应承担的责任。如承揽单位对订做单位提供原材料，应负保管的责任，按规定质量、时间和数量完成加工品的责任；不得擅自更换订做单位提供的原材料的责任；不得把加工品任务转让给第三方的责任；订做单位按时、按质、按量提供原材料的责任；按规定期限付款的责任等。

业务谈判，一般要经过多次反复协商，在双方取得一致意见时，业务谈判即告完成。

（3）材料采购及加工订货的成交。

材料采购及加工订货，经过与供应单位反复酝酿和协商，取得一致意见时，达成采购、销售协议，称为成交。成交的形式，目前有签订合同的订货形式、签发提货单的提货形式和现货现购等形式。

1）订货形式。建筑企业与供应单位按双方协商确定的材料品种、质量和数量，将成交所确定的有关事项用合同形式固定下来，以便双方执行。订购的材料，按合同交货期分批交货。

2）提货形式。由供应单位签发提货单，建筑企业凭单到指定的仓库或堆栈，按规定期限提取。提货单有一次签发和分期签发二种，由供需双方在成交时确定。

3）现货现购。建筑企业派出采购人员到物资门市部、商店或经营部等单位购买材料，货款付清后，当场取回货物，即所谓"一手付钱、一手取货"银货两讫的购买形式。

（4）材料采购及加工订货的执行。

材料采购及加工订货，经供需双方协商达成协议签订合同后，由供方交货，需方收货。这个交货和收货过程，就是采购及加工订货的执行阶段。主要有以下几个方面：

1）交货日期。供需双方应按合同规定的交货日期如期履行，供方应按规定日期交货，需方应按规定日期收（提）货。如未按合同规定日期交货或提货，应按未履行合同处理。

2）材料验收。材料验收，应由建筑企业派员对所采购的材料和加工品进行数量和质量验收。

数量验收，应对供方所交材料进行检点。发现数量短缺，应迅速查明原因，向供方提出。材料质量分为外观质量和内在质量，分别按照材料质量标准和验收办法进行验收。发现不符合规定质量要求的，不予验收；如属供方代运或送货的，应一边妥为保管，一边在规定期限内向供方提出书面异议。

材料数量和质量经验收通过后，应填写材料入库验收单，报本单位有关部门，表示该批材料已经接收完毕，并验收入库。

3）交货地点。材料交货地点，一般在供应企业的仓库、堆场或收料部门事先指定的地点。供需双方应按照合同规定的或成交确定的交货地点进行材料交接。

4）交货方式。材料交货方式，指材料在交货地点的交货方式，有车、船交货方式和场地交货方式。由供方发货的车、船交货方式，应由供应企业负责装车或装船。

5）材料运输。供需双方应按合同规定的或成交确定的运输办法执行。委托供方代运或由供方送货，如发生材料错发到货地点或接货单位，应立即向对方提出，按协议规定负责运到规定的到货地点或接货单位，由此而多支付运杂费用，由供方承担；如需方填错或临时变更到货地点，由此而多支付的费用，应由需方承担。

（5）材料采购及加工订货的经济结算。

经济结算，是建筑企业对采购的材料，用货币偿付给供货单位价款的清算。采购材料的价款，称为货款；加工的费用，称为加工费，除应付货款和加工费外，还有应付委托供货和加工单位代付的运输费、装卸费、保管费和其他杂费。

经济结算包括异地结算和同城结算。

异地结算是指供需双方在不同城市之间进行结算。结算方式有异地托收承付结算、信汇结算、承兑汇票结算和部分地区试行的限额支票结算等方式。

同城结算是指供需双方在同一城市内进行结算。结算方式有同城托收承付结算、委托银行付款结算、支票结算和现金结算等方式。

1）托收承付结算。托收承付结算，是由收款单位根据合同规定发货后，委托银行向付款单位收取货款，付款单位根据合同核对收货凭证和付款凭证等无误后，在承付期内承付结算。

2）信汇结算。信汇结算，是由收款单位根据合同规定发货后，将收款凭证和有关发货凭证，用挂号函件寄给付款单位，经付款单位审核无误后，通过银行汇给收款单位的结算方式。

3）承兑汇票结算。承兑汇票结算，是一种由付款单位开具在一定期限后才可兑付的支票付给收款单位，兑现期到后，再由银行将所指款项由付款方账户转入收款方账户的结算方式。

4）委托银行付款结算。委托银行付款结算，是付款单位委托银行将采购和加工订货合同中规定的款项从本单位账户转入指定的收款单位账户中的一种同城结算方式。

5）支票结算。支票结算，是由收款单位凭付款单位签发的支票通过银行，从付款单位账户中支付款项的一种同城结算方式。

6）现金结算。现金结算，是由采购单位持现金向供方购买材料的货款结算方式。每笔现金货款结算金额，应在各地银行所规定的现金限额以内。

货款和其他费用的结算，应按照中国人民银行的结算办法规定办理，在成交或签订合同时具体明确相关内容：明确结算方式；明确收、付款凭证，一般凭发票、收据和附件（如发货凭证、收货凭证等）；明确结算单位，如通过当地建材公司向需方结算货款。

7）建筑企业审核付货款和费用的主要内容。

①材料名称、品种、规格和数量与实际收到的材料或验收单是否相符。

②单价是否符合国家或地方规定的价格。如无规定价格的，应按合同规定的价格结算。

③委托采购及加工订货单位代付的运输费用和其他费用，是否按照合同规定核付。自交货地点装运到指定目的地的运费，一般应由委托单位负担。

④收、付款凭证和手续是否齐全。

⑤总金额是否有误。审核无误后才能通知财务部门付款。

如发现数量和单价不符、凭证不齐、手续不全等情况，应退回收款单位更正、补齐凭证、补办手续后才能付款；如采取托收承付结算方式的，可以拒付货款。

二、材料采购批量的管理

材料采购批量是指一次采购材料的数量。其数量的确定是以施工生产需用为前提，按计划分批进行采购。采购批量直接影响着采购次数、采购费用、保管费用、资金和仓库占用。在某种材料总需用量中，每次采购的数量应选择各项费用综合成本最低的批量，即经济批量或最优批量。经济批量或最优批量的确定受多方因素的影响，按照所考虑的主要因素不同一般有下列三种方法。

（1）按照商品流通环节最少的原则选择最优批量。

从商品流通环节看，向生产厂家直接采购，所经过的流通环节最少，价格最低。不过生产厂家的销售往往有最低销售量限制，采购批量一般要符合其最低销售批量。

这样在得到适用材料的同时，既减少了中间流通环节费用，又降低了采购价格和采购成本。

（2）按照运输方式选择经济批量。

在材料运输中有铁路运输、公路运输、水路运输等多种不同的运输方式。每种运输一般又分为整车（批）运输和零散（担）运输。在中、长途运输中，铁路运输和水路运输较公路运输价格低，运量大。而在铁路运输和水路运输中，又以整车运输费用较零散运输费用低。因此，一般采购应尽量就近采购或达到整车托运的最低限额以降低采购费用。

（3）按照采购费用和保管费用支出最低的原则选择经济批量。

材料的采购批量越小，材料保管费用支出越低，但采购次数越多，采购费用越高。反之，采购批量越大，保管费用越高，但采购次数越少，采购费用越低。因此采购批量与保管费用成正比关系，与采购费用成反比关系，如图2—3所示。

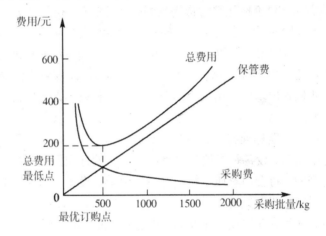

图 2—3　采购批量与费用关系图

某种材料的总需用量中，每次采购数量能使其保管费和采购费之和为最低，则该批量称为经济批量。

当企业某种材料全年耗用量确定的情况下，其采购批量与保管费用及采购费用之间的关系是：

$$年保管费=\frac{1}{2}采购批量\times单位材料年保管费$$

$$年采购费=采购次数\times每次采购费用$$

$$年总费用=年保管费+年采购费$$

第 2 讲　材料采购的询价

为了确保产品质量，获得合理报价，对于大型机电设备和成套设备，一般选用竞争性的招投标作为采购的常用方式。而对于小批量建筑材料或价值较小的标准规格产品，则可以简化采购方式，用询价的方式进行采购。由于市场上的销售渠道有进出口商、批发商、零售商和代理商等多种层次，材料、设备的生产制造厂家众多，其规格、性能和质量差别很大，而且交货方式和付款方式也各有不同，要通过多方正式询价、对比和议价才能做出决策。在正式询价之前，应首先搞清楚材料、设备的计价方式，其次要讲究询价的方法。

一、材料、设备报价的计价方式和常用的交货方式

货物的实际支付价格往往与货物来源、交货状态、付款方式以及销售和购买方承担的责任、风险有关。总的来说，材料、设备的采购来源可分为两大类：国内采购和国外进口。按照采购货物的特点又可分为标准设备和非标准设备（或标准规格材料和非标准规格材料）。根据以上的划分，材料、设备采购价的组成内容和计价方式也有所不同，但基本均由两大部分组成，即材料、设备原价（或进口材料、设备到岸价）和运杂费。

（1）国内采购标准材料、设备的计价。

国产标准材料、设备是指按照主管部门颁布的标准图纸和技术要求，由我国生产厂批量生产的，符合国家质量检验标准的材料、设备。国产标准材料、设备原价一般指的是材料、设备制造厂的交货价，即出厂价。

如交货方式为在卖方所在地交货，则货物计价中不含买方支付的运杂费；相反，如交货方式为运抵买方指定的交货地点，则计价中应包含从生产厂到目的地的运杂费，运杂费包括运输费和装卸费等。

（2）国内采购非标准材料、设备的计价。

非标准材料、设备是指国家尚无定型标准，各生产厂家不可能在工艺过程中采用批量生产方式，只能按每一次订货提供的具体设计图纸制造的材料、设备。非标准材料、设备的原价有多种不同的计算方法，如成本计算估价法、系列设备插入估价法、分部组合估价法、定额估价法等。以成本计算估价法为例，非标准材料、设备的原价由以下费用组成。

1）材料费。

材料费的计算公式为：

材料费=材料净重×（1＋加工损耗系数）×每吨材料综合价

2）加工费。

加工费包括生产工人工资及其附加费、燃料动力费、设备折旧费、车间经费、按加工费计算的企业管理费等。其计算公式为：

加工费=设备总重量（t）×设备每吨加工费

3）辅助材料费。

辅助材料费包括焊条（丝）、氧气、氮气、油漆、电石等的费用，按设备单位重量的辅助材料费指标计算。其计算公式为：

辅助材料费=设备总重量×辅助材料费指标

4）专用工具费。

专用工具费的计算公式为：

专用工具费=（材料费+加工费+辅助材料费）×专用工具费率

5）废品损失费。

废品损失费的计算公式为：废品损失费=（材料费+加工费+辅助材料费+专用工具费）×废品损失费率=（材料费+加工费+辅助材料费）×（1+专用工作费率）×废品损失费率

6）外购配套件费。

外购配套件费包括双方商定的外购配套件的价格和运杂费。

7）包装费。

订货单位和承制单位在同一厂区内的，不计包装费。如在同一城市或地区，距离较近，包装可简化，则可适当减少包装费用。包装费的计算公式为：

包装费=（材料费+加工费+辅助材料费+专用工具费+废品损失费+外购配套件费）×包装费率=［（材料费+加工费+辅助材料费）×（1+专用工具费率）×（1+废品损失费率）+外购配套件费］×包装费率　8）利润。利润=（材料费+加工费+辅助材料费+专用工具费+废品损失费+包装费）×10%

9）税金。

税金现指增值税，基本税率为 17%。其计算公式为：

增值税=当期销项税额-进项税额当期销项税额=税率×销售额

10）非标准设备设计费。

非标准设备的设计费应按国家标准另行计算。

（3）国外进口材料、设备的计价。

1）进口材料、设备的交货方式。可分为内陆交货、目的地交货和装运港交货。

内陆交货，即卖方在出口国内陆的某个地点完成交货任务。在交货地点，卖方及时提交合同规定的货物和有关凭证，并负担交货前的一切费用和风险；买方按时接受货物，交付货款，负担接货后的一切费用和风险，并自行办理出口手续和装运出口。货物的所有权也在交货后由卖方转移给买方。

目的地交货，即卖方要在进口国的港口或内地交货。这类交货价包括目的港船上交货价、目的港船边交货价（FOS）、目的港码头交货价（关税已付）和完税后交货价（进口国目的地的指定地点），其特点是买卖双方承担的责任、费用和风险以目的地约定交货点为分界线，只有当卖方在交货点将货物置于买方控制下才算交货，才能向买方收取货款，这类交货价对卖方来说承担的风险较大，在国际贸易中卖方一般不愿采用这类交货方式。

装运港交货，即卖方在出口国装运港完成交货任务。这类交货价主要有装运港船上交货价（FOB）、运费在内价（C&F）和运费、保险费在内价（CIF）。其特点主要是卖方按照约定的时间在装运港交货，只要卖方把合同规定的货物装船后提供货运单据便完成交货任务，并可凭单据收回货款。

装运港船上交货价（FOB）是我国进口材料、设备采用最多的一种货价。采用船上交货价时，卖方的责任是负责在合同规定的装运港口和规定的期限内，将货物装上买方指定的船只，并及时通知买方；负责货物装船前的一切费用和风险；负责办理出口手续；提供出口国政府或有关方面签发的证件；负责提供有关装运单据。买方的责任是负责租船或订舱，支付运费，并将船期、船名通知卖方；负担货物装船后的一切费用和风险；负责办理保险及支付保险费，办理在目的港的进口和收货手续；接受卖方提供的有关装运单据，并按合同规定支付货款。

2）进口材料、设备到岸价的构成。我国进口材料、设备采用最多的是装运港船上交货价（FOB），其到岸价构成可概括为：

进口设备价格＝货价＋国外运费＋运输保险费＋银行财务费＋

外贸手续费＋关税＋增值税

①进口材料、设备的货价。

进口材料、设备的货价一般可采用下列公式计算：

货价＝外币金额×银行牌价（卖价）

式中的"外币金额"一般是指引进设备装运港船上交货价（FOB）。

②进口材料、设备的装运费。

我国进口材料、设备大部分采用海洋运输方式，小部分采用铁路运输方式，个别采用航空运输方式。

海洋运输就是利用商船在国内外港口之间通过一定航区和航线进行货物运输的方式，它不受道路和轨道的限制，运输能力大，运费比较低廉。铁路运输一般不受气候条件的影响，可保证全年正常运输，速度较快，运量较大，风险较小。

航空运输是一种现代化的运输方式，特别是交货速度快，时间短，安全性高，货物破损率小，能节省保险费、包装费和储藏费，但运输费用较高。

③运输保险费。

对外贸易货物运输保险是由保险人（保险公司）与被保险人（出口人或进口人）订立保险契约，在被保险人交付议定的保险费后，保险人根据保险契约的规定对货物在运输过程中发生的承保责任范围内的损失给予经济上的补偿。

④银行财务费。

银行财务费一般指中国银行手续费，可按离岸货价的 0.5% 计算，以简化计算。

⑤外贸手续费。

外贸手续费是指按对外经济贸易部规定的外贸手续费率计取的费用,可按下式简化计算:

$$外贸手续费=(离岸货价+国外运费+运输保险费)\times 1.5\%$$

⑥关税。

关税是由海关对进出国境或关境的货物和物品征收的一种税,属于流转性课税。对进口材料、设备征收的进口关税实行最低和普通两种税率,普通税率适用于产自与我国未订有关税互惠条款的贸易条约或协定的国家与地区的进口材料、设备;最低税率适用于产自与我国订有关税互惠条款的贸易条约或协定的国家与地区的进口材料、设备。进口材料、设备的完税价格是指设备运抵我国口岸的到岸价格。

⑦增值税。

增值税是我国政府对从事进口贸易的单位和个人,在进口商品报关进口后征收的税种。我国增值税条例规定,进口应税产品均按组成计税价格,依税率直接计算应纳税额,不扣除任何项目的金额或已纳税额,增值税基本税率为17%。

$$进口产品增值税额=组成计税价格\times 增值税率$$

$$组成计税价格=关税完税价格+关税+消费税$$

3)进口材料、设备的运杂费。

进口材料、设备的运杂费是指我国到岸港口、边境车站起至买方的用货地点发生的运费和装卸费,由于我国材料、设备的进口常采用到岸价交货方式,故国内运杂费不计入采购价。

(4)材料、设备计价的其他影响因素。

除了货物来源和交货方式,还应考虑卖方的计价可能与其他一些影响计价的因素。1)一次购货数量。

许多供应商常根据买方的购货量不同而将价格划分为零售价(某一最低货物数量限额以下);小批量销售价;批发价;出厂价和特别优惠价等。

2)支付条件。

不同的支付条件对卖方的风险和利息负担有所不同,因而其价格也随之不同,如即期支付信用证;迟期(60天、90天或180天)付款信用证;付款交单;承兑交货和卖方提供出口信贷等。

3)支付货币。

在国际承包工程的物资采购中,可能业主(工程合同的付款方)、承包商(物资采购合同的付款方)和供应商(物资采购的收款方),以及制造商(物资的生产和最后受益方)属于不同国别,习惯于采用各自的计价货币;或者他们受到某些汇兑制度的约束,对计价货币有各自的要求,因而究竟是用何种货币支付货款,应当事先约定,这是一个最终由何方承担汇率变化风险的问题,在迟期付款的情况下,汇率风险可能是很大的。

二、材料采购的询价方法和技巧

（1）充分做好询价准备工作。

从以上程序可以看出，在材料采购实施阶段的询价，已经不是普通意义的市场商情价格的调查，而是签订购销合同的一项具体步骤——采购的前奏。因此，询价前必须做好准备工作。

1）询价项目的准备。

首先要根据材料使用计划列出拟询价的物资的范围及其数量和时间要求。特别重要的是，要整理出这些拟询价物资的技术规格要求，并向专家请教，搞清楚其技术规格要求的重要性和确切含义。

2）对供应商进行必要和适当的调查。

在国内外大量的宣传材料、广告、商家目录，或者电话号码簿中都可以获得一定的资料，甚至会收到许多供应商寄送的样品、样本和愿意提供服务的意向信等自我推荐的函电。应当对这些潜在的供应商进行筛选，可将那些较大的和本身拥有生产制造能力的厂商或其当地代表机构列为首选目标；而对于一些并无直接授权代理的一般性进口商和中间商则必须进行调查和慎重考核。

3）拟定自己的成交条件预案。

事先对拟采购的材料设备采取何种交货方式和支付办法要有自己的设想，这种设想主要是从自身的最大利益（风险最小和价格在投标报价的控制范围内）出发的。有了成交条件预案，就可以对供应商的发盘进行比较，迅速做出还盘反应。

（2）选择最恰当的询价方法。

前面介绍了由承包商或业主发出询盘函电邀请供应商发盘的方法，这是常用的一种方法，适用于各种材料设备的采购。但还可以采用其他方法，比如招标办法、直接访问或约见供应商询价和讨论交货条件等方法，可以根据市场情况、项目的实际要求、货物的特点等因素灵活选用。

（3）注意询价技巧。

1）为避免物价上涨，对于同类大宗物资最好一次将全工程的需用量汇总提出，作为询价中的拟购数量。这样，由于订货数量大而可能获得优惠的报价，待供应商提出附有交货条件的发盘之后，再在还盘或协商中提出分批交货和分批支付货款或采用"循环信用证"的办法结算货款，以避免由于一次交货即支付全部货款而占用巨额资金。

2）在向多家供应商询价时，应当相互保密，避免供应商相互串通，一起提高报价；但也可适当分别暗示各供应商，他可能会面临其他供应商的竞争，应当以其优质、低价和良好的售后服务为原则做出发盘。

3）多采用卖方的"销售发盘"方式询价，这样可使自己处于还盘的主动地位。但也要注意反复地讨价还价可能使采购过程拖延过长而影响工程进度，在适当的时机采用"递盘"，或者对不同的供应商分别采取"销售发盘"和"购买发盘"（即"递盘"），也是货物购销市场上常见的方式。

4）对于有实力的材料设备制造厂商，如果他们在当地有办事机构或者独家代理人，不妨采用"目的港码头交货（关税已付）"的方式，甚至采用"完税后交货（指定目的地）"的方式。因为这些厂商的办事处或代理人对于当地的港口、海关和各类税务的手续和税则十分熟悉，他们可能提货快捷、价格合理，甚至由于对税则熟悉而可能选择优惠的关税税率进口，比起另外委托当地的相关代理商办理各项手续更省时、省事和节省费用。

5）承包商应当根据其对项目的管理职责的分工，由总部、地区办事处和项目管理组分别对其物资管理范围内材料设备进行询价活动。

第 3 讲　材料、设备采购招标

一、材料、设备采购招标的基本知识

材料设备的价格在整个工程造价中占有很大比例，材料设备的采购与控制涉及建设单位的经济利益，它也与工程造价有直接的关系，材料设备的质量和使用关系到建筑结构的安全性、适用性、耐久性、环境适应性以及与周边环境的协调性等，因此，对材料、设备采购招标环节的控制是工程造价控制的一个主要环节。

1. 采购的主要内容

工程材料、设备采购是指采购工程施工所需的材料、设备包括工程实体材料、施工机具设备等，通过向供货商询价，或通过招标的方式，邀请若干供货商通过投标报价进行竞争，采购人从中选择优胜者与其达成交易协议，随后按合同实现标的。建筑工程物资采购主要是指建筑材料、设备的采购，其采购范围和内容如下。

（1）工程用料。包括土建及其他专业工程用料。

（2）施工用料。周转使用的模板、脚手架、工具、安全防护网以及消耗性用料，如焊条、电石、氧气、铁丝等。

（3）暂设工程用料。工地的活动房屋或固定房屋的材料、临时水电和道路工程及临时生产加工设施用料。

（4）工程机械。各类土方机械、打桩机械、混凝土搅拌机械、起重机械、钢筋焊接机械、塔吊及维护备件等。

（5）正式工程中的机电设备。建筑过程中的电梯、自动扶梯、备用电机、空气调节设备、水泵等。

（6）其他辅助设备。包括办公家具、器具和昂贵试验设备等。

2. 采购的方式

采购建设工程材料、设备时选择供应商并与其签订物资购销合同的形式有如下几种：

（1）通过招标选择供应商

这种方式适用于大批材料、较重要或昂贵的大型机具设备、工程项目中的生产

设备和辅助设备。可采用的方式有如下几种：

1）公开招标。这种招标方式与选择施工、监理单位的公开招标基本程序和方法大致相同，但必须遵循国家发改委和六部委发布的《工程建设项目货物招标投标办法》和《工程建设项目招标范围和规模标准规定》确定的范围。

2）邀请招标。这种招标方式与选择施工、监理单位的邀请招标基本程序和方法大致相同，但必须遵循国家发改委和六部委发布的《工程建设项目货物招标投标办法》和《工程建设项目招标范围和规模标准规定》确定的范围。

3）国际招标。和国内招标一样，也分为竞争性招标和邀请招标，其实质与含义与国内公开招标和邀请招标基本相同。这种方式是根据国际惯例和我国招标投标的特点，在招标投标工作长期的实践中形成的，符合我国国情。这里不再赘述。

4）两阶段招标。国家六部委《工程建设项目货物招标投标办法》规定，对无法精确拟定技术规格的招标货物，招标人可以采用两阶段招标法进行招标。两阶段招标的第一阶段采用公开招标方式，产生结果后，剔除招标文件规定的不符合条件者，将剩余合格者纳入第二阶段再行招标的一种招标方式。

（2）竞争性谈判

竞争性谈判是指采购方与供应商通过谈判、协商一致来促成采购交易的方法。它有以下特点：

1）通过谈判来达成协议，竞争性不强，国外通常称为非竞争性招标。

2）被邀请对象，无须缴纳保证金，也不受任何招标规则的约束。

3）竞争性谈判是在非公开的场合下的买卖谈判，缺乏透明度。

竞争性谈判与邀请招标的区别：

1）性质不同。邀请招标属于招标的范畴，其性质是以竞争方式进行采购，而竞争性谈判其性质属于谈判协商。

2）程序不同。邀请招标必须严格遵守《招标投标法》规定的程序进行招标，而竞争性谈判虽具有一定的竞争性，整个采购过程不受《招标投标法》规定的程序限制。

竞争性谈判适合于不适合采购招标的方式进行采购的货物，如国防高科技产品的采购。

（3）询价选择供应商

它的程序是询价—报价—签订合同的采购程序。采购方通常需要对三家以上的供货商就采购的标的物进行询价，对报价比较后选择一家与其签订供货合同。

属于议标的形式之一，无须复杂的招标程序，但也有一定的竞争性，适用于采购建筑材料或价值小的标准规格产品。

（4）直接订购

直接订购是一种非竞争性物资采购方式，它不能进行产品的质量和价格比较，适用于以下几种情况：

1）为了使设备和零配件标准化，向经过招标或询价选择的原供货商增加采购，以便适应现有设备。

2）所需设备具有专卖性，只能从一家制造商获得。

3）负责工艺设计的承包单位要求从指定供货商处采购关键性部件，并以此作为保证工程质量的条件。

4）在特殊条件下，需要某些特定机电设备早日交货，也可直接签订合同，以免由于时间延误增加开支。

（5）采购方式的选择

在项目策划招标阶段的主要工作内容就是要根据工程特点和工程建设当地的实际情况，确定材料设备的供应策略，比如选择材料设备的控制范围和控制方式。

如果选择主要材料设备为甲供或甲控，施工单位就基本只是包工了，这样做对建设单位控制工程造价效果明显，但施工企业在材料设备的采购环节被切断就没有积极性，对材料设备的节约管理也就放松了。如果采用包工包料的方式，建设单位管理就比较轻松，但同时必须把采购的利润和有关费用留给施工单位，对工程造价的控制有影响。对材料设备的控制方式就是采取甲供还是甲控，或者是结合进行。在工程实践中，究竟选择哪一种方式要根据工程项目的实际、建设单位的管理能力和工期等要求综合考虑后选定。

（6）材料设备采购应注意的事项

1）为了更好地有针对性地进行询价，应要求招标公司尽早提供工程量清单，然后以工程量清单为依据进行询价。

2）要依据工程量清单进行全面询价。

3）在询价时，要针对不同的档次，进行多品牌、多厂家询价。

3．采购招标的程序

凡应报送项目主管部门审批的项目，必须在报送的项目可行性研究报告中增加有关采购招标的内容，包括建设项目的重要材料设备的等采购活动的具体招标范围（全部或部分招标）和拟采用的招标形式。国家重点项目，省、自治区、直辖市人民政府确定的重点项目，拟采用邀请招标的项目，应对采用邀请招标理由作出说明。材料设备招标的程序如图2—4所示，具体步骤如下：

（1）工程建设单位与招标代理机构办理委托手续。

（2）招标单位编制招标文件。

（3）发出招标公告或邀请投标意向书。

（4）对投标单位进行资格预审。

（5）发放有关招标文件和技术资料，进行技术交底，解释投标单位提出的有关招标文件的疑问。

（6）组成评标组织，制定评标原则、办法、程序。

（7）开标。一般采用公开方式开标。

（8）评标、定标。

（9）发出中标通知书，物资需求方和招标单位签订供货合同。

图 2—4 材料、设备招标的主要流程

二、材料、设备采购招标实务与操作

1. 招标文件的编制

（1）工程项目货物招标文件的内容

1）投标邀请书。

2）投标人须知。

3）投标文件格式。

4）技术规范、参数及其他要求。

5）评标标准和方法。

6）合同主要条款。

（2）政府采购项目货物招标文件的内容

根据财政部发布的《政府采购货物和服务招标投标管理办法》的规定，政府采购项目货物招标文件的内容包括：

1）投标邀请。

2）投标人须知（包括密封、签署、盖章要求等）。

3）投标人应当提交的资质、资信证明文件。

4）投标报价要求、投标文件编制要求和投标保证金交纳方式。

5）招标项目的技术规格、要求和数量，包括附件、图纸等。

6）合同主要条款和合同签订方式。

7）交货和提供服务的时间。

8）评标方法、评标标准和废标条款。

9）投标截止时间、开标时间和地点。

10）省级以上财政部门规定的其他事项。

（3）机电产品国际招标文件的内容

机电产品国际招标文件编制时应按照商务标颁布的《机电产品国际招标投标实施办法》的规定和国际招标的程序，进行招标文件的编制，可参照《机电产品采购国际竞争性招标文件》范本。机电产品国际招标文件的内容包括：

1）投标邀请书。

2）投标人须知。

3）招标产品名称、数量、技术规格。

4）合同条款。

5）合同格式。

6）附件。

招标文件与施工招标文件相同，也要经过招标管理部门审批，审批程序与施工、监理招标文件审批程序相同。

2. 招标公告的发布实务

材料、设备招标公告的发布操作程序与施工、监理招标的招标公告发布相同，需要强调的是，在办理招标公告发布手续的同时需要填写建设工程重要材料设备招标预登记表，见表 2—5，同时签写设备招标公告发布单，见表 2—5。

表 2—5 建设工程重要设备材料招标预登记表

工程编号：＿＿＿＿＿＿＿＿＿ 日期： 年 月 日

工程名称		计划开工日期	
		计划竣工日期	
招标人名称			
中标人名称		建筑面积	m²
建设地址	市 区 路 号	投资总额	万元
应招标重要设备材料 名称	招标方	计划招标时间	招标场所
设备			
材料			

（招标人盖章）

（中盖章标人）

项目经理：

资质等级：

联系人：

资质等级证书编号：

电话：

电话：

注：1.本表由招标人签写，一式四份。招标人、中标人各一份，招标办留存两份。

2.由建设单位进行设备材料招标的，"招标方"一栏签写"招标人"，由中标的施工单位进行设备材料招标的，"中标方"一栏签写"招标人"。

3.招标人持登记表及招标人项目经理资质证书复印件到市招标办材料设备招标监科加盖登记印章后进行合同备案。

4.招标人、中标人按计划招标时间到建材市场进行重要的材料设备招标。

3．资格预审实务

资格预审的目的是对投标申请人承担该项目的能力进行预审和评估，确定合格投标人名单，减少评标工作量，降低评标成本，提高招标效率。

（1）资格预审程序：

1）招标人准备资审文件。

2）发布招标公告或者资格预审公告，载明资格预审的条件及要求，吸引有资格供应商领取或购买资格预审文件。

3）发放或者出售资格预审文件。

4）投标申请人编制资格预审文件，递交资格预审申请文件。

5）对投标申请人进行必要的调查，对资格预审申请文件进行评审。

（2）资格预审文件。资格预审文件通常包括下列内容：

1）工程名称、建设地点、建设规模。

2）对投标申请人的要求，主要写明投标申请人应具备的资质等级和材料供应能力，以及技术人员、测试设备配备情况等。

3）材料供应商业务范围。

4）材料供应的起止时间、工作周期。

5）资格预审文件发放的日期、时间和地址。

6）投标文件递交日期、时间、地址以及联系方法。

7）投标申请人递送投标资格预审文件的内容与格式等。

8）如有联合体申请参加投标的，应具备的条件和要求。

（3）资格预审申请。

资格预审申请文件是由投标申请人根据资格预审文件编制的并提供给招标人的文件资料，其格式和内容都由资格预审文件规定，它一般包括如下内容：

1）企业及产品简介；

2）营业执照原件（应经过年检）；

3）产品生产许可证书、准用证；

4）产品检验报告、材质证明、产品合格证明；

5）使用该产品的代表工程项目；

6）其它必要资料。

如果以联合体的组织形式投标，还应编制联合体各成员单位情况表。

（4）投标资格评审。主要是按资格预审文件中提出的评审标准，对所有投标人的资格预审申请文件逐一进行评审。评审由招标人或委托的招标代理机构或委托的评审组进行评审。

1）供应商和厂家的资质是否符合规定要求；

2）产品的功能、质量、安全、环保等方面是否符合要求；

3）价格是否合理（必要时应附成本分析）；

4）生产能力能否保证工期要求。

4．评标实务

（1）组建评标机构

评标由评标委员会负责。如果不采用国际招标的方式，就应当按照《招标投标法》的规定，以国家计委等七部门联合发布的《评标委员会和评标办法暂行规定》的相关规定及国家发改委等六部门联合发布的《工程建设项目货物招标投标办法》的规定进行评标。采用国际招标方式的，按照商务部《机电产品国际招标投标实施办法》的规定进行评标。

评标委员会应由招标代表或其委托的招标代理机构的代表和有关技术、经济等专业专家 5 人以上的单数组成，并且技术、经济方面的专家不得少于成员总数的2/3。评标专家组成员须从省级以上建设工程招标专家库里随机抽取。

（2）评标程序

1）机电产品国际招标的评标。首先对投标文件进行符合性检查，达到招标文件规定的情况下，接下来进入商务标评标阶段，对于通过商务评定的，再进一步进行技术评标。

2）政府采购项目的货物招标评标：

①初审。包括投标资格检查和符合性检查。资格检查是对投标文件中符合性证明、投标保证金等进行审查，以确定投标供应商是否具备投标资格；符合性检查是对投标文件的有效性、完整性和对照招标表文件的响应程度进行审查，以确定是否对招标文件的实质性要求作出响应。

②澄清。对招标文件中含义不明确、对同类问题表述不一致或明显文字或计算错误的内容作必要的澄清、说明或补正。

③比较与评标。招标文件规定的评标方法和标准，对资格性检查和符合性检查合格文件进行商务评估和技术评估，综合比较与评价。

④推荐中标候选人。中标候选供应商数量应当根据采购需要确定，但必须按顺序排列中选择供应商。

3）其他非政府采购项目或采用国际招标方式进行的材料、设备的招标采购：

①评标准备。这一阶段主要任务在于研究、熟悉以下内容：

a.招标目的。

b.招标的性质。

c.招标文件中规定的主要技术要求、标准和商务条款。

d.招标文件规定的配备标准、评标方法和其他评标中要考虑的因素。

在评标前需填写建设工程材料、设备评标专家抽取申请表和评标委员会审批表；在评标结束后要填写评标报告、招标投标监督报告和中标通知书（设备）。

②初步评审。包括符合性检查和资格检查两方面。符合性检查主要是对投标文件的完整性、编排的合理性、签署的合格性以及投标保证金是否提交、计算有无误差等项目进行审查，也称为符合性检查。资格检查是对投标文件是否实质性响应招标文件所要求的全部条款、条件和规定进行审查，如无实质性偏差，则视为审查通

过，反之，投标将被拒绝。对于属于重大偏差的投标文件，应认定为没有对招标文件作出实质性响应，作废标处理。

③详细评审。是指对通过初步评审的投标文件，进行商务、技术部分的详细评审，具体评标方法在招标文件中应予以明确规定。详细评审的内容包括按招标文件规定的计算方法纠正计算上的误差，调整不导致废标的细微偏差。在评标过程中发现如有投标人的报价明显低于其他投标人的投标报价，或在设有标底时低于标底，可要求该投标人提供证明材料并予以书面澄清，不能合理说明或不能提供证明材料的，由评标委员会认定该投标人以低于成本价竞标，其投标应作废标处理。

④编制评标报告。评标结束后，评标委员会应当推荐按顺序排列的中标候选人1~3 名，并标明排列顺序。评标委员会应当编制书面评标报告提交招标人，评标报告须由全体评标委会成员签字。评标报告的内容如下：

a.基本情况及数据表。

b.评标委员会成员名单。

c.开标记录。

d.符合要求的投标一览表。

e.非标情况说明。

f.评标标准、评标方法或者评标因素一览表。

g.经评审的投标人排序。

h.推荐中标候选人名单与签订合同须知事宜。

i.澄清、说明、布置事项纪要。

（3）评标方法

机电产品的国际招标一般采用评审的最低投标价法进行评标，在有特殊原因时，才能采用综合评分法进行评标，其次还有性价比法也是可选的评标方法之一。

1）经评审的最低评标价法。经评审的最低评标价法即最低价法，是以价格为主导的评标方法。当投标文件在技术条件和商务条件上能够满足招标文件的各项评价标准和能够满足招标文件的实质性要求的前提下，将投标人的报价以货币形式表现出来，经评审后，提出最低报价的投标人作为中标人或中标候选人。

2）综合评分法。是指在最大限度满足招标文件实质性要求的前提下，按照招标文件中规定的各项评价因素进行综合评审，以评标总得分最高的投标人作为中标人或中标候选人。

5.定标与授标实务

（1）定标

根据招标文件的规定可以是由评标委员会在评标后决定中标人，也可以是由评标委员会推荐中标候选人，由招标人决定，在没有特殊要求的情况下，评标委员会推荐的中标候选人中排名第一的投标人就为中标人，但也可以根据招标内容不同，在综合考虑和谈判的基础上有所选择，但中标人必须在中标候选人中按顺次确定。

（2）授标

定标后在 15 个工作日内，招标单位需和中标单位办理中标通知的发送手续，并向工程所在地招标投标管理部门备案。

（3）通知

将定标情况通知招标单位的同时，也通知未中标的投标人，办理招标文件、图纸和投标保证金的退换手续。

第 4 讲　建设工程物资采购合同管理

一、建设工程物资采购合同的订立

（1）材料采购合同的订立方式。

1）公开招标。

公开招标是指招标单位通过新闻媒介公开发布招标广告，以邀请不特定的法人或者其他组织投标，按照法定程序在所有符合条件的材料供应商、建材厂家或建材经营公司中择优选择中标单位的一种招标方式。大宗材料采购通常采用公开招标方式进行材料采购。

2）邀请招标。

邀请招标是指招标人以投标邀请书的方式邀请特定的法人或者其他组织投标，只有接到投标邀请书的法人或其他组织才能参加投标的一种招标方式，其他潜在的投标人则被排除在投标竞争之外。一般情况下，邀请招标必须向 3 个以上的潜在投标人发出邀请。

3）询价、报价、签订合同。

物资买方向若干建材厂商或建材经营公司发出询价函，要求他们在规定的期限内做出报价，在收到厂商的报价后，经过比较，选定报价合理的厂商或公司并与其签订合同。

4）直接订购。

直接订购是由材料买方直接向材料生产厂商或材料经营公司报价，生产厂商或材料经营公司接受报价、签订合同。

（2）材料采购合同的主要条款。

依据《合同法》规定，材料采购合同的主要条款如下：

1）当事人的基本资料。

双方当事人的名称、地址，法定代表人的姓名，委托代理订立合同的，应有授权委托书并注明委托代理人的姓名、职务等。

2）合同标的。

合同标的是供应合同的主要条款，主要包括购销材料的名称（注明牌号、商标）、品种、型号、规格、等级、花色、技术标准等，这些内容应符合施工合同的规定。

3）技术标准和质量要求。

质量条款应明确各类材料的技术要求、试验项目、试验方法、试验频率以及国家法律规定的国家强制性标准和行业强制性标准。

4）材料数量及计量方法。

材料数量的确定由当事人协商，应以材料清单为依据，并规定交货数量的正负尾差、合理磅差和在途自然减（增）量及计量方法，计量单位采用国家规定的度量标准。计量方法按国家的有关规定执行，没有规定的，可由当事人协商执行。一般建筑材料数量的计量方法有理论换算计量、检斤计量和计件计量，具体采用何种方式应在合同中注明，并明确规定相应的计量单位。

5）材料的包装。

材料的包装是保护材料在储运过程中免受损坏不可缺少的环节。材料的包装条款包括包装的标准和包装物的供应及回收，包装标准是指材料包装的类型、规格、容量以及印刷标记等。材料的包装标准可按国家和有关部门规定的标准签订，当事人有特殊要求的，可由双方商定标准，但应保证材料包装适合材料的运输方式，并根据材料特点采取防潮、防雨、防锈、防振、防腐蚀等保护措施。同时，在合同中规定提供包装物的当事人及包装品的回收等。除国家明确规定由买方供应外，包装物应由建筑材料的卖方负责供应。包装费用一般不得向需方另外收取，如买方有特殊要求，双方应当在合同中商定。如果包装超过原定的标准，超过部分由买方负担费用；低于原定标准的，应相应降低产品价格。

6）材料交付方式。

材料交付可采取送货、自提和代运 3 种不同方式。由于工程用料数量大、体积大、品种繁杂、时间性较强，当事人应采取合理的交付方式，明确交货地点，以便及时、准确、安全、经济地履行合同。

7）材料的交货期限。

材料的交货期限应在合同中明确约定。

8）材料的价格。

材料的价格应在订立合同时明确，可以是约定价格，也可以是政府指定价或指导价。

9）结算。

结算指买卖双方对材料货款、实际交付的运杂费和其他费用进行货币清算和了结的一种形式。我国现行结算方式分为现金结算和转账结算两种，转账结算在异地之间进行，可分为托收承付、委托收款、信用证、汇兑或限额结算等方法；转账结算在同城进行，有支票、付款委托书、托收无承付和同城托收承付等方式。

10）违约责任。

在合同中，当事人应对违反合同所负的经济责任做出明确规定。

11）特殊条款。

如果双方当事人对一些特殊条件或要求达成一致意见，也可在合同中明确规定，成为合同的条款。当事人对以上条款达成一致意见形成书面后，经当事人签名盖章即产生法律效力，若当事人要求鉴证或公证的，则经鉴证机关或公证机关盖章后方可生效。

12）争议的解决方式。

二、材料采购合同的履行

材料采购合同订立后，应当依照《合同法》的规定予以全面地、实际地履行。

1）按约定的标的履行。

卖方交付的货物必须与合同规定的名称、品种、规格、型号相一致，除非买方同意，不允许以其他货物代替履行合同，也不允许以支付违约金或赔偿金的方式代替履行合同。

2）按合同规定的期限、地点交付货物。

交付货物的日期应在合同规定的交付期限内，实际交付的日期早于或迟于合同规定的交付期限，即视为提前或延期交货。提前交付，买方可拒绝接受，逾期交付的，应当承担逾期交付的责任。如果逾期交货，买方不再需要，应在接到卖方交货通知后 15 天内通知卖方，逾期不答复的，视为同意延期交货。

交付的地点应在合同指定的地点。合同双方当事人应当约定交付标的物的地点，如果当事人没有约定交付地点或者约定不明确，事后没有达成补充协议，也无法按照合同有关条款或者交易习惯确定，则适用下列规定：标的物需要运输的，卖方应当将标的物交付给第一承运人以便运交给买方；标的物不需要运输的，买卖双方在订立合同时知道标的物在某一地点的，卖方应当在该地点交付标的物；不知道标的物在某一地点的，应当在卖方合同订立时的营业地交付标的物。

3）按合同规定的数量和质量交付货物。

对于交付货物的数量应当当场检验，清点账目后，由双方当事人签字。对质量的检验，外在质量可当场检验，对内在质量，需作物理或化学试验的，试验的结果为验收的依据。卖方在交货时，应将产品合格证随同产品交买方据以验收。

材料的检验，对买方来说既是一项权利也是一项义务，买方在收到标的物时，应当在约定的检验期间内检验，没有约定检验期间的，应当及时检验。

当事人约定检验期间的，买方应当在检验期间内将标的物的数量或者质量不符合约定的情形通知卖方。买方怠于通知的，视为标的物的数量或者质量符合约定。当事人没有约定检验期间的，买方应当在发现或者应当发现标的物的数量或者质量不符合约定的合理期间内通知卖方。买方在合理期间内未通知或者自标的物收到之日起 2 年内未通知卖方的，视为标的物的数量或者质量符合约定，但对标的物有质量保证期的，适用质量保证期，不适用该 2 年的规定。卖方知道或者应当知道提供的标的物不符合约定的，买方不受前两款规定的通知时间的限制。

4）买方的义务。

买方在验收材料后，应按合同规定履行支付义务，否则承担法律责任。

5）违约责任。

①卖方的违约责任。卖方不能交货的，应向买方支付违约金；卖方所交货物与合同规定不符的，应根据情况由卖方负责包换、包退，包赔由此造成的买方损失；卖方承担不能按合同规定期限交货的责任或提前交货的责任。

②买方违约责任。买方中途退货，应向卖方偿付违约金；逾期付款，应按中国人民银行关于延期付款的规定或合同的约定向卖方偿付逾期付款违约金。

三、标的物的风险承担

所谓风险，是指标的物因不可归责于任何一方当事人的事由而遭受的意外损失。一般情况下，标的物损毁、灭失的风险，在标的物交付之前由卖方承担，交付之后由买方承担。

因买方的原因致使标的物不能按约定的期限交付的，买方应当自违反约定之日起承担其标的物损毁、灭失的风险。卖方出卖交由承运人运输的在途标的物，除当事人另有约定的以外，损毁、灭失风险自合同成立时起由买方承担。卖方按照约定未交付有关标的物的单证和资料的，不影响标的物损毁、灭失风险的转移。

四、履行合同不当的处理

卖方多交标的物的，买方可以接收或者拒绝接收多交部分，买方接收多交部分的，按照合同的价格支付价款；买方拒绝接收多交部分的，应当及时通知出卖人。

标的物在交付之前产生的孳息，归卖方所有，交付之后产生的孳息，归买方所有。

因标的物的主物不符合约定而解除合同的，解除合同的效力及于从物，因标的物的从物不符合约定被解除的，解除的效力不及于主物。

五、监理工程师对材料采购合同的管理

1）对材料采购合同及时进行统一编号管理。

2）监督材料采购合同的订立。

工程师虽然不参加材料采购合同的订立工作，但应监督材料采购合同符合项目施工合同中的描述，指令合同中标的质量等级及技术要求，并对采购合同的履行期限进行控制。

3）检查材料采购合同的履行。

工程师应对进场材料作全面检查和检验，对检查或检验的材料认为有缺陷或不符合合同要求，工程师可拒收这些材料，并指示在规定的时间内将材料运出现场；工程师也可指示用合格适用的材料取代原来的材料。

4）分析合同的执行。

对材料采购合同执行情况的分析，应从投资控制、进度控制或质量控制的角度对执行中可能出现的问题和风险进行全面分析，防止由于材料采购合同的执行原因造成施工合同不能全面履行。

第4单元　材料储备管理

第1讲　材料储备管理规划与任务

材料储备管理是指对仓库全部材料的收、储、管、发业务和核算活动实施的管理。

材料储备管理是材料从流通领域进入企业的"监督关";是材料投入施工生产消费领域的"控制关";材料储存过程又是保质、保量、完成无缺的"监护关"。所以,材料储备管理工作负有重大的经济责任。

一、仓库的分类和规划

1. 仓库的分类

（1）按储存材料的种类划分。

1）综合性仓库。

综合性仓库建有若干库房,储存各种各样的材料。如在同一仓库中储存钢材、电料、木料、五金、配件等。

2）专业性仓库。

专业性仓库只储存某一类材料。如钢材库、木料库、电料库等。

（2）按保管条件划分。

1）普通仓库。

普通仓库用来储存没有特殊要求的一般性材料。

2）特种仓库。

某些材料对库房的温度、湿度、安全有特殊要求,特种仓库就是按照不同的要求设立的,如保温库、燃料库、危险品库等。水泥由于粉尘大,防潮要求高,因而水泥库也是特种仓库。

（3）按建筑结构划分。

1）封闭式仓库。

封闭式仓库指有屋顶、墙壁和门窗的仓库。

2）半封闭式仓库。

半封闭式仓库指有顶无墙的料库、料棚。

3）露天料场。

露天料场主要储存不易受自然条件影响的大宗材料。

（4）按管理权限划分。

1）中心仓库。

中心仓库指大中型企业（公司）设立的仓库。这类仓库材料吞吐量大,主要材料由公司集中储备，也叫做一级储备。除远离公司独立承担任务的工程处核定储备资金控制储备外，公司下属单位一般不设仓库，避免层层储备，分散资金。

2）总库。

总库指公司所属项目经理部或工程处（队）所设施工备料仓库。

3）分库。

分库指施工队及施工现场所设的施工用料准备库，业务上受项目经理部或工程处（队）直接管辖，统一调度。

2. 仓库的规划

（1）材料仓库位置的选择。

材料仓库的位置是否合理，直接关系到仓库的使用效果。仓库位置选择的基本要求是"方便、经济、安全"。

1）交通方便，材料的运送和装卸都要方便。材料中转仓库最好靠近公路（有条件的设专用线）；以水运为主的仓库要靠近河道码头；现场仓库的位置要适中，以缩短到各施工点的距离。

2）地势较高，地形平坦，便于排水、防洪、通风、防潮。

3）环境适宜，周围无腐蚀性气体、粉尘和辐射性物质。危险品库和一般仓库要保持一定的安全距离，与民房或临时工棚也要有一定的安全距离。

4）有合理布局的水电供应设施，利于消防、作业、安全和生活之用。

（2）材料仓库的合理布局。

材料仓库的合理布局，能为仓库的使用、运输、供应和管理提供方便，为仓库各项业务费用的降低提供条件。合理布局的要求是：

1）适应企业施工生产发展的需要。如按施工生产规模、材料资源供应渠道、供应范围、运输和进料间隔等因素，考虑仓库规模。

2）纳入企业环境的整体规划。按企业的类型来考虑，如按城市型企业、区域性企业、现场型企业不同的环境情况和施工点的分布及规模大小来合理布局。

3）企业所属各级各类仓库应合理分工。根据供应范围、管理权限的划分情况来进行仓库的合理布局。

4）根据企业耗用材料的性质、结构、特点和供应条件，并结合新材料、新工艺的发展趋势，按材料品种及保管、运输、装卸条件等进行布局。

（3）仓库面积的确定。

仓库和料场面积的确定，是规划和布局时需要首先解决的问题。可根据各种材料的最高储存数量、堆放定额和仓库面积利用系数进行计算。

1）仓库有效面积的确定。

有效面积是实际堆放材料的面积或摆放货架货柜所占的面积，不包括仓库内的通道、材料架与架之间的空地面积。

2）仓库总面积计算。

仓库总面积为包括有效面积、通道及材料架与架之间的空地面积在内的全部面积。

（4）材料储备规划。

材料仓库的储存规划是在仓库合理布局的基础上，对应储存的材料作全面、合理的具体安排，实行分区分类，货位编号，定位存放，定位管理。储存规划的原则是：布局紧凑，用地节省，保管合同，作业方便，符合防火、安全要求。

二、材料储备管理在施工企业生产中的地位和作用

材料储备管理是保证施工生产顺利进行的必不可少的条件，是保证材料流通不致中断的重要环节。加强材料储备管理，可以加速材料的周转，减少库存，防止新的积压，减少资金占用，从而可以促进物质的合理使用和流通费用的节约。

材料储备管理是材料管理的重要组成部分。材料储备管理是联系材料供应、管理、使用三方面的桥梁，储备管理得好坏，直接影响材料供应管理工作目标的实现。材料储备管理是保持材料使用价值的重要手段。材料储备中的合理保管，科学保养，是防止或减少材料损害、保持其使用价值的重要手段。

三、材料储备管理的基本任务

材料储备管理是以优质的储运劳务，管好仓库物资，为按质、按量、及时、准确地供应施工生产所需的各种材料打好基础，确保施工生产的顺利进行。其基本任务是：

（1）组织好材料的收、发、保管、保养工作。要求达到快进、快出、多储存、保管好、费用省的目的，为施工生产提供优质服务。

（2）建立和健全合理的、科学的仓库管理制度，不断提高管理水平。

（3）不断改进材料储备技术，提高仓库作业的机械化、自动化水平。

（4）加强经济核算，不断提高仓库经营活动的经济效益。

（5）不断提高材料储备管理人员的思想、业务水平，培养一支储备管理的专职队伍。

四、材料储备的分类

建筑企业材料储备处于生产领域内，是生产储备，分为经常储备、保险储备和季节储备。

1. 经常储备

经常储备也称周转储备，是指在正常供应条件下的供应间隔期内，施工生产企业为保证生产的正常进行而需经常保持的材料库存。经常储备在进料后达到最大值，叫最高经常储备；随着材料陆续投入使用而逐渐减少，在下一批材料到货前，降到最小值，叫最低经常储备。材料储备到最低经常储备值时，须补充进料至最高经常储备，这样周而复始，形成循环。在均衡消耗、等间隔、等批量到货的条件下，材料库存曲线如图2—5。

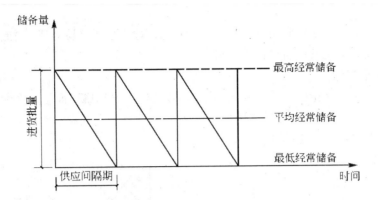

图 2—5　均衡消耗、等间隔、等批量到货情况下的储备量曲线

但是实际建筑施工生产过程中，材料的消耗是不均衡的，到货间隔和批量也不尽相同，所以库存曲线具有随机性，如图 2—6 所示。

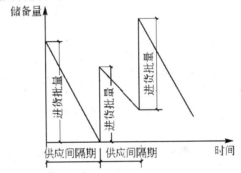

图 2—6　随机型消耗、随机型到货条件下的储备量曲线

2. 保险储备

保险储备是指在材料不能按期到货、到货不合用或材料消耗速度加快等情况下，为保证施工生产的正常进行而建立的保险性材料库存。施工生产企业平时不动用保险储备，只在必要时动用且需立即补充。保险储备是一个常量，库存曲线图如图 2—7 所示。

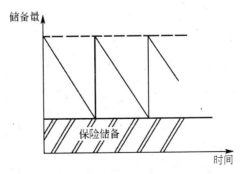

图 2—7 保险储备

保险储备不必要对所有材料建立，主要针对一些不容易补充、对施工生产影响较大而又不能用其他材料代替的材料。

3. 季节储备

季节储备是指由于季节变换的原因导致材料生产中断，而生产企业为保证施工生产的正常进行，必须在材料生产中断期内建立的材料库存。例如，南方洪水期河砂的季节储备如图 2—8 所示。

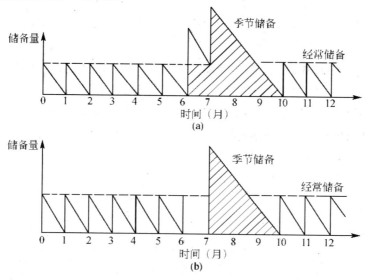

图 2—8 洪水期河砂的季节储备

（a）一次性进料的季节储备； （b）分批进料的季节储备

季节储备在材料生产中断前，将材料生产中断期间的全部需用量一次或分批购进、存储、备用，直至材料恢复生产可以进料时，再转为经常储备。由于某些材料在施工消费上也具有季节性，这样的材料一般不需要建立季节储备，只要在用料季节建立季节性经常储备，如图 2—9 所示。

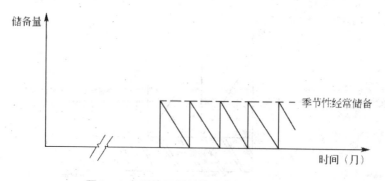

图 2—9 冬季施工用料的季节性经常储备

另外，还有一些潜在的资源储备，如处于运输和调拨途中的在途储备，已到达仓库但未正式验收的待验储备等,这些储备虽不能使用,也不被单独列入材料储备定额,但是它们同样占用资金,所以计算储备资金定额时,要将其加入计算。

五、影响企业材料储备的因素

建筑企业材料储备受到很多因素的影响,如材料消耗特点、供应方式、材料生产和运输等。

1. 施工生产中材料消耗的特点

施工生产中材料消耗的突出特点是不均衡性和不确定性。

建筑材料的生产受到季节性的影响,另一方面,由于施工中,单位工程的不同施工阶段可能发生任务变更或设计变更,这些都会影响材料消耗,使其呈现出错综复杂的特点。因此,使用统计资料得到的储备定额在执行中往往与实际消耗有些出入,所以必须注意加以调整,以适应不同情况的需要。对于一些特殊的材料,要随时关注耗用情况,提前订货储备,保证施工使用。总之,材料储备要适应各种材料消耗的不同特点,符合材料消耗规律,避免发生缺料、断料,保证施工生产顺利进行。

2. 材料的供应方式

不同的材料供应方式对施工生产的供料保证程度不尽相同,同时也决定了不同模式的材料储备。

3. 材料的生产和运输

材料生产具有周期性和批量性,而材料消耗却具有配套性和随机性。材料的成批生产和配套消耗之间的矛盾可以由材料储备来调节。另外,材料资源和供应间隔期受运输能力的影响和制约,也会影响材料的正常储备。

4. 材料储备资金

建筑企业材料储备资金主要包括三个部分:一是在库储备材料占用的资金;二是在途储备材料占用的资金;三是处于生产阶段储备材料占用的资金。

材料储备受到资金多少的限制,由于建筑生产周期较长,使得资金占用和周转期较长;而且目前工程项目施工中企业都有不同程度的垫资,导致资金普遍紧张,这些都使企业没有足够的资金支付较大规模的材料储备。

5. 市场资源状况

市场资源对材料储备有着直接的影响。市场资源充裕,经营机构分布合理,流通机构服务良好可以使施工企业依靠外部的储备功能而降低自身的材料储备量。市场资源短缺的情况下,要保证生产顺利进行,就需要企业有充足的自我储备和较强的调节能力。

6. 材料管理水平

材料管理水平也会影响材料储备的情况。材料计划的制定、材料采购管理的水平、材料定额的准确性以及各部门之间协作配合的能力和程度等,都影响着企业在材料储备运作中的水平。

在企业做出储备决策之前，要通过具体的分析，考虑各种影响因素的综合作用；同时，由于施工生产的多变性及材料生产的季节性等因素，还要考虑不同时期不同因素的变化情况，及时、准确地调整储备定额，以适应施工生产的实际需要。

第2讲　材料储备定额

一、材料储备定额的意义

材料储备定额，又称材料库存周转定额，是指在一定的生产技术和组织管理条件下，为保证施工生产正常进行而规定的合理储存材料的数量标准。

由于施工生产连续不断地进行，要求所需材料连续不断地供应。但材料供应和消费之间总有时间的间隔和空间的距离，有的材料使用前还需加工处理，材料的采购、运输、供应等环节也可能发生某些意外而不能如期供给。

显然，当材料储备量保持在施工生产正常进行所必要的限度内时，这种储备才具有积极意义。储备过多会造成呆滞积压、占用资金过多；储备过少会导致施工生产中断、停工待料、带来损失。因此，研究材料储备的主要目的，在于寻求合理的储备量。

二、材料储备定额的作用

（1）材料储备定额是企业编制材料供应计划、订购批量和进料时间的重要依据。

（2）材料储备定额是掌握和监督材料库存变化，促使库存量保持合理水平的标准。

（3）材料储备定额是企业核定储备资金定额的重要依据。

（4）材料储备定额是确定仓库面积、保管设施及人员的依据。

三、材料储备定额的分类

材料储备定额的分类，是按定额不同的特征和管理上的需要而进行的。

1. 按定额计算单位不同分类

（1）材料储备期定额。

材料储备期定额，又称相对储备定额，是以储备天数为计算单位的，它表明库存材料可供多少天使用。

（2）实物储备量定额。

实物储备量定额，又称绝对定额，表明在储备天数内库存材料的实物数量。它采用材料本身的实物计量单位，如吨、立方米等。实物储备量定额主要用于计划编制、库存控制及仓库面积计算等。

（3）储备资金定额。

储备资金定额以货币单位表示，是核定流动资金、反映储备水平、监督和考核资金使用情况的依据。它主要用于财务计划和资金管理。

2. 按定额综合程度分类

（1）品种储备定额。

品种储备定额是指按主要材料分品种核定的储备定额。如钢材、水泥、木材、砖、砂、石等。其特点是占用资金多而品种不多，对施工生产的影响大，应分品种核定和管理。

（2）类别储备定额。

类别储备定额是指按企业材料目录的类别核定的储备定额。如五金零配件、油漆、化工材料等。其特点是所占用资金不多而品种较多，对施工生产的影响较大，应分类别核定和管理。

3. 按定额限期分类

（1）季度储备定额。

季度储备定额适用于设计不定型、生产周期长、耗用品种有阶段性、耗用数量不均衡等情况。

（2）年度储备定额。

年度储备定额适用于产品比较稳定，生产和材料消耗都较均衡等情况。

四、材料储备定额的制定

建筑材料储备属于生产储备，其基本目标是保证生产的顺利进行。按照对生产需用保证的阶段不同，材料储备定额包括经常储备定额、保险储备定额和季节储备定额。正确制定材料储备定额，有利于材料的采购供应工作，减少材料储备对生产的负面影响。

1. 经常储备定额的制定

经常储备定额，是指在正常情况下为保证两次进货间隔期内材料需用而确定的材料储备数量标准。经常储备数量随着进料、生产、使用由其最大值到最小值呈周期性变化，所以也称为周转储备。每次进料时，经常储备量上升至最大值；此后随着材料的不断消耗而逐渐减少，到下次进料前，经常储备量减少至最小值。

在经常储备中，两次进料的间隔时间称为供应间隔期，以"天"计算；每次进料的数量称为进货批量，在图 8-1 中是以材料均衡消耗、等间隔、等批量到货为条件的，确定储备定额应先从此处着手。其确定方法一般有供应期法和订购批量法。

（1）供应期法。

经常储备定额考虑的是两批材料供应间隔期内的材料正常消耗需用，等于供应间隔天数与平均每日材料需要量的乘积。其计算公式为：

经常储备定额=平均每日材料需用量×供应间隔期

=计划期材料需用量计划期天数×供应期间隔

上述计算公式中，供应间隔期反映进货的间隔时间。材料到货验收合格入库后，还要经过库内堆码、备料、发放以及投入使用前的准备工作。决定进货时间时必须考虑这些工作所占用的时间。但是就两次相同作业的间隔时间来说，如果验收天数、加工准备天数都是相同的，且按进货间隔期相继进货，则上述作业时间不影响供应间隔期长短，不必在供应间隔期之外再考虑，以免重复计算，增加储备量。

不同的供应间隔期确定方法有不同的适用条件。

1）按需用企业的送料周期确定供应期。

对于资源比较充足、需用单位能够预先规定进货日期的材料，可以按需用企业的送料周期确定供应期。企业材料供应部门根据生产用料特点、投料周期和本身的备料、送料能力，预先安排供应进度，规定供应周期。送料周期可作为确定供应期的依据。

2）按供货企业或部门的供货周期确定供应期。

不少供货企业规定了材料供货周期，如按月供货或按季供货，但在合同中没有分期（按旬、周）交货的条款。这时，如果供货周期天数大于需用单位送料周期天数，为了保证企业内部供料不致中断，就必须按供货企业的供货周期提前一个周期备料。在实际材料供应中，供应间隔期是不均等的。因此在测算材料储备定额时，必须以平均供应间隔期来测定。计算平均供应间隔期时，应采用加权平均计算方法计算，以减少误差。其计算公式为：

平均供应期间隔=各批（供应间隔×入库量）之和/各批入库量之和

【例】某项目安装工程从 1 月 20 日开工到 10 月 20 日完成，共计工期 273 天，消耗 5 mm 钢板 100 t，5 mm 钢板实际到货记录如表 2—6 所示。求 5mm 钢板的经常储备定额。

表 2—6 某安装工程钢板实际到货记录（单位：t）

入库日期	1月20日	2月11日	3月12日	4月20日	5月22日	6月15日	7月20日	8月13日	9月11日	10月20日
入库数量	12	15	13	10	11	11	10	9	11	完工剩余2

解：

平均每日材料需用量=100/273=0.37（t／天）

各批钢板的供应间隔见表 2—7。

表 2—7　各批钢板供应间隔

入库日期	1 月 20 日	2 月 11 日	3 月 12 日	4 月 20 日	5 月 22 日	6 月 15 日	7 月 20 日	8 月 13 日	9 月 11 日	10 月 20 日	合计
入库数量（t）	12	15	13	10	11	11	10	9	11	完工剩余 2	102
供应间隔（天）	22	29	39	32	24	35	24	29	39		
供应加权数	264	435	507	320	264	385	240	261	429		3105

平均供应间隔期=3105/102=30.4（天）

经常储备定额=平均每日材料需用量×平均供应间隔期

=0.37×30.4=11.25（t）

按照这种方法计算的供应间隔期，均为按历史资料或统计资料计算的。在定新的一个计划期的储备定额时，应根据供应条件的变化进行调整。

（2）经济批量法。

按照经济采购批量确定经常储备定额，可获得综合成本最低的经济批量。以经济采购批量作为某种材料的经常储备定额时，是当一个经济批量的经常储备定额耗尽时，再进货补充一个经济批量的材料。由于材料需用不是绝对均衡的，消耗一个经济批量材料的时间不是固定的，因而也没有固定的进货间隔期。

2. 保险储备定额的制定

保险储备定额是指在供应过程中，出现非正常情况致使经常储备数量耗尽，为防止生产停工待料而建立的储备材料的数量标准。

当材料的平均每日需用量增大时，经常储备在进货点到来以前已经耗尽，为保证施工生产顺利进行，需要动用保险储备，如图 7-6 中 I 所示。

由于材料的采购、运输、加工、供应中任何一个环节出现差错，造成已到进货时间而没有进货的情况下，为保证生产进行也需要动用保险储备，如图 2—10 中 II 所示。

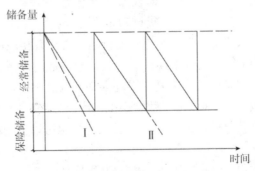

图 2—10　材料保险储备作用示意图

I.材料消耗速度增大；II.材料到货拖期

保险储备定额没有周期性变化规律。正常情况下，保险储备定额保持不变，只有在发生了非正常情况，如采购误期、运输延误、材料消耗量突然增大时，造成了经常储备量中断，才会动用保险储备数量。一旦动用了保险储备，下次进料时必须予以补充，否则将影响下一个周期的材料需用。保险储备定额的计算公式为：

保险储备定额=平均每日材料需用量×保险储备天数

=（计划期材料需用量/计划期天数）×保险储备天数

材料供应中的非正常情况往往是由多方面因素引起的，事先难以估计，所以要准确地确定保险储备定额比较困难。一般是通过分析需用量变化比例、平均误期天数和临时订购所需天数等来确定保险储备天数。

（1）按临时需用的变化比例确定保险储备天数。

按临时需用的变化比例确定保险储备天数主要是从企业内部因素考虑，适用于外部到货规律性强、误期到货少而内部需要不够均衡、临时需要多的材料。由于施工任务调整或其他因素变化，使材料消耗速度超过正常情况下的材料消耗速度。按照正常情况下的材料消耗速度设计的材料储备量不能满足这种情况下的临时追加需用量。材料经常储备定额中没有考虑临时追加需用量，可以通过对供应期的供应记录和其他统计资料分析提出。根据统计资料和施工任务变更资料，测算保险储备天数。其计算公式为：

保险储备天数=（供应期临时追加需用量/经常储备定额）×供应期间隔

【例】某种材料的供应间隔期为3个月，从历年供料和消耗资料分析得到2季度该种材料消耗追加数量为3.5 t，1.8 t，5.0 t，4.5 t，该材料经常储备定额为30 t，求保险储备天数。

平均追加需用量=（3.5+1.8+5.0+4.5）/4=3.7（t）

保险储备天数=3.7/30×90=11.1（天）

（2）按平均误期天数确定保险储备天数。

按平均误期天数确定保险储备天数是从企业外部因素考虑。适用于消耗规律性较强，临时需要多而到货时间变化大，误期到货多的材料。

未能在规定的供应期内到货，即视为到货误期，超过供应期的天数叫误期天数。如按约定应该10日进货而实际到货日为12日，则误期天数2天。当到货误期时，由于经常储备量已经用完，为了避免停工待料就必须有相应的保险储备，以解决误期期间的材料需用。每次发生误期到货的天数一般是指根据过去的到货记录，测算出平均误期天数。保险储备定额是由平均误期天数确定的。

平均误期天数=各批（误期天数×该批入库量）之和/各批误期入库量之和

当材料来源比较单一，到货数量比较稳定时，也可以使用简单算术平均数计算，即：

平均误期天数=每次到货误期天数之和/误期次数

【例】某企业全年（360天）消耗某种材料2100 t，从统计资料得知，该种材料到货入库情况如表2—8所示。求该企业该种材料应设立多大的经常储备定额和保险储备定额？

表 2—8 某种材料到货入库情况（单位：t）

入库日期	1月11日	2月26日	4月20日	5月28日	7月6日	9月4日	10月27日	12月25日
入库量	220	410	380	400	300	310	195	260

解：

平均每日材料需用量=2100/360=5.83（t／天）

其平均供应间隔期见表 2—9。

表 2—9 平均供应间隔期

入库日期	1月 11日	2月 26日	4月 20日	5月 28日	7月 6日	9月 4日	10月 27日	12月 25日	合计
入库量(t)	220	410	380	400	300	310	195	260	2475
供应 间隔(天)	46	53	38	40	60	53	60	—	
供应 加权数	10120	21730	14440	16000	18000	16430	11700		108420

由表 2—9 可得：

平均供应间隔期=108420/2475=44（天）

经常储备定额=平均每日材料需用量×平均供应间隔期

=5.83×44=256.52（t）

凡供应间隔超过 44 天的，均视为误期，超过几天，误期几天，见表 2—10。

表 2—10 供应误期情况

入库日期	1月 11日	2月 26日	4月 20日	5月 28日	7月 6日	9月 4日	10月 27日	12月 25日	合计
入库量(t)	220	410	380	400	300	310	195	260	2475
供应 间隔(天)	46	53	38	40	60	53	60	—	
误期(天)	2	9			16	9	16		
误期 加权数	440	3690			4800	2790	3120		14840

平均误期天数=各批（误期天数×误期入库量）之和/各批误期入库量之和

=14840/2475=6（天）

保险储备定额=平均每日材料需用量×平均误期天数

=5.83×6=34.98（t）

上例中计算出的平均误期天数为 6 天。由于该数是一个平均值，当实际误期天数大于这个平均值时，保险储备定额就不够用，仍有保证不了供应的可能性。要提高保证供应程度，就要加大保险储备天数。在上例中最大的误期天数是 16 天，如果保险储备天数规定为 16 天，就能完全保证供应了，但这样就要加大储备量，多占用资金。因此要确定合理的保险储备天数，需要对各项误期到货作具体分析，并考虑计划期可能的变化。

（3）按临时采购所需天数确定保险储备天数。

办理采购手续、供货单位发运、途中运输、接货、验收等所需要的天数都属于临时采购所需天数。按临时采购所需天数确定保险储备定额，可以保证材料的连续性供应，适用于资源比较充足、能够随时采购的材料。在其他条件相同的情况下，供货单位越近，临时采购所需天数越少。保险储备天数，应以向距离较近的供货单位采购所需天数为准。

无论采取哪种方法确定的保险储备定额都不是万无一失的，它只能在一定程度上降低材料供应中断对生产的影响。

3. 季节储备定额的制定

季度储备定额，是指为了避免由于季节变化影响某种材料的资源或需要而造成供应中断或季节性消耗而建立的材料储备数量标准。

季节储备是将材料在生产或供应中断前，一次和分批购进，以备不能进料期间或季节性消耗期间的材料供应使用。

（1）材料生产、供应季节性的季节储备定额。

由于季节性原因，如洪水期的河砂、河卵石生产等影响材料的生产、运输，造成每年有一段时间不能供料。在这种情况下，在季节供应中断到来以前，应储备足够中断期内的全部用料，其季节储备定额为整个季节内的材料需用量。其计算公式为：

季节储备定额=平均每日材料需用量×季节供应（生产）中断天数

（2）材料消耗季节性的季节储备定额。

由不同季节不同时期内材料消耗的不均衡而带来的季节性用料，一般不需要建立季节储备，而是通过调整各周期的进货数量来解决。一般需要建立季节储备的是为了满足某种特殊用途而且带有明显季节性的用料，如防洪、防寒材料。这部分材料的季节储备定额，要根据其消耗性质、用料特点和进料条件等具体分析确定。其中一些带有保险储备性质的材料，如防洪材料，在汛期开始时，一般要备足全部需用量。其定额是根据历史资料，结合计划期内的生产任务量等具体情况而定。另一些材料，如冬季取暖用煤，当运输条件不受限制，可以在用料季节里连续进料时，一般不需要在季节前储备全部需用量。其季节储备定额，要根据具体进料和用料进度来计算。

4. 最高、最低储备定额

最高储备定额，是综合考虑企业生产过程中可能遇到的各种正常或非正常情况而设立的最高储备数量标准。最高储备定额是保证材料合理周转，避免资金超占的基本依据，是企业综合控制库存数量的标准。最高储备定额包括经常储备定额、保险储备定额和季节储备定额，计算公式为：

最高储备定额=经常储备定额+保险储备定额+季节储备定额

=平均每日需用量×（平均供应间隔期+平均到货误期+季节储备天数）

最低储备定额，是保证企业生产进行的最低储备数量标准。最低储备定额是企业维持正常生产储备量的警戒点。一旦生产中动用了最低储备量，说明材料储备已经发生危机，应立即采取措施。最低储备定额的计算公式为：

最低储备定额=保险储备定额

=平均每日材料需用量×保险储备天数

材料储备中的最高储备定额和最低储备定额会随着生产季节性和生产任务的变化而变化。在一般情况下，主要材料的最高储备定额不包括季节储备定额。其确定方法也因考虑因素不同而分为以下两种。

（1）按经常储备定额与保险储备定额的确定方法计算最高储备定额。

【例】某企业构件厂全年（360 天）生产混凝土构件需用水泥 16200 t，水泥平均供应间隔期为 25 天，平均误期 8 天，求该企业水泥储备的最高储备定额和最低储备定额。

解：

平均每日材料需用量=计划期材料需用量/计划期天数=16200/360=45（t／天）

经常储备定额=平均每日材料需用量×平均供应间隔期

=45×25=1125（t）

保险储备定额=平均每日材料需用量×平均误期天数

=45×8=360（t）

则该企业水泥的最高储备定额、最低储备定额分别为：

最高储备定额=经常储备定额+保险储备定额

=1125+360=1485（t）

最低储备定额=保险储备定额=360（t）

（2）根据统计资料来确定最高、最低储备定额。

根据企业的生产规模，收集 1～3 年内年度完成的工作量、建筑面积、材料耗用量等历史资料，进行分析，并结合计划期的具体情况，确定企业年度储备标准。

【例】某企业 2012 年完成砖混结构住宅 52000 m2，消耗钢材 2080 t。预计 2013 年将完成同类结构住宅 68000 m2。钢材平均供应间隔期 30 天，平均到货误期 6 天，求该企业为完成上述任务所需钢材的最高和最低储备定额。

解：

根据 2012 年统计资料得到：

钢材消耗量完成建筑面积=2080/52000=0.04（t／m2）

测算 2013 年所需钢材数量：

钢材需用量=估算指标×预计完成建筑面积

=0.04×68000=2720（t）

平均每日钢材需用量=2720/360=7.56（t／天）

则最高、最低储备定额分别为：

最高储备定额=平均每日材料需用量×（平均供应间隔期+保险储备天数）

=7.56×（30+6）=272.16（t）

最低储备定额=平均每日材料需用量×保险储备天数

=7.56×6=45.36（t）

5. 材料类别储备定额的制定

材料类别储备定额，是对品种、规格较多，消耗量较小，实物量计量单位不统一的某类材料确定的储备数量标准。材料类别储备定额多以资金形式计量，所以也叫储备资金定额。大多用于施工企业中的机械配件、小五金、化工材料、工具用具及辅助材料等。使用储备资金定额，可以减少材料储备定额确定的工作量，也可以有效地控制储备资金的占用。其计算公式为：

某种材料储备资金定额=平均每日材料消耗金额×核定储备天数

=（计划期内材料消耗金额/计划期天数）×核定储备天数

式中平均每日材料消耗金额，是指在计划期内每日消耗的材料以其价值形态表示的数量。核定储备天数，一般根据历史资料中该材料的需用情况、采购供货周期及资金占用情况分析确定。由于储备资金定额多用于属于辅助材料或施工配合性材料，所以经常根据统计资料及经验确定。

【例】某企业共有各种类型汽车 100 辆，上年度全年耗用汽车配件价值 183600元，若核定的储备天数为 92 天，求汽车配件的储备资金定额。

解：

上年度平均每日消耗配件金额=183600/360=510（元／天）

若本年度没有特殊变化，则：

汽车配件储备资金定额=510×92=46920（元）

各种汽车配件储备的总占用资金应控制在此定额范围之内，其具体储备的品种、规格，可根据实际耗用配件中各品种所占的比例确定。

第3讲　材料储备管理

储备业务流程分为三个阶段。

第一阶段为入库阶段，包括货物接运、内部交接、验收和办理入库手续等四项工作。

第二阶段为储存阶段，指物资保管保养工作，包括安排保管场所、堆码苫垫、维护保养、检查与盘点等内容。

第三阶段为发运阶段，包括出库、内部交接及运送工作。

材料的装卸搬运作业贯穿于储备业务全过程，它将材料的入库、储存、发运阶段有机地联系起来。储备业务流程见图 2—11。

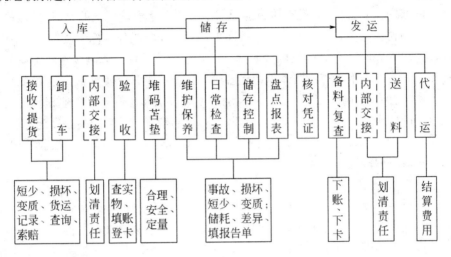

图 2—11 仓库业务流程

一、材料验收入库

1. 材料验收时应注意的问题

（1）必须具备验收条件。

验收的材料全部到库，有关货物资料、单证齐全。

（2）要保证验收的准确。

必须严格按照合同的规定，对入库的数量、规格、型号、配套情况及外观质量等全面进行检查，应如实反映当时的实际情况。

（3）必须在规定期限内完成验收工作，及时提出验收报告。

（4）严格按照验收程序进行验收。

做好验收前准备、核对资料、实物验收、做出验收报告的顺序进行。

2. 材料验收程序

（1）验收前的准备。

材料验收前，验收人员要准备项目合同、有关协议、相关技术及质量标准等资料，还要准备需用的检测、计量及搬运工具；确定材料堆码位置及方法；待验收材料为危险品材料时，要拟订并落实相应的安全防护措施。

（2）核对资料。

材料验收人员须认真核对订货合同、发票、产品质量证明书、说明书、合格证、检验单、装箱单、磅码单、发货明细表、承运单位的运单及货运记录等。上述资料齐全并确认有效时，方可进行验收。

（3）检验实物。

实物检验包括质量检验和数量检测。

质量检验包括外观质量、内在质量以及包装的检验。外观质量以库房检验为主；内在质量（物理、化学性能）则是检查合格证或质量证明书，各项质量指标均符合相关标准则视为合格。对没有质量证明书却又有严格质量要求的材料，应取样检验。

检测材料数量，计重材料一律按净重计算，分层或分件标明质量，自下而上累计，力求入库时一次过磅就位，为盘点、发放创造条件，以减少重复劳动和磅差；计件材料按件全部清点；按体积计量者检尺计方；按理论换算者检测换算计量；标准质量或件数的标准包装，除合同规定的抽验方法和比例外，一般根据情况抽查，抽查无问题少抽，有问题就多抽，问题大的全部检查。成套产品必须配套验收、配套保管。主件、配件、随机工具等必须逐一填列清单，随验收单上报业务和财务部门，发放时要抄送领料单位。

（4）办理入库手续。

材料经数量、质量验收后，按实收数量及时办理材料入库验收单。入库单是划分采购人员与仓库保管人员责任的依据，也是随发票报销及记账的凭证。材料入库必须按企业内部编制的《材料目录》中的统一名称、编号及计量单位填写，同时将原发票上的名称及供货单位在验收单备注栏内注明，以便查核，防止品种材料出现多账页和分散堆放。并应及时登账、立卡。

二、材料保管保养

材料的保管，主要是依据材料性能，运用科学方法保持材料的使用价值。

1. 材料的保管场所

建筑施工企业储存材料的场所有库房、库棚和料场三种，应根据材料的性能特点选择其保管场所。

库房是封闭式仓库。一般存放怕日晒雨淋，对温度、湿度及有害气体反应较敏感的材料。钢材中的镀锌板、镀锌管、薄壁电线管、优质钢材等，化工材料中的胶粘剂、溶剂、防冻剂等，五金材料中的各种工具、电线电料、零件配件等，均应在库房保管。

库棚是半封闭式仓库。一般存放怕日晒雨淋而对空气的温度、湿度要求不高的材料。如铸铁制品、卫生陶瓷、散热器、石材制品等，均可在库棚内存放。

料场是地面经过一定处理的露天堆料场地。存放料场的材料，必须是不怕日晒雨淋，对空气中的温度、湿度及有害气体反应均不敏感的材料，或是虽然受到各种自然因素的影响，但在使用时可以消除影响的材料。如钢材中的大规格型材、普通钢筋和砖、瓦、砂、石、砌块等，可存放在料场。

另外有一部分材料对保管条件要求较高的，应存放在特殊库房内。如汽油、柴油、煤油，部分胶粘剂和涂料，有毒物品等，必须了解其特性，按其要求存放在特殊库房内。

2. 材料的堆码

材料堆码的基本要求如下：

（1）必须满足材料性能的要求。

（2）必须保证材料的包装不受损坏，垛形整齐，堆码牢固、安全。

（3）保证装卸搬运方便、安全，便于贯彻"先进先出"的原则。

（4）尽量定量存放，便于清点数量和检查质量。

（5）在贯彻上述要求的前提下，尽量提高仓库利用率。

（6）有利于提高堆码作业的机械化水平。

三、材料出库

材料出库是仓库根据用户的需要，将材料发送出去。材料出库是材料储备直接与施工生产发生联系的一个环节。合理安排和组织材料出库，充分发挥工作人员及机械设备的能力，既能保证材料迅速、准确地出库发送，又能节约出库工作的劳动力和时间，有利于提高仓库管理水平和经济效益。

材料的出库应该贯彻"先进先出"的原则；材料出库时，出库凭证和手续必须齐全并且符合要求；材料的发运要及时、准确、经济；发运材料时的包装要符合承运单位的要求。材料出库应遵循一定的程序和要求办理。

1. 发放准备

材料在出库前，发放人员按时到场，准备好随货发出的有关证件，还要准备好计量工具、装卸设备，提高材料的出库效率，防止忙中出错。

2. 核对凭证

材料出库前，工作人员要认真核对材料发往的地点、单位，待发放材料的品种、规格、数量，签发人及签发部门的有效印章，所有凭证经确认无误后，方可进行发放。非正式出库凭证一律不得作为材料发放的依据。

3. 备料

所需的发货凭证经审核无误后，按凭证所列的品种、规格、数量准备材料。

4. 复核

材料准备完毕必须进行复核才能发放。复核内容包括所准备材料的品种、规格、数量等与出库凭证所列的项目是否一致，发放后的材料实存与账面结存是否相符。

5. 点交

材料出库时，无论是内部还是外部领料，发放人与领取人应当面点交。对于一次领不完的材料，要明显标记，分批出库，防止差错。

6. 清理

材料出库后，工作人员不能马上离开仓库，要将拆散的垛、捆、箱、盒等清理整顿，部分材料应恢复原包装，登记账卡后方可离开。

四、材料账务管理

材料账务管理采用的是记账凭证处理程序,是以原始凭证或原始凭证汇总表编制记账凭证,然后根据记账凭证逐笔登记总分类账户。

1. 记账凭证

记账凭证包括材料入库凭证、材料出库凭证和盘点、报废、调整凭证。

（1）材料入库凭证。

材料入库凭证需要有库管和入库人的签字,防止账实不符。主要包括验收单、入库单、加工单等。

（2）材料出库凭证。

材料出库凭证主要包括调拨单、借用单、限额领料单、新旧转账单等。

（3）盘点、报废、调整凭证。

盘点盈亏调整单、数量规格调整单、报损报废单等。

2. 记账程序

（1）审核凭证。

记账凭证必须是合法的、有效的,需要有编号和材料收发动态指标,能完整地反映材料经济业务从发生到结束的全过程。合法凭证必须按规定填写齐全,包括用户名称,日期,材料的名称、规格、数量、单位、单价,印章等,否则视为无效,不能作为记账的合法凭证。临时性借条或口头约定等均不能作为记账的合法凭证。

（2）整理凭证。

记账前要先将审核合格的凭证进行分类、分档,并按材料经济业务发生的日期进行排列,然后再逐项登记。

3. 账册登记

账册登记是要对记账凭证根据账页上的各项指标逐项登记。为了防止重复登记,对于已记账的凭证要做出标记;记账后,对账卡上的结存数按"上期结存＋本项收入－本项发出=本项结存"进行核算。

五、仓库盘点

由于仓库中的材料品种、规格、数量繁多,出库、入库过程中计量、计算容易发生差错,保管中难免发生损耗、损坏、变质、丢失等情况,这些都会导致库存材料数量不符,质量下降。通过仓库盘点,可以了解实际的库存数量和质量情况,及时掌握并解决存在的各种问题,有利于储备定额的执行。

对盘点的要求是:库存材料达到"三清"、"三有"、"四对口"。"三清"即数量清、质量清、账表清;"三有",即盈亏有原因、事故差错有报告、调整账表有依据;"四对口",即账、卡、物、资金对口（资金未下库者为账、卡、物三对口）。

1.盘点内容

（1）清点材料数量。根据账、卡、物逐项查对,核实库存数。

（2）检查材料质量。在清点数量的同时,检查材料有无变质、损坏、受潮等现象。

（3）检查堆垛是否合理、稳固，下垫、上盖是否符合要求，有无漏雨、积水等情况。

（4）检查计量工具是否正确。

（5）检查"四号定位"、"五五化"是否符合要求，库容是否整齐、清洁。

（6）检查库房安全、保卫、消防是否符合要求；执行各项规章制度是否认真。

要求边检查、边记录，如有问题逐项落实，限期解决，到时复查解决情况。

2.盘点方法

（1）定期盘点。

定期盘点指季末或年末对库房和料场保存的材料进行全面、彻底盘点。达到有物有账，账物相符，账账相符。把数量、规格、质量及主要用途搞清楚。由于清查规模较大，必须做好组织准备工作。

1）划区分块，统一安排盘点范围，防止重查或漏查。

2）校正盘点用计量工具，统一设计印制盘点表，确定盘点截止日期、报表日期。

3）安排各现场、车间办理已领未用材料的"假退料"手续；并清理半成品、在产品和产成品。

4）尚未验收的材料，具备验收条件的抓紧验收入库。

5）代管材料，应有特殊标志，不包括在自有库存中，应另列报表，便于查对。

进行仓库盘点的步骤是，按盘点规定的截止日期及划区分块范围、盘点范围，逐一认真盘点，数据要真实可靠；以实际库存量与账面结存量逐项核对，编报盘点表；结出盘盈或盘亏差异。

（2）永续盘点。

对库房每日有变动的材料，当日复查一次，即当天对库房收入或发出的材料，核对账、卡、物是否对口；每月查库存材料的一半；年末全面盘点。这种连续进行抽查盘点的方法，能及时发现问题，即使出现差错，当天也容易回忆，便于清查，可以及时采取措施。这是保证"四对口"的有效方法，但必须做到当天收发、当天记账和登卡。

3.盘点中的问题的处理原则

（1）材料损毁。

库存材料损坏、丢失，精密仪器撞击振动影响精度的，必须及时送交检验单位校正。由于保管不善而变质、变形的属于保管中的事故，应填写材料保管事故报告单，见表2—11。按损失金额大小，分别由业务主管或企业领导审批后，根据批示处理。

表 2—11 材料保管事故报告单

填报单位：　　年　　月　　日　　　　　　　　　　　　　　　　　第　号

名称	规格型号	单位	应存数			事故损失	
			数量	单价	金额	数量	金额
供应单位				到达日期　年　月　日		主要用途	
发生事故详细经过							
部门意见							
领导批示							

事故责任者　　　　　　　保管员　　　　　　　　　制表

（2）库房被盗。

指判明有被盗痕迹的，所损失的材料和相应金额，填材料事故报告单。无论损失大小，均应持慎重态度，报告保卫部门认真查明，经批示后才能作账务处理。

（3）盘盈或盘亏。

材料盘盈或盘亏的处理，盈亏在规定范围以内的，不另填材料盈亏报告表，而在报表盈亏中反映，经业务主管审批后据此调整账面；盈亏量超过规定范围的，除在报表盈亏栏反映外，还必须在报表备注栏写明超过规定损耗的数量，同时填材料超储耗报告单，见表 2—12，经领导审批后作账务处理。

表 2—12 材料超储耗报告单

填报单位　　　　　　年　月　日　　　　　　　　　　超损字第　号

名称	规格	单位	数量			规定		超定额损耗量	损失		原因
			账存	实存	损耗	损耗率	损耗量		单价	金额	
审批意见											

记账员　　　　　　　　保管员　　　　　　　　　　制表

（4）规格混串或单价划错。

由于单据上的规格写错或发料的错误，造成在同一品种中某一规格盈、另一规格亏，这说明规格混串，查实后，填材料调整单，见表 2—13，经业务主管审批后调整。

表 2—13　材料调整单

仓库名称　　　　　　　　　　　　　　　　　　　　　　　　　　第　号

项目	材料名称	规格	单位	数量	单价	金额	差额（＋、—）
原列							
应列							
调整原因							
批示							

保管　　　　　　　　　记账　　　　　　　　　制表

（5）材料报废。

因材料变质，经过认真鉴定，确实不能使用，填写材料报废鉴定表，见表 2—14。经企业主管批准，可以报废。报废是材料价值全部损失，应持慎重态度，只要还有使用价值就要利用，以减少损失。

表 2—14　材料报废鉴定表

填报单位　　　　　　　　　年　月　日　　　　　　　　　　编号

名称	规格型号	单位	数量	单价	金额
质量状况					
报废原因					
技术鉴定处理意见				负责人签章	
领导指示				签　章	

主管　　　　　　　　　审核　　　　　　　　　制表

（6）材料积压。

库存材料在一年以上没有使用，或存量大，用量小，储存时间长，应列为积压材料，造具积压材料清册，报请处理。

（7）材料寄存。

外单位寄存的材料，即代保管的材料，必须与自有材料分开堆放，并有明显标志，分别建账立卡，不能与本单位材料混淆。

六、库存材料的装卸搬运组织

库存材料的装卸搬运是储备作业的一个重要方面，是连接仓库各作业环节的纽带，贯穿于仓库作业的全过程。没有库存材料的装卸搬运，仓库作业的储存环节就无法实现，整个储备生产过程就会中断，储运活动就会停止。

装卸搬运应遵循确保质量第一、注重提高效率、组织安全生产、讲究经济效益的原则。

1. 装卸搬运的合理化

装卸搬运合理化包括以下几点：

（1）减少装卸搬运次数，提高一次性作业率。

材料在储运过程中，往往要经过多道工序，需经常装卸。装卸搬运次数的增加不但不能增加材料的使用价值，反而会减少其使用价值，增加装卸搬运的费用支出，因此要尽可能减少装卸搬运次数。为了提高装卸搬运的一次性作业率，需要做好以下几个方面的工作：

1）对库区进行合理规划，使仓库建筑布局合理，交通专用线通到货场和主要库房，库区道路要通到每个存料地点。

2）仓库建筑物要有足够的跨度和高度，要有便于装卸搬运设备进出的库门，并前后对称设置，主要库房应安装装卸设备。

3）露天货场应安装装卸设备，直接用于装卸车辆上的材料，完成货场存料的一次性作业。

4）尽量选用机动灵活、适应性强的通用设备，如叉车等，既能装卸，又能搬运，可完成包装成件材料的一次性作业。

5）采用地磅或自动计量设备，如使用动态电子秤，在装卸作业的同时，就能完成检斤计量工作，无需再次过磅。

6）在组织管理方面应加强材料出入库的计划性，做好人员和设备的调度指挥。

（2）提高装卸搬运的活性指数。

这就是要让材料处于最容易装卸搬运的状态。一般来说，材料放在输送带上最容易装卸搬运，也就是其活性指数最高，放在车辆上次之，而散放在地上的材料，其装卸搬运的活性指数最低。因此要根据实际情况，尽可能提高材料装卸搬运的活性指数。

（3）实现装卸搬运的省力化。

材料的装卸搬运是属于重体力劳动，要使材料装卸搬运合理化，必须在提高机械化作业水平的同时，实现装卸搬运的省力化。如充分利用材料本身的自重，来减小搬运中的阻力；减少或消除垂直搬运等。

（4）组织文明装卸。

文明装卸的核心是确保装卸质量，在货物装卸过程中尽量减少或避免损坏。要做到文明装卸，首先要提高装卸人员的素质，增强他们的责任心，同时要增加装卸设备，不断提高机械化作业水平。

2. 实现装卸搬运的机械化

实现装卸搬运机械化可以大大提高作业效率，改善劳动条件，缩短装卸时间，加速运输工具的周转，有利于确保装卸材料的完整无损和作业安全，并可以有效地利用仓库空间。

七、储备管理的现代化

储备管理的现代化的内容主要包括：储备管理人员的专业化、储备管理方法的科学化及储备管理手段的现代化。实现储备管理现代化首先应重视和加强储备管理人员的培养、教育和提高，使储备各级管理人员专业化。另外，还应充分应用计算机及其他先进的信息管理手段，指挥、控制储备业务管理、库存管理、作业自动化管理及信息处理等。

第 4 讲　材料库存控制与分析

材料储备定额是一种理想状态下的材料储备。建筑企业及施工项目的生产实际上做不到均衡消耗、等间隔、等批量供应。因此，储备量管理还应根据变化因素调整材料储备。

一、实际库存变化情况分析

1. 材料消耗速度不均衡情况分析

当材料消耗速度增大，在材料进货点未到来时，经常储备已经耗尽，当进货日到来时已动用了保险储备，如果仍然按照原进货批量进货，将出现储备不足。当材料消耗速度减小时，在材料进货点到来时，经常储备尚有库存，如果仍然按照原进货批量进货，库存量将超过最高储备定额，造成超储损失。

2. 到货日期提前或拖后情况分析

到货拖期，使按原进货点确定的经常储备耗尽，并动用了保险储备，如果此时仍然按照原进货批量进货，则会造成储备不足。

提前到货，使原经常储备尚未耗完，如果按照原进货批量再进货，会造成超储损失。

二、库存量的控制方法

建筑企业在实际施工生产过程中，材料是不均衡消耗和不等间隔、不等批量供应的。为保证施工生产有足够材料，必须对库存材料进行控制，及时掌握库存量变化动态，适时进行调整，使库存材料始终保持在合理状态下。库存量控制的主要方法有如下几种。

1. 定量库存控制法

定量库存控制法，也称订购点法，是以固定订购点和订购批量为基础的一种库存控制法。即当某种材料库存量等于或低于规定的订购点时，就提出订购，每次购进固定的数量。这种库存控制方法的特点是：订购点和订购批量固定，订购周期和进货周期不定。所谓订购周期，是指两次订购的时间间隔；进货周期是指两次进货的时间间隔。

确定订购点是定量控制中的重要问题。如果订购点偏高，将提高平均库存量水平，增加资金占用和管理费支出；订购点偏低则会导致供应中断。订购点由备运期间需用量和保险储备量两部分构成。

订购点＝备运期间需用量＋保险储备量

＝平均备运天数×平均每日需要量＋保险储备量

备运期间是指自提出订购到材料进场并能投入使用所需的时间，包括提出订购及办理订购过程的时间、供货单位发运所需的时间、在途运输时间、到货后验收入库时间、使用前准备时间。实际上每次所需的时间不一定相同，在库存控制中一般按过去各次实际需要备运时间平均计算求得。

【例】某种材料每月需要量是 270 t，备运时间 7 d，保险储备量 35 t，求订购点。

订购点＝270/30×7+35=98 t

采用定量库存控制法来调节实际库存量时，每次固定的订购量，一般为经济订购批量。

定量库存控制法在仓库保管中可采用双堆法，也称分存控制法。它是将订购点的材料数量从库存总量分出来，单独堆放或划以明显的标志，当库存量的其余部分用完，只剩下订购点一堆时，应即提出订购，每次购进固定数量的材料（一般按经济批量订购）。还可将保险储备量再从订购点一堆中分出来，称为三堆法。采用双堆法或三堆法，可以直观地识别订购点，及时进行订购，简便易行。这种控制方法一般适用于价值较低，用量不大，备运时间较短的一般材料。

2. 定期库存控制法

定期库存控制法是以固定时间的查库和订购周期为基础的一种库存量控制方法。它按固定的时间间隔检查库存量并随即提出订购，订购批量是根据盘点时的实际库存量和下一个进货周期的预计需要量而定。这种库存量控制方法的特征是：订购周期固定，如果每次订购的备运时间相同，则进货周期也固定，而订货点和订购批量不固定。

（1）订购批量（进货量）的计算式。

订购批量＝订购周期需要量＋备运时间需要量＋保险储备量－现有库存量－已订未交量

＝（订购周期天数＋平均备运天数）×平均每日需要量＋保险储备量－现有库存量－已订未交量

"现有库存量"为提出订购时的实际库存量；"已订未交量"指已经订购并在订购周期内到货的期货数量。

【例】某种材料每月订购一次，平均每日需要量是 5 t，保险储备量 30 t，备运时间为 8 天，提出订购时实际库存量为 80 t，原已订购下月到货的合同有 40 t，求该种材料下月的订购量。代入公式得：

下月订购量＝（30+8）×5+30－80－40=100 t

上述计算是以各周期均衡需要时进货后的库存量为最高储备量作依据的，订购周期的长短对订购批量和库存水平有决定性影响，当备运时间固定时，订货周期和进货周期的长短相同。即相当于核定储备定额的供应期天数。

在定期库存控制中，保险储备不仅要满足备运时间内需要量的变动，而且要满足整个订购周期内需要量的变动。因此，对同一种材料来说，定期库存控制法比定量库存控制法要求有更大的保险储备量。

（2）定量控制与定期控制比较。

定量控制的优点是能经常掌握库存量动态，及时提出订购，不易缺料；保险储备量较少；每次定购量固定，能采用经济订购批量，保管和搬运量稳定；盘点和定购手续简便。缺点是订购时间不定，难以编制采购计划；未能突出重点材料；不适用需要量变化大的情况，不能及时调整订购批量；不能得到多种材料合并订购的好处。

定期库存订购法的优点和缺点与定量库存控制法恰好相反。

（3）两种库存控制法的适用范围。

1）定量库存控制法适用于单价较低的材料；需要量比较稳定的材料；缺料造成损失大的材料。

2）定期库存控制法适用于需要量大，必须严格管理的主要材料，有保管期限的材料；需要量变化大而且可以预测的材料；发货频繁、库存动态变化大的材料。

3. 最高最低储备量控制法

对已核定了材料储备定额的材料，以最高储备量和最低储备量为依据，采用定期盘点或永续盘点，使库存量保持在最高储备量和最低储备量之间的范围内。当实际库存量高于最高储备量或低于最低储备量时，都要积极采取有效措施，使它保持在合理库存的控制范围内，既要避免供应脱节，又要防止呆滞积压。

4. 警戒点控制法

警戒点控制法是从最高最低储备量控制法演变而来的，是定量控制的又一种方法。为减少库存，如果以最低储备量作为控制依据，往往因来不及采购运输而导致缺料，故根据各种材料的具体供需情况，规定比最低储备量稍高的警戒点（即订购点），当库存降至警戒点时，就提出订购，订购数量根据计划需要而定，这种控制方法能减少发生缺料现象，有利于降低库存。

5. 类别材料库存量控制

上述的库存控制是对材料具体品种、规格而言，对类别材料库存量，一般以类别材料储备资金定额来控制。材料储备资金是库存材料的货币表现，储备资金定额一般是在确定的材料合理库存量的基础上核定的，要加强储备资金定额管理，必须加强库存控制。以储备资金定额为标准与库存材料实际占用资金数作比较，如高于或低于控制的类别资金定额，要分析原因，找出问题的症结，以便采取有效措施。即便没有超出类别材料资金定额，也可能存在库存品种、规格、数量等不合理的因素，如类别中应该储存的品种没有储存，有的用量少而储量大，有的规格、质量不对等，都要切实进行库存控制。

三、库存分析

为了合理控制库存，应对库存材料的结构、动态及资金占用等进行分析，总结经验和找出问题，及时采取相应措施，使库存材料始终处于合理控制状态。

1. 库存材料结构分析

这是检查材料储存状态是否达到"生产供应好，材料储存低，资金占用少"的有效方法。

（1）库存材料储备定额合理率。

库存材料储备定额合理率是对储备状态的分析，有的企业把储备资金下到库，但没有具体下到应储备材料的品种，就可能出现应该有的没有储备，不该有的反而储备了，而储备资金定额还没有超出的假象，使库存材料出现有的缺、有的多、有的没有用等不合理状况，分析储备状态的计算公式为：

$$A=[1-(H+L)\div\Sigma]\times100\%$$

式中 A——库存材料定额合理率；

H——超过最高储备定额的品种项数；

L——低于最低储备定额的品种项数；

Σ——库存材料品种总项数。

【例】某企业仓库库存材料品种总计 820 项，一季度检查中发现超过最高储备定额的 40 项，低于最低储备定额的 130 项，求库存材料定额合理率。

$$A=[1-(40+130)\div820]\times100\%=79.27\%$$

分析结果表明，库存材料合理率只占 79.27%，不合理率占 20.73%。不合理储存的 20.73% 中，超储的占 4.88%，有积压的趋势；低于最低储备定额的占 15.85%，有中断供应的可能。再进一步分析超储和低储的是哪些品种、规格，根据具体情况，采取措施，使库存材料储备定额处于合理控制状态。

（2）库存材料动态合理率。

这是考核材料流动状态的指标。材料只有投入使用才能实现其价值和使用价值。流转越快，效益越高。长期储存，不但不能创造价值，而且要开支保管费用和利息，还要发生变质、削价等损失。计算动态合理率的公式为：

$$B=(T\div\Sigma)\times100\%$$

式中 B——库存材料动态合理率；

T——库存材料有动态的项数；

Σ——库存材料总项数。

【例】某企业综合仓库，库存总品种、规格为 1258 项，一季度末检查，库存材料中有动态的 806 项，求库存材料动态合理率。

$$B=(806\div1258)\times100\%=64.07\%$$

经过分析，该库有动态的占 64.07%，无动态的则占 35.93%。对这部分无动态的库存材料应引起重视，分品种作具体分析，区别对待。如果每季度、年度都作这种分析，多余和积压的材料便能得到及时处理，促使材料加速周转。

通过储备定额合理率的分析，掌握了库存材料的品种规格余缺及数量的多少，又由动态分析掌握了材料周转快慢和多余积压，使库存品种、数量都处于控制之中。

2. 库存材料储备资金节约率

这是考核储备资金占用情况的指标。这里有资金最大占用额和最小占用额之分，因为库存材料数量是变动的，资金也相应变动。库存资金最高（最低）占用额等于各种材料最高储备定额（最低储备定额）与材料单价的乘积之和。现用最大资金占用额作为上限控制计算储备资金占用额是节约还是超占，计算公式是：

$$Z = [1 - (F \div E)] \times 100\%$$

式中 Z——库存资金节约率；

E——核定库存资金定额；

F——检查期库存资金额。

【例】某企业钢材库，核定库存资金定额为 95 万元，一季度末检查库存材料资金为 86 万元，求库存资金节约率。

$$Z = [1 - (86 \div 95)] \times 100\% = 9.47\%$$

说明钢材库存资金节约为 9.47%，如计算中出现负数，即为库存资金超占。库存资金节约率要与库存储备定额合理率、库存材料动态合理率结合起来分析，将库存资金置于控制之中。

第 5 单元　材料供应管理

第 1 讲　材料供应管理内容

一、建筑材料供应的特点

建筑施工企业与一般工业企业相比，具有独特的生产和经营方式。建筑产品本身的特点决定了建筑产品生产的特点，这些也决定了建筑材料供应的特点。

1. 材料供应具有特殊性

建筑产品直接建造在土地上，具有固定性，这就造成了施工生产的流动性，使得材料供应必须随生产而转移；而材料供应的特殊性就来自这些转移过程中形成的新的供应、运输和储备工作。

2. 材料供应具有复杂性

建筑产品形体大，所以材料需用量大、品种规格多，运输量也大。一般工程常用的材料品种多达上千种，规格可达上万种。材料供应要根据施工进度要求，按各部位、各分项工程、各操作内容进行；另外，材料供应涉及的方面广、内容多、工作量大，这些都决定了材料供应的复杂性。

3. 材料供应具有多样性

每个建设工程项目由若干分部分项工程组成，每个分部分项工程中都具有各自的施工特点和材料需求特点。要求材料供应按施工部位预计需用品种、规格进行备料，按施工程序分期分批组织材料进场，这些都决定了材料供应必须满足多样性的要求。

4. 材料供应具有不均衡性

建筑生产施工是露天作业，最容易受时间和季节的影响，某些材料的季节性消耗和阶段性消耗，造成了材料供应的不均衡性。

5. 材料供应受社会因素影响大

建筑材料是一种商品，因此市场的资源、价格、供求以及投资金额、利税等因素，都时刻影响着材料供应。基本建设投资的增减、生产价格的调整、国家税收和贷款政策的变化等，都会影响材料的需求。所以，要准确预测市场，确定材料供应准则，必须了解和掌握市场信息，尽量减少社会因素对材料供应的影响。

6. 材料供应工作难度大

建筑施工中各种因素多变，如设计变更、施工任务调整等，必然引起材料需求的变化，使材料供应的数量、规格变更频繁，造成材料积压、资金超占或材料断供、紧急采购，这都加大了材料供应的难度。

7. 材料供应工作要求高

建筑产品的质量直接影响其功能的发挥，为了保证建筑工程的质量和工程的进度，要求材料供应的质量要高，而且供应工作要有较高的平衡协调能力和调度水平。供应的材料必须保证其数量、质量及各项技术指标，还应保证其及时性和配套性。

二、材料供应应该遵循的原则

1. 有利生产、方便施工的原则

材料供应工作是建筑生产的基本前提，材料供应要深入生产第一线，千方百计为生产服务，想生产之所想，急生产之所急，送生产之所需。

2. 统筹兼顾、综合平衡、保证重点、兼顾一般的原则

材料供应中，经常会出现一些矛盾使供应工作处于被动状态，如供需脱节、品种规格不配套等，这时我们必须从全局出发，统筹兼顾、综合平衡，做好合理调度。同时，切实掌握施工生产的进度、资源情况和供货时间等，分清主次及轻重缓急，保证重点、兼顾一般，将材料供应工作做到最好。

3. 加强横向经济联系的原则

随着市场经济的发展，由施工企业自行组织配套的物资范围相应扩大。这就要求加强对各种资源渠道的联系，切实掌握市场信息，合理组织货源，提高配套供应能力，满足施工需要。

4. 勤俭节约的原则

充分发挥材料的效用，使有限的材料发挥最大的经济效果。在材料供应中，应

保持"管供、管用、管节约"，采取各种有效措施，努力降低材料消耗。

三、材料供应的基本任务

建筑材料供应工作的基本任务是以施工生产为中心，按质、按量、按品种、按时间、成套齐备、经济合理地满足企业的各种材料需要；并且，通过有效的组织形式和科学的管理方法，充分发挥材料的最大效用，以较少的材料和资金消耗，完成更多的供应任务，获得较大的经济效益。

1. 组织货源

组织货源是为保证供应，满足需求创造充分的物质条件，是材料供应工作的中心环节。搞好货源的组织，必须掌握各种材料的供应渠道和市场信息，根据国家政策、法规和企业的供应计划，办理订货、采购、加工、开发等项业务，为施工生产提供物质保证。

2. 组织材料运输

运输是实现材料供应的必要环节和手段，只有通过运输才能把组织到的材料资源运到工地，从而满足施工生产的需要。根据材料供应目标要求，材料运输必须体现快速、安全、节约的原则，正确选择运输方式，实现合理运输。

3. 组织材料储备

由于材料供求之间在时间上是不同步的，为实现材料供应任务，必须适当储备。否则，将造成生产中断或出现材料积压。所以材料储备必须是适当、合理的，以保证材料供应的连续性。

4. 平衡调度

由于在施工生产过程中，经常出现供求矛盾，要求我们及时地组织材料的供求平衡，才能保证施工生产的顺利进行。因此，平衡调度是实现材料供应的重要手段，企业要建立材料供应指挥调度体系，掌握动态，排除障碍，完成供应任务。

5. 选择供料方式

合理的选择供料方式是材料供应工作的重要环节，通过一定的供料方式可以快速、高效、经济合理地将材料供到需用者手中。因此，选择供料方式必须遵循减少环节、方便用户、节省费用和提高效率的原则。

6. 提高成品、半成品供应程度

提高材料在供应过程中的初加工程度，有利于提高材料的利用率，减少现场作业，适合建筑生产的流动性，充分利用机械设备，有利于新工艺的应用，是企业材料供应工作的一个发展方向。

四、材料供应管理的内容

1. 编制材料供应计划

材料供应计划是建筑材料计划管理的一个重要组成部分，与生产计划、财务计划等有着密切的联系。材料供应计划是依据施工生产计划和需求量来计算和编制的；

同时，它也为施工生产计划的实现提供有力的材料保证。正确、合理地编制材料供应计划，是建筑企业有计划地组织生产的客观要求，影响着整个建筑企业生产、技术、财务工作。

材料供应计划要和其他计划密切配合，协调一致。对计划期内有关生产和供需各方面的因素进行全面分析，分清轻重缓急，找出并处理好供应工作中的关键问题及其关系。如重点工程与一般工程的关系，首先要在确保重点工程的前提下，也照顾到一般工程；工程用料和生产维修等方面的关系，在一般情况下，首先要保证工程用料，但也要注意在特定的情况下，施工设备维修用料也是必须解决的。

2. 做好材料供应中的平衡调度

材料供应中常用的平衡调度方法有以下五种。

（1）会议平衡。

在月度（或季度）供应计划编制以后，供应部门召开材料平衡会议，由供应部门向用料单位说明计划期材料资源到货和各种材料需用的总情况，结合内外资源，按轻重缓急公布供应方案。坚持保竣工扫尾、保重点工程的原则，并具体确定对各单位的材料供应量。平衡会议一般由上而下召开，逐级平衡。

（2）专项平衡。

对列为重点工程的项目或主要材料，由项目建设方或施工方组织的专项平衡方式。专项研究落实计划，拟订措施，切实保证重点工程的顺利进行。

（3）巡回平衡。

为协助各单位工程解决供需矛盾，一般在季（月）供应计划的基础上，组织各专业职能部门，定期到施工点巡回办公，落实供应工作，确保施工任务的完成。

（4）与建设单位协作平衡。

属建设单位供应的材料，建筑企业应主动积极地与建设单位交流供需信息，互通有无，避免供需脱节而影响施工。

（5）开竣工平衡。

对于一般性工程，为确保工程顺利开工和竣工，在单位工程开工之初和竣工之前，细致地分析供应工作情况，逐项落实材料供应品种、规格、数量和时间，确保工程顺利进行。

3. 材料供应执行情况的考核

对材料供应计划的执行情况进行经常的检查分析，才能发现执行过程中的问题，从而采取对策，保证计划实施。通常的考核指标有计划的完成情况、配套情况和及时性。

（1）材料供应计划完成情况。

将某种材料或某类材料实际供应数量与其计划供应数量进行比较，可考核该种或该类材料供应计划的完成程度和完成效果。其计算公式为：

材料供应计划完成率=（某种或某类材料实际供应数量/该种或该类材料计划供应数量）×100%

考核材料供应计划完成率，是从整体上考核供应完成情况。当分别考核某种材料供应计划完成情况时，可以实物数量指标计量；当考核某类材料供应计划完成情况，其实物量计量单位有差异时，应使用金额指标。

（2）材料供应计划配套情况。

供应材料的具体品种、规格，特别是未完成材料供应计划的主要品种，通过检查配套供应情况进行考核。

材料供应品种配套率=（实际供应量中满足需要的品种数量/计划供应品种种数）×100%

【例】某材料部门一季度材料供应计划完成情况见表2—15。

表 2—15　某材料部门一季度材料供应计划完成情况

材料名称及规格	计量单位	计划供应量	实际进货量	完成计划/（%）
砖	千块	2000	1500	75
水泥	t	2000	2200	110
石灰	t	480	450	93.75
中砂	m³	4000	5000	125
碎石	m³	3500	4500	128.57
其中：				
粒径 0.5～1.5 cm	m³	1500	1200	80
粒径 2～4 cm	m³	1000	2000	200
粒径 3～7 cm	m³	1000	1300	130

从表 2—15 可以看出：

1）砖实际完成计划的 75%，与原计划供应量差距较大。如果缺乏足够的储备，必然影响施工生产任务的完成。

2）石灰完成计划的 93.75%，石灰是主体工程和装饰必须的材料，完不成供应计划，必将影响主体和收尾工程的完成情况。

3）碎石总量实际完成计划的 128.57%，超额供应。但是，其中粒径为 0.5～1.5 mm 的碎石只完成原计划的 80%，供应不足，将影响到混凝土及构件的生产。

4）从品种配套情况看，7 个品种或规格的材料就有 3 种没有完成供应计划，配套率只有 57.14%。

材料供应品种配套率=4/7×100%=57.14%

上例的材料供应配套状况，不但影响施工的顺利进行，而且将使已到场的其他品种材料形成滞存，影响资金的周转。材料部门应深入了解这三种材料不能完成供应计划的原因，采取相应的有效措施，力争按计划配套供应。

（3）材料供应的及时性分析。

在检查考核材料供应总量计划的执行情况时，也可能遇到考核时材料的收入总量计划完成情况较好，但实际上施工现场却发生过停工待料的现象，这是因为在供应工作中还存在供应时间是否及时的问题。也就是说，即使收入总量充分，但供应时间不及时，也同样会影响施工生产的正常进行。

在分析考核材料供应及时性问题时，需要把时间、数量、平均每天需用量和计划期初库存量等资料联系起来考察。例如表2—16中，9月份石灰实际供应计划完成率为112%，从总量上看是满足了施工生产的需要，但从时间上来看，供应不及时，几乎大部分水泥的到货时间集中在中、下旬，这必然影响上旬施工生产的顺利进行。

表2—16 某单位9月份石灰供应完成情况（单位：t）

进货批数	计划需用量		计划期初库存量	计划收入		实际收入		完成计划/（%）	对生产保证程度	
	本月	平均每日用量		日期	数量	日期	数量		按日数计	按数量计
	400	15	30						2	30
第一批				1	80	5	45		3	45
第二批				7	80	13	105		7	105
第三批				13	80	18	120		8	120
第四批				19	80	25	178		3	45
第五批				25	80					
							448	112	23	345

（4）对供应材料的消耗情况分析。

按施工生产验收的工程量、考核材料供应量是否全部消耗，分析其所供材料是否使用，进而指导下一步材料供应并护理好遗留问题。

第2讲 材料供应方式

一、材料供应方式及其分类

材料供应方式是指材料由生产企业作为商品，向需用单位流通过程中采取的方式。不同的材料供应方式对企业材料储备、使用和资金占用有着一定的影响材料供应方式参数如图2—12所示。

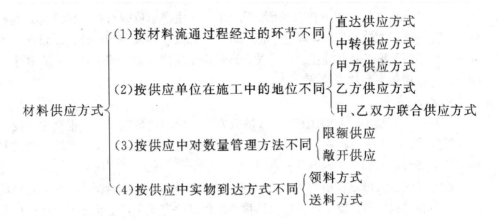

图 2—12 材料供应方式的分类

二、不同材料供应方式的特点

1. 直达供应方式

直达供应方式是指材料供应不经过第三方,直接由生产企业供给需用单位。

直达供应方式可以减少中间环节,缩短材料流通时间,降低材料流通费用和材料途耗,加速材料的周转。另外,由于产需的直接衔接,供需双方可以加强相互了解和协作,促进生产单位按需生产,提高产品质量。

采取直达供应方式时,要综合考虑各种条件,如销售工作量及供应品种、规格、数量等。直达供应方式需要材料生产单位具有一支较强的销售队伍,当供应大宗材料和专用材料时,可以提高工作效率和流通效益,供应数量小的采用这种方式就显得不经济。另外,直达供应方式还受到生产单位品种、规格的批量生产与需用单位多品种、规格配套需用之间的矛盾的限制,可能造成材料积压与资金超占。

2. 中转供应方式

中转供应方式是指材料供应过程中,生产企业和需用单位不直接发生经济往来,而由第三方衔接。

中转供应方式可以减少材料生产单位的销售工作量和需用单位的订购工作量,使需用单位就地就近组织订货,减少库存量,加速资金周转。在中转供应方式中,"第三方"即材料供销机构"集零为整"或"化整为零",提高了社会的经济效益。

中转供应方式适用于消耗量小、通用性强、品种规格复杂、需求可变性大的材料,可以保证材料的配套供应,提高工作效率,就地就近采购等。

3. 甲方供应方式

甲方是建设项目开发部门或项目业主的统称。甲方供应方式是指建设项目的开发部门或项目业主负责项目所需资金的筹集和资源组织,按照建筑企业编制的施工图预算负责材料的采购供应工作,而施工企业只负责施工过程中的材料消耗及耗用核算。

甲方供应方式可以减少施工企业材料管理的工作量。然而,由于建筑材料随甲方分散在各工程项目或甲方存料场所，而且甲方从生产单位或材料供销机构采购材料，再转供给施工企业使用，增加了流通环节，加大了流通费用。建设项目的主动权在甲方手中，施工企业处于被动地位，这样由于生产三要素难以统一，不利于提高材料的使用效率和建设速度。

4. 乙方供应方式

乙方是建筑施工企业的统称。乙方供应方式是指由建筑施工企业根据生产特点和进度要求，由本企业材料部门，工区（工程处）材料部门或建设工程项目内的材料部门负责材料采购供应。

乙方供应方式可以在所建项目之间进行材料集中加工，综合配套供应，合理调配劳动力和材料资源，提高项目建设速度。这种供应方式中，建筑施工企业可以及时、清楚地了解各工程项目的具体要求，根据这些要求集中采购，减少流通环节，节省流通费用。另外，乙方承担材料的采购、供应、使用的成本核算等工作，可以加强材料管理，促进材料管理的专业化、技术化和科学化。

5. 甲、乙双方联合供应方式

甲、乙双方联合供应方式，是指建设项目的开发部门或建设项目业主和建筑施工企业根据分工确定各自的材料采购供应范围，实施材料供应。

甲、乙双方联合供应方式可以充分利用甲方的资金优势，使施工企业发挥其积极性和主动性，提高工作效率。这种供应方式中，大多由甲方负责主要材料、装饰材料和设备，乙方负责其他材料；或者所有材料以一方为主，另一方为辅。无论哪种方式，都会和资金、储备、运输的分工及其利益发生关系。为了保证甲、乙双方责权分明以及工程项目的顺利进行，甲、乙双方在开工前要明确分工，签订材料供应合同。合同内容包括：供应范围，供应材料的交接方式，材料采购、供应、保管、运输的取费及有关费用的计取方式和材料供应中可能出现的其他问题。

合同规定的材料供应范围应包括工程项目施工用的主要材料、装饰材料、水电材料、辅助材料、周转材料、专用设备、各种制品、工具用具等的分工范围，须明确到具体的材料品种甚至规格。材料供应的交接方式包括材料的验收、领用、发放、保管及运输和分工及责任的划分；材料交接过程中可能出现的问题的处理方法和程序。合同中还应规定采购保管费的计取、结算方法，成本核算方法，运输费的承担方式，现场二次搬运费、装卸费、试验费及其他费用，材料采购中价差核算方法及补偿方式。还有一些可能出现的其他的问题，如质量、价格认证及责任分工等都应列入合同并阐明要求。

6. 限额供应

限额供应也称定额供应，是指根据计划期内施工生产任务、材料消耗定额和技术节约措施等因素确定的供应材料数量标准来供应材料的方式。

限额供应分为定期和不定期两种。可按月、按季限额，也可不论时间长短，按部位、按分项工程限额。限额供应可以将材料一次或分批供应就位，但累计总量不得超过限额数量。

限额供应以材料消耗定额为基础，明确规定材料的使用标准，有利于促进材料的合理利用，降低材料消耗和工程成本。限额供应方式增加了材料供应工作的计划性和预见性，材料部门预先计算限额数量，以限额领料单的方式通知使用部门，及时掌握库存及使用情况，提高了材料供应工作的效率和准确率。

7. 敞开供应

敞开供应是指材料供应部门根据资源和需求供应，不限制供应数量，材料耗用部门随用随要的供应方式。

敞开供应可以减少施工现场库存量和现场材料管理的工作量。但是敞开供应容易造成材料消耗失控，材料利用率下降，加大工程成本，所以采用敞开供应方式的前提是资源比较丰富，材料采购供应效率较高，而且供应部门必须保持适量的库存。通常只有抢险工程、突击性工程等采用这种供应方式。

8. 领料方式

领料方式也称提料方式，是指由施工生产用料部门根据材料供应部门开出的提（领）料单，在规定的期限内到指定的仓库提（领）取材料，且自行负责材料的运输。

领料供应方式可以使用料部门根据材料耗用和材料加工周期合理安排进料，避免现场材料堆放过多，保管困难。领料方式要求供应部门有较强的应变能力，这样才可以避免与使用部门之间脱节，影响生产的顺利进行。

9. 送料方式

送料方式是指由材料供应部门根据用料单位的申请计划负责组织运输，将材料直接送到用料指定地点。

送料供应方式不仅要求材料供应部门充分了解生产需要，保证供货数量、品种、质量与其要求一致，还要协调送货时间和施工生产进度，平衡送货间隔期和生产进度的延续性。实行送料方式有利于施工生产部门节约领料时间、节约人力和物力；有利于协调、密切供需关系，提高材料供应计划的准确度，保证生产，节约用料；有利于加强材料消耗定额的管理工作，促进施工现场落实技术节约措施。

三、供应方式的选择

材料供应方式多种多样，且各有各的特点，选择合理的供应方式，可以使材料利用最短的流通时间和最低的流通费用投入使用，实现材料流通的合理化。选择材料供应方式时，要综合考虑各方面因素，缩短流通时间，以保证材料的合理使用和价值增值。

1. 需用单位的生产规模

施工生产中的材料需用数量和生产规模是相对应的。生产规模较大的需用的材料数量较大，适宜选用直达供应方式；生产规模小的需用材料数量相对较少，宜采用中转供应方式。

2. 需用单位的生产特点

施工生产本身具有阶段性和周期性，对应的材料需用量也会发生波段性的变化，因此材料供应部门也可以分阶段选择不同的材料供应方式。

3. 材料的特性

选择材料供应方式一定要考虑到所用材料的特性，这样才能合理、高效地完成材料供应工作，保证生产顺利进行。如使用范围较窄的专用材料，钢材、水泥等体大笨重的材料，玻璃、化工材料等储存条件要求高的材料等，宜选取直达供应方式；而使用范围广的通用材料，品种规格多、同一规格需求量不大的材料等则宜选取中转供应方式。

4. 运输条件

运输条件的好坏直接影响到材料流通的时间和费用。需用单位远离铁路线，不同运输方式的联运业务没有广泛推行的情况下应采用中转供应方式；而需用单位离铁路线较近或有铁路专用线和装卸机械设备等情况下，宜采用直达供应方式。另外，由于铁路运输中的零担运费比整车运费高，运送时间长，所以一次发货量不够整车时，应采用中转供应方式。

5. 供销机构情况

中转供应方式的选择受到供销机构情况的影响。若供销网点分布广泛，库存材料的数量充足，品种、规格齐全，又离需用单位较近，则适宜选择中转供应方式。

6. 生产企业的订货限额和发货限额

订货限额是生产企业接受订货的最低数量。发货限额则以一个整车或一个集装箱的装载量为标准；某些普遍用量较小的材料或不便中转供应的材料，如危险材料、腐蚀性材料等，发货限额可以低于上述标准。生产企业的订货限额和发货限额定的过高，则不适宜选择直达供应方式。

上述内容主要对直达供应方式和中转供应方式的选择做了简单的举例说明，在实际操作中，还可以根据实际情况选择其他供应方式。影响材料供应方式选择的因素之间是相互联系的，所以在材料供应方式的选择上，要综合分析各种因素影响的程度，确定最合理的材料供应方式。

四、材料供应的责任制

材料供应管理是企业材料管理的重要组成部分，是企业生产经营的重要内容之一。要形成有实力、有发展的建筑施工企业，必须有良好的材料供应。而良好的材料供应必须具备实用有效的管理措施，建立健全供应责任制。

1. 面向工程项目，提高材料供应服务水平

材料供应部门要做好供应工作，首先要面向工程项目，提高服务水平，主要体现在对施工生产用料单位实行"三包"和"三保"。"三包"即包供、包退、包收；包供是指材料部门应核实并保证全部供应用料单位所申请的材料；包退是指要对不符合质量要求的材料保证退、换服务；包收是指回收用料单位的废料、余料、包装器具等。"三保"即保质、保量、保进度。另外，若采用送料供应方式，还应实行

"三定"，即定送料分工、定送料地点、定接料人员。

2. 实行材料供应承包制

实行材料供应承包制，可以完善企业经营机制，提高生产效率和企业经济效益。材料供应承包责任制是针对具体的施工过程来说的，通常有三种方式：工程项目材料供应承包制、分部或分项工程材料供应承包制和某种材料的实物量供应承包制。

（1）工程项目材料供应承包。

工程项目材料供应承包制是对工程项目中需用的材料、各种构配件、二次搬运费、工具等费用实施承包责任制，这样有利于承包者统筹安排，提高效益。

（2）分部或分项工程材料供应承包。

分部或分项工程材料供应承包制是对分部或分项工程中所需的材料制定承包合同，实行有控制的供应。这种方式一般用在材料需用量大、造价高的较大的工程上。分部或分项工程材料供应承包有利于促进生产消耗中的管理，降低消耗；同时，由于按分部或分项工程承包，容易造成承包阶段与上一阶段或下一阶段的供需的脱节，影响工程项目的整体利益。

（3）某种材料的实物量供应承包。

某种材料的实物量供应承包制是指对工程项目中某一项材料或某一项中的某一部分材料实行实物量承包。实物量供应承包制适用于各种材料，尤其是易损、易丢、价值高、用量大的材料，由于涉及的材料品种少，易管理、见效快。

3. 实行材料配送服务

随着招标投标制的推行、建筑施工企业组织结构的调整、生产资料市场的完善和第三方物流业的兴起，一些大型建筑企业中具有独立核算的材料供应企业和供应机构，开始实行工程材料配送服务，逐步由生产型向经营型转变。

工程材料配送服务，是指负责编制"材料标"的部门参与施工企业的工程项目投标，根据招标工程项目的材料需用情况和市场行情提出工程材料造价；中标后，按工程承包合同中的相关内容完成材料供应。

工程材料配送服务也可以由社会材料经营企业或流通企业来完成。随着我国物流行业的迅速发展，材料配送将更多地被独立于施工企业之外的材料经营组织来承担。

第3讲　材料定额供应

材料定额供应是目前材料供应中采用较多的管理办法。材料定额供应是指以限额领料为基础，通过建立经济责任制、签订材料定包合同以合理使用材料，提高经济效益。定额供应有利于建设项目加强材料核算，促进材料使用部门合理用料，降低材料成本，提高材料使用效率和经济效益。

一、 限额领料的形式

限额领料方法要求施工队组在施工时必须将材料的消耗量控制在该操作项目消耗定额之内。限额领料的形式主要有三种：按分项工程实行限额领料、按工程部位实行限额领料和按单位工程实行限额领料。

1. 按分项工程实行限额领料

按分项工程实行限额领料，是指以班组为对象，按照不同工种所担负的分项工程实行限额领料。这种形式管理范围小，易控制，见效快。但是，由于以班组为对象，容易造成各工种班组只考虑自身利益而忽略相互之间的衔接与配合，这样就可能导致某些分项工程节约较多，而某些分项工程却出现超耗现象。

2. 按工程部位实行限额领料

按工程部位实行限额领料，是指以施工队为责任单位，按照基础、主体结构、装修等施工阶段实行限额领料。这种形式有利于增强整体观念，调动各方面的积极性，有利于各工种之间的配合和供需的衔接。但是，由于有些部位容易发生超耗而使限额难以实施或效果不理想。另外，以施工队为对象增加了限额领料的品种、规格，这就要求具有良好的管理措施和手段在施工队内部进行控制和衔接。

3. 按单位工程实行限额领料

按单位工程实行限额领料，是指对某一个工程，从开工到竣工，包括基础、结构、装修等全部项目实行限额领料。这种形式有利于提高项目独立核算能力，实现产品的最终效果；另外，由于各种费用捆绑在一起，有利于工程统筹安排。按单位工程实行限额领料适用于工期较短的工程，若在工期较长，工程面大，变化较多，技术较复杂的工程上使用，就要求施工队有较高的管理水平，否则容易放松管理，出现混乱。

二、 限额领料数量的确定

1. 实行限额领料应具备的技术条件

限额领料必须在具备一定技术条件的情况下实行，具体的技术条件介绍如下。

（1）施工组织设计。

施工组织设计是组织施工的总则，用以组织管理，协调人力、物力，妥善搭配、划分流水段，搭接工序、操作工艺，布置现场平面图以及制定技术节约措施。

（2）设计概算。

设计概算是由设计单位编制的一种工程费用文件，其编制依据是初步设计图纸、概算定额及基建主管部门颁发的有关取费规定。

（3）施工图预算。

施工图预算是由设计单位通过计算编制的单位或单项工程建设费用文件，其依据是施工图设计要求的工程量、施工组织设计、现行工程预算定额及基建主管部门规定的有关取费标准。

（4）施工预算。

施工预算是一种经济文件，它用施工定额水平反映完成一个单位工程所需的费用，其依据是施工图计算的分项工程量。

施工预算包括工程量、人工数量和材料限额耗用数量。工程量是指按施工图和施工定额的口径规定计算的分项、分层、分段工程量。确定人工数量时根据工程量及时间定额计算出用工量，再计算出单位工程总用工数和人工数。而材料限额耗用数量是根据工程量和材料耗用定额计算出的分项、分层、分段材料需用量，施工预算时，还要汇总成单位工程材料用量并计算单位工程材料费。

（5）施工任务书。

施工任务书是施工生产企业按照施工预算和作业计划把生产任务具体落实到施工队组的一种书面形式，反映施工队组在计划期内所负责的工程项目、工程量和进度要求。施工任务书的主要内容包括：生产任务、工期和定额用工；限额领料的数量及材料、用具的基本要求；按人逐日实行作业考勤；质量、安全、协作工作范围等交底；技术措施要求；检查、验收、鉴定、质量评比及结算。

（6）技术节约措施。

技术节约措施采取得当，可以降低材料消耗，保证工程质量。企业定额通常是在一般的施工方法和技术条件下确定的，所以为了保证技术节约措施的有力、有效实施，确定定额用料时还应考虑以节约措施计划为计算依据。

（7）混凝土及砂浆的试配资料。

混凝土及砂浆的质量直接影响到工程质量，定额中的混凝土及砂浆消耗标准是根据标准的材质确定的。但是工程中实际采用的材质或多或少与标准有一定差距，要保证工程质量，必须对施工中实际进场的混凝土及砂浆进行试配和试验，并根据试验合格后的用料消耗标准计算定额。

（8）技术翻样和图纸、资料。

技术翻样和相关的图纸、资料是确定限额领料的依据之一，主要针对门窗、五金、油漆、钢筋等材料而言。门窗可以根据图纸、资料按有关标准图集给出加工单，而五金、油漆的式样、颜色和规格等要经过与建设单位协商，根据图纸和现有资源确定，钢筋、铁件等也要根据图纸、资料及工艺要求由技术部门提供加工单。

（9）新的补充定额。

新的补充定额是对原材料消耗定额的补充或修订，具体根据工艺、材料和管理方法等的变化情况而定。

2. 限额领料数量的确定依据

限额领料的数量和形式无关，遵循共同的原则和依据。只是对于不同的形式，所限的数量和范围不同。

（1）工程量。

正确的工程量是计算限额数量的基础。正常情况下，工程量是一个确定的值，但是在实际施工中，由于设计变更、施工人员不按图纸或违规操作等原因，都会引起工程量的变化。因此，计算工程量时要考虑可能发生的变更，还要注意完成部分的工程量的验收，力求正确计算，作为考核依据。

（2）定额的选用。

定额的正确选用是计算限额数量的标准。选用定额时，根据施工项目找出定额的相应章节，再查找相应定额，还要注意定额的换算。

（3）技术措施。

若施工项目采用技术节约措施，必须根据新规定的单方用料量确定限额数量。

3. 限额领料数量的计算

限额领料数量=计划实物工程量×材料消耗施工定额－技术组织措施节约额

三、 限额领料的程序

限额领料的执行程序包括限额领料单的签发、下达、应用、检查、验收、结算和分析。

1. 限额领料单的签发

签发限额领料单，要由生产计划部门根据分部分项工程项目、工程量和施工预算编制施工任务书，由劳动定额员计算用工数量，然后由材料员按照企业现行内部定额扣除技术节约措施的节约量，计算限额用料数量，填写施工任务书的限额领料部分或签发限额领料单。

在签发过程中，要准确选用定额。若项目采取了技术节约措施，则应按通知单所列配合比单方量加损耗签发。

2. 限额领料单的下达

限额领料单的下达是限额领料的具体实施过程的第一步，一般一式5份，分别交由生产计划部门、材料保管员、劳资部门、材料管理部门和班组。限额领料单要注明质量等部门提出的要求，由工长向班组下达和交底，对于用量大的领料单应进行书面交底。

所谓用量大的领料单，一般指分部位承包下达的施工队领料单，如结构工程既有混凝土，又有砌砖及钢筋、支模等，应根据月度工程进度，列出分层次分项目的材料用量，以便控制用料及核算，起到限额用料的作用。

3. 限额领料单的应用

限额领料单的应用是保证限额领料实施和节约使用材料的重要步骤。班组料具员持限额领料单到指定仓库领料，材料保管员按领料单所限定的品种、规格和数量发料，并做好领用记录。在领料和发料过程中，双方办理领发手续，在领料单中注明用料的单位工程和班组、材料的品种、规格、数量及领用日期，并签字确认。

材料使用部门要对领出的材料做到妥善保管、专料专用。同时，料具员要做好核算工作，出现超额用料时，必须由工长出具借料单，材料人员可以借用一定量的用料，并在规定期限内补办手续，否则将停止发料。限额领料单的应用过程中会出现一些问题，这些问题必须按规定处理好才不会影响材料的领发和使用。

（1）由于气候或天气原因需要中途变更施工项目，领料单中相应项目也要变动处理。

（2）由于施工部署的变化导致施工项目的做法变化，领料单中的项目要做相应增减。

（3）由于材料供应变更导致原施工项目的用料需要变化，领料单需要重新调整。

（4）领料单中的项目到期没有完成的，按实际完成量验收结算，剩余部分下一期重新下达。

（5）施工中常出现的两个或两个以上班组合用一台搅拌机的情况，应分班组核算。

4. 限额领料单的检查

限额领料过程中，班组的用料会受到很多因素的影响。要使班组正确执行定额用料，实行节约措施，材料人员必须深入现场，调查研究，对限额领料单进行检查，发现问题并解决问题。检查限额领料单的内容包括：检查施工项目、检查工程量、检查操作、检查措施的执行、检查活完脚下清。

（1）检查施工项目。

检查施工项目，就是要检查班组用料是否做到专料专用，按照用料单上的项目进行施工。实际施工过程中，由于各种因素的影响，施工项目变动比较多，工程量和材料用量也随之变动，这样可能出现用料串项问题。在限额领料中，应经常对以下方面进行检查：

1）设计变更的项目有无变化。

2）用料单所包括的施工项目是否已做，是否甩项，是否做齐。

3）项目包括的内容是否全部完成。

4）班组是否做限额领料单以外的项目。

5）班组之间是否有串料项目。

（2）检查工程量。

检查工程量，就是要检查班组已经验收的工程项目的工程量与用料单所下达的工程量是否一致。用料的数量是根据班组承担的工程项目的工程量来计算的。检查工程量，可以促使班组严格按照规范施工，保证实际工程量不超量，材料不超耗。对于不能避免的或已经造成的工程量超量，要通过检查结果，根据具体情况做出相应的处理。

（3）检查操作。

检查操作，就是检查班组施工过程中是否严格按照定额或技术节约措施规定的规范进行操作，已达到最佳预期效果。对于工艺比较复杂的工程项目，应该重点检查主要项目和容易错用材料的项目。

（4）检查措施的执行。

检查措施的执行，就是在施工过程中，检查技术节约措施的执行情况。技术节约措施的执行情况直接影响节约效果，所以不但要按照措施规定的配合比和掺合料签发用料单，还应经常检查并及时解决执行中存在的问题，达到节约的目的。

（5）检查活完脚下清。

检查活完脚下清就是在施工项目完成后，检查用料有无浪费，材料是否剩余。施工班组要做到砂浆不过夜、灰槽不剩灰、半砌砖上墙、大堆材料清底使用、运料车严密不漏、装车不要过高、运输道路保持平整；剩余材料及时清理，做到有条件的随用随清，不能随用的集中起来分选再利用，这样有利于材料节约和人员安全。

5. 限额领料单的验收

限额领料单的验收工作由工长组织有关人员完成。施工项目完成后，工程量由工长验收签字，由统计、预算部门审核；工程质量由技术质量部门验收、签署意见；用料情况由材料部门验收、签署意见，合格后办理退料手续，验收记录见表2—17。

表2—17 限额领料"五定五保"验收记录

项　　　目	施工队"五定"	班组"五保"	验收意见
工期要求			
质量标准			
安全措施			
节约措施			
协　　作			

6. 限额领料单的结算

限额领料单验收合格后，送交材料管理员进行结算。材料员根据验收后的工程量和工程质量计算班组实际应用量和实际耗用量，结算盈亏，最后根据已结算的限额用料单登入班组用料台账，定期公布班组用料节超情况，以此进行评比和奖励，结算表见表2—18。

限额领料单的结算中要注意：施工任务书的个别项目因某种原因由工长或生产部门进行更改，原项目未做或中途增加了新项目，这就需要重新签发用料单并与实际耗用量进行对比；某一施工项目中，由于上道工序造成下道工序材料超耗时，应按实际验收的工程量计算材料用量后再进行结算；要求结算的任务书、材料耗用量与班组领料单实际耗用量及结算数字要交圈对口。

7. 限额领料单的分析

根据班组任务结算的盈亏数量，作节超分析，一般根据定额的执行情况，搞清材料浪费、节约的原因，促使进一步降低工程的成本，降低材料的消耗，为今后的修订与补充定额，提供可靠的资料。

表 2—18　分部分项工程材料承包结算表

单位名称		工程名称		承包项目	
材料名称					
施工图预算用量					
发包量					
实耗量					
实耗与施工图预算比					
实耗与发包量比					
节超价值					
提奖率					
提奖额					
主管领导审批意见			材料部门审批意见		
（盖章）　　年　月　日			（盖章）　　年　月　日		

8.限额领料的核算

核算的目的是考核该工程的材料消耗，是否控制在施工定额以内，同时也为成本核算提供必要的数据及情况

（1）根据预算部门提供的材料分析，做出主要材料分部位的两项对比。

（2）建立单位工程耗料台账，按月等级各工程材料消耗用情况，竣工后汇总，并以单位工程报告形式做出结算，作为现场用料节约奖励，超耗罚款的依据。

（3）要建立班组用料台账，定期向有关部门提供评比奖励依据。

第4讲　材料配套供应

材料配套供应，是指在一定时间内，对某项工程所需的各种材料，包括主要材料、辅助材料、周转使用材料和工具用具等，根据施工组织设计要求，通过综合平衡，按材料的品种、规格、质量、数量配备成套，供应到施工现场。

建筑材料配套性强，任何一个品种或一个规格出现缺口，都会影响工程进行。只有各种材料齐备配套，才能保证工程顺利建成投产。材料配套供应是材料供应管理重要的一环，也是企业管理的一个组成部分，需要企业各部门密切配合协作，把材料配套供应工作搞好。

一、材料配套供应应该遵循的原则

1. 保证重点的原则

重点工程关系到国民经济的发展，所需各项材料必须优先配套供应。有限的资

源，应该投放到最急需的地方，反对平均分配使用。

（1）国家确定的重点工程项目，必须保证供应。

（2）企业确定的重点工程项目，系施工进程中的重点，必须重点组织供应。

（3）配套工程的建成，可以使整个项目形成生产能力，为保证"开工一个，建成一个"，尽快建成投产，所需材料也应优先供应。

2. 统筹兼顾的原则

对各个单位、各项工程、各种使用方向的材料，应本着"一盘棋"精神通盘考虑，统筹兼顾，全面进行综合平衡。既要保证重点，也要兼顾一般，以保证施工生产计划全面实现。

3. 勤俭节约的原则

节约是社会主义经济的基本原则。建筑工程每天都消费大量材料，在配套供应的过程中，应贯彻勤俭节约的原则，在保证工程质量的前提下，充分挖掘物资潜力，尽量利用库存，促进好材精用、小材大用、次材利用、缺材代用。在配套供应中要实行定额供应和定额包干等经济管理手段，促进施工班组贯彻材料节约技术措施与消耗管理，降低材料单耗。

4. 就地就近供应原则

在分配、调运和组织送料过程中，都要本着就地就近配套供应的原则，并力争从供货地点直达现场，以节省运杂费。

二、做好配套供应的准备工作

1. 掌握材料需用计划和材料采购供应计划

要做好材料的配套供应工作，首先要切实查清工程所需各项材料的名称、规格、质量、数量和需用时间，使配套有据。

2. 掌握可以使用的材料资源

掌握包括内部各级库存现货，在途材料，合同期货和外部调剂资源，加工、改制利用、代用资源等在内的材料资源，使配套有货。

3. 保证交通运输条件

对于运输工具和现场道路应与有关部门配合，保证现场运输路线畅通。

4. 做好交底工作

与施工部门密切配合，对生产班组做好关于配套供应的交底工作，要求班组认真执行，防止发生浪费而打乱配套计划。

三、材料平衡配套方式

1. 会议平衡配套

会议平衡配套又称集中平衡配套。一般是在安排月度计划前，由施工部门预先提出需用计划，材料部门深入施工现场，对下月施工任务与用料计划进行详细核实摸底，并结合材料资源进行初步平衡，然后在各基层单位参加的定期平衡调度会上互相交换意见，解决临时出现的问题，确定材料配套供应计划。

2. 重点工程平衡配套

列入重点的工程项目，由主管领导主持召开专项会议，研究所需用材料的配套工作，决定解决办法，做到安排一个，落实一个，解决一个。

3. 巡回平衡配套

巡回平衡配套，指定期或不定期到各施工现场，了解施工生产需要，组织材料配套，解决施工生产中的材料供需矛盾。

4. 开工、竣工配套

开工配套以结构材料为主，目的是保证工程开工后连续施工。竣工配套以装修和水、电安装材料以及工程收尾用料为主，目的是保证工程迅速收尾和施工力量的顺利转移。

5. 与建设单位协作平衡配套

施工企业与建设单位分工组织供料时，为了使建设单位供应的材料与施工企业的市场采购、调剂的材料协调起来，应互相交换备料、到货情况，共同进行平衡配套，以便安排施工计划，保证材料供应。

四、配套供应的方法

1. 以单位工程为配套供应的对象

采取单项配套的方法，保证单位工程配套的实现。配套供应的范围，应根据工程的实际条件来确定。例如以一个工程项目中的土建工程或水电安装工程为配套供应对象。对这个单位工程所需的各种材料、工具、构件、半成品等，按计划的品种、规格、数量进行综合平衡，按施工进度有秩序地供应到施工现场。

2. 以一个工程项目为对象进行配套供应

由于牵涉到土建、安装等多工种的配合，所需料具的品种规格更为复杂，这种配套方式适用于由现场项目部统一指挥、调度的工程和由现场型企业承建的工程。

3. 大部分配套供应

采用大分部配套供应，有利于施工管理和材料供应管理。把工程项目分为基础工程、框架结构工程、砌筑工程、装饰工程、屋面工程等几个大分部，分期分批进行材料配套供应。

4. 分层配套供应

对于半成品和钢木门窗、预制构件、预埋铁件等，按工程分层配套供应。这个办法可以少占堆放场地，避免堆放挤压，有利于定额耗料管理。

5. 配套与计划供应相结合

综合平衡，计划供应是过去和现在通常使用的供应管理方式。有配套供应的内涵，但计划编制一般比较粗糙，往往要经过补充调整才能满足施工需要，对于超计划用料，也往往掌握不严，难以杜绝浪费。计划供应与配套供应相结合，首先对确定的配套范围，认真核实编好材料配套供应计划，经过综合平衡后，切实按配套要求把材料供应到施工现场,并对超计划用料问题认真掌握和控制。这样的供应计划,更切合实际,更能满足施工生产需要。

6. 配套与定额管理相结合

定额管理主要包括两个内容,一是定额供料,二是定额包干使用。配套供应必须与定额管理结合起来,不但配套供料计划要按材料定额认真计算,而且要在配套供应的基础上推行材料耗用定额包干。这样可以提高配套供应水平和提高定额管理水平。

7. 周转使用材料的配套供应

周转使用材料也要进行配套供应,应以单位工程对象,按照定额标准计算出实际需用量,按施工进度要求,编制配套供应计划,按计划进行供应。

第6单元　材料消耗定额管理

第1讲　材料消耗定额作用与分类

一、材料消耗定额的概念及构成

材料消耗定额,是在合理和节约使用材料的条件下,生产单位质量合格产品或完成单位工作量所必须消耗的一定规格的材料、成品、半成品和水、电等资源的数量标准。

"合理和节约使用材料的条件"也是影响材料消耗水平的因素,主要包括:工人的操作技术水平、施工工艺水平、企业管理水平;材料的质量及适用的品种规格、施工现场及完备的施工准备;适合施工的自然条件等。

"单位质量合格产品"指的是按实物单位表示的一个产品。 "单位工作量"指的是很难用实物单位计量的工作量,则按工作所完成的价值来反映。

材料消耗定额反映一个时期内的材料消耗水平,所以要求其在一定时期内保持相对稳定。随着技术进步、工艺改革和组织管理水平的提高,材料消耗定额需要更新和修订。

为了清楚材料消耗定额的构成,首先应对材料消耗的构成进行分析。

1.材料消耗的构成

在整个施工过程中,材料消耗的去向,一般说来,包括以下三部分:

(1)有效消耗即直接构成工程实体的材料净用量。

(2)工艺损耗工艺损耗指由于工艺原因,在施工准备过程中发生的损耗,又称为施工损耗,包括操作损耗、余料损耗和废品损耗。工艺性损耗的特点是在施工过程中不可避免地要发生,但随着技术水平的提高,能够减少到最低程度。

（3）非工艺性损耗。如在运输、储存保管方面发生的材料损耗；供应条件不符合要求而造成的损耗，包括以大代小、优材劣用等。非工艺损耗的特点，也是很难完全避免其发生的，损耗量的大小与生产技术水平、组织管理水平密切相关。

2. 材料消耗定额的构成

材料消耗定额的实质，就是材料消耗量的限额。一般由有效消耗和合理损耗组成。材料消耗定额的有效消耗部分是固定的，所不同的只是合理损耗部分。

（1）材料消耗施工定额的构成

材料消耗施工定额=有效消耗+合理的工艺损耗

材料消耗施工定额主要用于企业内部施工现场的材料耗用管理，随着材料使用单位（工程承包单位）承包范围的扩大，材料消耗施工定额还应包含相应的管理损耗。

（2）材料消耗预（概）算定额的构成 、

材料消耗预（概）算定额 =有效消耗+合理的工艺损耗+合理的管理损耗

材料消耗预（概）算定额是地区的平均消耗标准，反映建筑企业完成建筑产品生产全过程的材料消耗平均水平。建筑产品生产的全过程，涉及各项管理活动，材料消耗预（概）算定额不仅应包括有效消耗与工艺损耗，还应包括管理损耗。

二、材料消耗定额的作用

建筑企业的生产活动，随时都在消耗大量的材料，材料成本占工程成本的70%左右，因此如何合理地、节约地、高效地使用材料，降低材料消耗，是材料管理的主要内容。材料消耗定额则成为材料管理内容的基本标准和依据。材料消耗定额的作用具体体现在以下几个方面。

1. 编制各项材料计划的基础

施工企业的生产经营活动都是有计划地进行的，正确按照定额编制各项材料计划，是搞好材料分配和供应的前提。施工生产合理的材料需用量，是以建筑安装实物工程量乘以该项工程量的某种材料消耗定额而得到的。

2. 确定工程造价的主要依据

对同一个工程项目投资多少，是依据概算定额对不同设计方案进行技术经济比较后确定的。而工程造价中的材料费，是根据设计规定的工程量、工程标准和材料消耗定额计算各种材料数量，再按地区材料预算价格计算得出的。

3. 推行经济责任制的重要手段

材料消耗定额是科学组织材料供应并对材料消耗进行有效控制的依据。有了先进合理的材料消耗定额，可以制定出科学的责任标准和消耗指标，便于生产部门制定明确的经济责任制。

4. 搞好材料供应及企业实行经济核算和降低成本的基础

有了先进合理的材料消耗定额，便于材料部门掌握施工生产的实际材料需用量，并根据施工生产的进度，及时、均衡的按材料消耗定额确定需用量并组织材料供应，据此对材料消耗情况进行有效控制。

材料消耗定额是监督和促进施工企业合理使用材料、实现增产节约的工具。材料消耗定额从制度上规定了耗用材料的数量标准。有了材料消耗定额，就有了材料消耗的标准和尺度，就能依据它来衡量材料在使用过程中是节约还是浪费；就能有效地组织限额领料；就能促进施工班组加强经济核算，降低工程成本。

5. 推动企业提高生产技术和科学管理水平的重要手段

先进合理的材料消耗定额，必须以先进的实用技术和科学管理为前提，随着生产技术的进步和管理水平的提高，必须定期修订材料消耗定额，使它保持在先进合理的水平上。企业只有通过不断改进工艺技术、改善劳动组织，全面提高施工生产技术和管理水平，才能够达到新的材料消耗定额标准。

三、材料消耗定额的分类

根据不同的划分标准，材料消耗定额有着不同的划分方法。

1. 按照材料的类别划分

材料消耗定额按照材料类别不同可以分为主要材料消耗定额、周转材料消耗定额和辅助材料消耗定额。

（1）主要材料消耗定额。

主要材料是指建筑上直接用于构成工程主要实体的各项材料，例如钢材、木材、水泥、砂石等。这些材料通常是一次性消耗，且其费用在材料费用中占较大的比重。主要材料消耗定额按品种确定，由构成工程实体的净用量和合理损耗量组成，即

主要材料消耗定额=净用量+合理损耗量

（2）周转材料消耗定额。

周转材料指在施工过程中能反复多次周转使用，而又基本上保持原有形态的工具性材料。周转材料经多次使用，每次使用都会产生一定的损耗，直至失去使用价值。周转材料消耗定额与周转材料需用数量及该周转材料周转次数有关，其计算方法是：

周转材料消耗定额=单位实物工程量需用周转材料数量/该周转材料周转次数

（3）辅助材料消耗定额。

辅助材料与主要材料相比，其用量少，不直接构成工程实体，多数也可反复使用。辅助材料中的不同材料有不同特点，所以辅助材料消耗定额可按分部分项工程的工程量计算实物量消耗定额；也可按完成建筑安装工作量或建筑面积计算货币量消耗定额；还可按操作工人每日消耗辅助材料数量计算货币量消耗定额。

2. 按照定额的用途划分

材料消耗定额按照用途不同可以分为材料消耗的概（预）算定额、材料消耗施工定额和材料消耗估算指标。

（1）材料消耗概（预）算定额。

材料消耗概（预）算定额是由各省、市基建主管部门按照分部分项工程编制的，

其编制工作以一定时期内执行的标准设计或典型设计为依据,遵照建筑安装工程施工及验收规范、质量评定标准及安全操作规程,还要参考当地社会劳动消耗的平均水平、合理的施工组织设计和施工条件。

材料消耗概(预)算定额,是计取各项费用的基本标准,是进行工程材料结算、计算工程造价和编制建筑安装施工图预算的法定依据。

(2)材料消耗施工定额。

材料消耗施工定额由建筑企业结合自身在目前条件下可能达到的水平自行编制的材料消耗标准,反映了企业的管理水平、工艺水平和技术水平。材料消耗施工定额是材料消耗定额中划分最细的定额,具体反映了每个部位或分项工程中每一操作项目所需材料的品种、规格和数量。在同一操作项目中,同一种材料消耗量,在施工定额中的消耗数量低于概(预)算定额中的数量标准,也就是说,材料消耗施工定额的水平高于材料消耗概(预)算定额。

"两算"指的是施工预算与施工图预算,"两算对比"是指按照设计图纸和材料消耗概(预)算定额计算的施工图预算材料需用量,与按照施工操作工法和材料消耗施工定额计算的施工预算材料需用量之间的对比。材料消耗施工定额是材料部门进行两算对比的内容之一,是企业内部实行经济核算和进行经济活动分析的基础,是建设项目施工中编制材料需用计划、组织定额供料和企业内部考核、开展劳动竞赛的依据。

(3)材料消耗估算定额。

材料消耗估算定额是以材料消耗概(预)算定额为基础,以扩大的结构项目形式表示的一种定额。在施工技术资料不全且有较多不确定因素的情况下,通常用材料消耗估算定额来估算某项(类)工程或某个部门的建筑工程所需主要材料的数量。材料消耗估算定额是非技术性定额,不能用于指导施工生产,而主要用于审核材料计划,考核材料消耗水平,也可作为编制初步概算、年度材料计划,控制经济指标,备料和匡算主要材料需用量的依据。

材料消耗估算定额通常有两种表示方法。一种是以企业完成的建筑安装工作量和材料消耗量的历史统计资料测算的材料消耗估算定额。其计算方法是:

每万元工作量的某材料消耗量=统计期内某种材料消耗总量/该统计期内完成的建筑安装工作量(万元)

这种估算定额属于经验定额,使用这一定额时,要结合计划工程项目的有关情况进行分析,适当予以调整。

另一种是按完成建筑施工面积和完成该面积所消耗的某种材料测算的材料消耗估算指标。其计算方法是:

每平方米建筑面积的某材料消耗量=统计期内某种材料消耗总量/该统计期内完成的建筑施工面积(m2)。

这种估算定额也是一种经验定额,不受价格的影响,但受到不同项目结构类型、设计选用的不同材料品种和其他变更因素的影响,使用时要根据实际情况进行适当调整。

3. 按定额的适用范围划分

材料消耗定额按适用范围不同可以分为生产用材料消耗定额、建筑施工用材料消耗定额和经营维修用材料消耗定额。

（1）生产用材料消耗定额。

生产用材料消耗定额是指包括建筑企业在内的工业生产企业生产产品时所消耗材料的数量标准。基于类似的技术条件、操作方法和生产环境，可参照工业企业的生产规律，根据不同的产品按其材料消耗构成拟定生产用材料消耗定额。

（2）建筑施工用材料消耗定额。

建筑施工用材料消耗定额是建筑企业施工的专用定额，是根据建筑施工特点，结合当前建筑施工常用技术方法、操作方法和生产条件确定的材料消耗定额标准。

（3）经营维修用材料消耗定额。

经营维修用料不同于建材制品生产用料和施工生产用料，它具有用量零星、品种分散的特点，没有固定的、具体的产品数量。经营维修用材料消耗定额是根据经营维修的不同内容和不同特点，以一定时期的维修工作量所耗用的材料数量作为消耗标准的一种定额。

第 2 讲　材料消耗定额的制定

制定材料消耗定额的目的是增加生产、厉行节约，既要保证施工生产的需要，又要降低消耗，提高企业经营管理水平，取得最佳经济效益。

一、制定材料消耗定额的原则

1. 合理控制消耗水平的原则

材料消耗预算定额应反映社会平均消耗水平，材料消耗施工定额则应反映企业个别的先进合理的消耗水平。

制定材料消耗施工定额是为了在保证工程质量的前提下节约使用材料，获得好的经济效果，因此，要求定额具有先进性和合理性，应是平均先进的定额。所谓平均先进水平，即是在当前的技术水平、装备条件及管理水平的状况下，大多数职工经过努力可以达到的水平。如果定额水平过高，会影响职工的积极性；反之，若定额水平过低，无约束力，则起不到定额应有的作用。

2. 综合经济效益的原则

所谓综合经济效益，就是优质、高产与低耗统一的原则。制定材料消耗定额，要从加强企业管理、全面完成各项技术经济指标出发，而不能单纯的强调节约材料。降低材料消耗，应在保证工程质量、提高劳动生产率、改善劳动条件的前提下进行。

二、制定材料消耗定额的要求

1. 定质

制定材料消耗定额应对所需材料的品种、规格、质量，作正确的选择，务必达到技术上可靠、经济上合理和采购供应上的可能。具体考虑的因素和要求是品种、规格和质量均符合工程（产品）的技术设计要求，有良好的工艺性能、便于操作，有利于提高工效，采用通用、标准产品，尽量避免采用稀缺昂贵材料。

2. 定量

损耗量是定量的关键所在。消耗定额中的净用量，一般是相对不变或相对稳定的量。正确、合理地判断损耗量的大小，是制定消耗定额的关键，也体现出定额的先进性。

在消耗材料过程中，总会产生损耗和废品。其中有一部分属于受当前生产管理水平限制而公认的不可避免的，如砂浆搅拌后向施工工作面运输过程中，由于运输设备不够精密，必然存在漏灰损失；在使用砂浆时，也必然存在着掉灰、桶底余灰损失。再如砖，在装、运、卸、储等一系列操作中，即使是轻拿轻放，也难免要破碎而形成损耗。这些均属普遍存在，在目前施工条件下无法避免的，应作为合理损耗计入定额。另一部分属于现有条件下可以避免的，如运灰途中翻车所造成的损失，或是装运砖时利用翻斗汽车倾卸砖，或是保管材料不当而形成的材料损失，或是施工操作不慎造成质量事故的材料损失等。这些应看成是不合理的，属于可以避免的损耗，应作为浪费而不计入定额。

损耗的合理与否，要采取群专结合、以专为主、现场测试等的方式，正确判断和划分。

三、材料消耗定额制定的方法

制定消耗定额常用的方法主要有技术分析法、标准试验法、统计分析法、经验估算法和现场测定法。

1. 技术分析法

技术分析法是根据施工图纸、技术资料和有关施工工艺标准，确定选用材料的品种、性能、规格，计算出材料净用量和合理操作损耗量并合并得出消耗定额的一种方法。技术分析法先进、科学，因有足够的技术资料作依据而得到普遍采用。

2. 标准试验法

标准试验通常是在试验室内利用专门的仪器、设备进行测试确定材料消耗量的方法。通过测试求得完成单位工程量或生产单位产品消耗的材料数量，再对试验条件进行修正，制定出材料消耗定额。

3. 经验估算法

根据有关制定定额的业务人员、操作者、技术人员的经验或已有资料，通过估算来制定材料消耗定额的方法。估算法具有实践性强、简便易行、制定迅速的特点，但是缺乏科学计算依据、准确性因人而异。

在急需临时估计一个概算、无统计资料、虽有消耗量但不易计算（如某些辅助材料、工具、低值易耗品等）的情况下，通常采用经验估算法。

4. 统计分析法

统计分析法是指根据某分项工程实际材料消耗量与相应完成的实物工程量统计的数量，求出平均消耗量，再根据计划期与原统计期的不同因素作适当调整后，确定材料消耗定额。

采用统计分析法时，为确保定额的先进水平，通常按以往实际消耗的平均先进数作为消耗定额，求得平均先进数的具体方法有两种。

（1）从同类型结构工程的 10 个单位工程消耗量中，扣除上、下各 2 个最低和最高值后，取中间 6 个消耗量的平均值。

（2）将一定时期内比总平均数先进的各个消耗值，求出平均值，这个平均值即为平均先进数。

【例】如表 2—19 中所示，假定某产品 7～12 月份消耗的材料已知。

表 2—19 某产品消耗的材料月份

项目 \ 月份	7 月	8 月	9 月	10 月	11 月	12 月	合计/（平均）
产量	80	85	85	90	100	110	550
材料消耗量	950	890	850	900	1050	825	5465
单耗/（kg/月）	11.5	11	10	9.6	9.4	8.5	（10）

从表 2—19 中看出，7～12 月份每月用料的平均单耗为 10 kg。其中，7、8 两个月单耗大于平均单耗，9 月与平均单耗相等，10、11、12 三个月低于平均单耗，这三个月的单耗即为先进数。再将这三个月的材料消耗数计算出平均单耗，即为平均先进数。计算式为：

900+1050+825/90+100+110=2775/300=9.25（kg/月）

上述平均先进数的计算，是按加权算术平均法计算的，当各月产量比较平衡时，也可用简单算术平均法求得，即：

9.6+9.4+8.5/3=27.5/3=9.17（kg/月）

这种统计分析的方法，符合先进、合理的要求，常被各企业采用，但其准确性由统计资料的准确程度而定。若能在统计资料的基础上，调整计划期的变化因素，就更能接近实际。

5. 现场测定法

现场测定法是组织有经验的施工人员、工人、业务人员，在现场实际操作过程中对完成单一产品的材料消耗进行实地观察和测定、写实记录，用以制定定额的方法。显然，这种方法受被测对象的选择和测试人员的素质影响较大。因此，首先要求所选单项工程对象具有普遍性和代表性，其次要求测试人员的技术好、素质高、责任心强。

现场测定法的优点是目睹现实、真实可靠、易发现问题、利于消除一部分消耗不合理的浪费因素，可提供较为可靠的数据和资料。但工作量大，在具体施工操作中实测较难，还不可避免地会受到工艺技术条件和施工环境因素等的限制。

四、编制材料消耗定额的步骤

1. 确定净用量

材料消耗的净用量，一般用技术分析法或现场测定法计算确定。如果是混合性材料，如各类混凝土及砂浆等，则先求所含几种材料的合理配合比，再分别求得各种材料的用量。

2. 确定损耗率

建设工程的设计方案确定后，材料消耗中的净用量是不变的，定额水平的高低主要表现在损耗的大小上。正确确定材料损耗率是制定材料消耗定额的关键。施工生产中，材料在运输、中转、堆放保管、场内搬运和操作中都会产生一定的损耗。

3. 计算定额耗用量

材料配合比和材料损耗率确定以后，就可以核定材料耗用量了。根据规定的配合比，计算出每一单位产品实体需用材料的净用量，再按损耗率和算出的净用量，或者采用现场测定法测出实际的损耗量，运用下列公式计算材料消耗定额。

（1）损耗率=损耗量/总消耗量×100%

（2）损耗量=总消耗量-净用量

（3）净用量=总消耗量-损耗量

（4）总消耗量=净用量/（1—损耗率）=净用量+损耗量

五、材料消耗概算定额的编制方法

材料消耗概算定额是以某个建筑物为单位或某种类型、某个部门的许多建筑物为单位编制的定额，表现为每万元建筑安装工作量、每平方米建筑面积的材料消耗量。材料消耗概算定额是材料消耗预算定额的扩大与合并，比材料消耗预算定额粗略，一般只反映主要材料的大致需要数量。

1. 编制材料消耗概算定额的基本方法

（1）统计分析法。

对一个阶段实际完成的建筑安装工作量、竣工面积、材料消耗情况，采用统计分析法计算确定材料消耗概算定额。主要计算公式如下：

每万元建筑安装工作量的某种材料消耗量=报告期某种材料总消耗量/报告期建筑安装工作量（万元）

某类型工程或某单位工程每平方米竣工面积的材料消耗量=某类型工程或某单位工程材料总消耗量/某类型工程或某单位工程的竣工面积（m2）

（2）技术计算法。

根据建筑工程的设计图纸所反映的实物工程量,用材料消耗预算定额计算出材料消耗量,加以汇总整理而成。计算公式同上。

2. 材料消耗概算定额应按不同情况分类编制

(1)按不同阶段制定材料消耗概算定额。

一个系统综合一个阶段(一般为 1 年)内完成的建筑安装工作量、竣工面积、材料实耗数量计算万元定额或平方米定额。某地根据统计资料,综合工业及民用各类建筑工程,核定综合性三大材料的概算定额见表 2—20。

表 2—20 工业建筑、民用工程综合性材料消耗概算定额

年度	竣工面积(万 m^2)	建筑安装工作量(万元)	钢材			木材			水泥		
			年耗用/t	t/m^2	t/万元	年耗用/(m^3)	m^3/m^2	m^3/万元	年耗用/t	t/m^2	t/万元
1993	153.33	23449.3	97299	0.064	4.15	67035	0.044	2.86	250157	0.167	10.69
1994	155.25	30324.7	126872	0.082	4.10	116872	0.072	3.60	396787	0.Z56	13.02
1995	155.39	35356.6	132428	0.084	3.72	116533	0.075	3.29	401190	0.274	11.00
1996	142.25	30386.2	102908	0.072	3.30	52855	0.037	1.73	326009	0.229	10.72
1997	122.06	26283.67	87553	0.072	3.30	36366	0.030	1.38	271970	0.223	10.35
1998	178.17	36314	131099	0.076	2.70	74292	0.042	2.03	374224	0.210	10.22
1999	178.82	44803	162907	0.091	3.63	80371	0.045	1.82	429211	0.240	9.58
2000	208.81	49931	170814	0.082	3.42	52705	0.025	1.06	520933	0.249	10.43

(2)按不同类型工程制定材料消耗概算定额。

以上综合性材料消耗概算定额在任务性质相仿的情况下是可行的。但如果年度中不同类型的工程所占比例不同,最好按不同类型分别计算制定材料消耗概算定额,以求比较切合实际。某单位按不同类型工程制定的每平方米建筑面积材料消耗概算定额见表 2—21。

表 2—21 不同类型工程每平方米建筑面积平均材料消耗概算定额

任务性质	工程类型	钢材/t	木材/m^3	水泥/t
工业	重型厂房	0.11	0.05	0.28
工业	轻型厂房	0.065	0.04	0.25
工业	工业用房	0.050	0.04	0.20
工业	每立方米构筑物混凝土	0.12	0.05	0.30
民用	工房	0.03	0.05	0.16
民用	高层建筑	0.05	0.05	0.20
民用	其他用房	0.045	0.04	0.18
民用	人防	0.12	0.160	0.30

(3)按不同类型工程和不同结构制定材料消耗概算定额。

同一类型的工程，当其结构特点不同时，耗用材料数量也不同。为了适合各个工程不同结构的特点，应进一步按不同结构制定材料消耗概算定额。某单位对某些工业用房按不同结构编制的材料消耗概算定额见表 2—22。

表 2—22　不同类型和结构的工程的材料消耗概算定额

工程情况		××厂 泡沫玻璃生产车间 2 层预制框架,面积 3403 m² 总造价 520.541 元,单价 152.97 元/m²		××厂机修车间 单层钢筋混凝土,面积 1007 m² 总造价 128.595 元,单价 127.70 元/m²		××厂总仓库 2 层钢筋混凝土,面积 1105 m² 总造价 93.943 元,单价 84.61 元/m²	
材料名称	单位	万元耗料	m² 耗料	万元耗料	m² 耗料	万元耗料	m² 耗料
水泥	kg	17861	273.24	15437	197.09	18.094	127.77
钢筋	kg	3673	56.19	2.944	37.60	2.533	21.45
钢材	kg	868	13.27	694.4	8.87	623	5.27
钢窗料	kg	491	7.52	515	6.58	356	3.02
木模	kg	1.77	0.027	2.43	0.030	11 09	0.009
木材	kg	0.24	0.004	0.04	0.001	0.07	0.001
黄砂	t/m³	28.35/21.32	0.434/0.33	30.77/23.14	0.393/0.295	28.83/21.68	0.224/0.118
碎石	t/m³	35.28/25.95	0.54/0.40	36.48/26.82	0.446/0.343	33.15/24.38	0.280/0.206
统一砖	块	8065	123.38	9193.5	117.42	5.884	49.78
石灰	kg	804	12.37	779	9.94	1.003	8.75

（4）典型工程。

典型工程按材料消耗预算定额详细计算后汇总而成的平方米定额或万元定额，见表 2—23。

表 2—23　典型住宅每平方米材料消耗概算定额

材料名称	单位	190 mm 砌块住宅		附加工料		240 mm 砌块住宅		240 mm 砌块地下室	
		现场用料	工厂加 工用料	室外工程	基础加固	现场用料	工厂加 工用料	现场用料	工厂加 工用料
水泥	kg	89	30	6.50	7.50	93	29	229	41
钢筋	kg	7.12	6.26	0.02	0.41	7.06	5.94	56.00	10.00
钢材	kg	0.74	1.52			0.70	1.47		1.10
钢窗料	kg		5.45			5.29			1.00
镀锌钢管	kg	0.80				0.77			
铸铁管	kg	7.36			0.0003	7.15			
木模（原材）	m³	0.0063	0.0016			0.0079	0.0016	0.0710	
木材（原材）	m³	0.0007	0.0104		0.021/ 0.016	0.0007	0.0101		
黄砂	t/m³	0.24/ 0.18	0.04/ 0.03	0.04/ 0.011	0.042/ 0.031	0.25/ 0.188	0.04/ 0.03	0.04/ 0.33	0.05/ 0.038

材料名称	单位	190 mm 砌块住宅		附加工料		240 mm 砌块住宅		240 mm 砌块地下室	
		现场用料	工厂加工用料	室外工程	基础加固	现场用料	工厂加工用料	现场用料	工厂加工用料
碎石	t/m³	0.16/ 0.12	0.07/ 0.0151	0.037/ 0.027	7.50	0.21/ 0.154	0.06/ 0.044	0.77/ 0.566	0.08/ 0.059
标准砖	块	76		5.50		85			
中型硅酸盐砌块	m³	0.19				0.23			
石灰	kg	20.13		0.02		20.00			
沥青	kg	0.93				0.92			
油毛毡	m²	0.55				0.55			
玻璃	m²	0.14				0.14			

注：1）190 mm 及 240 mm 砌块住宅，系利用工业废渣粉煤灰制作的硅酸盐砌体作为墙体材料的住宅；

2）如 240 mm 砌块墙改为砖墙，则每立方米砌块一标准砖 684 块。

第3讲 材料消耗定额的管理

搞好材料消耗定额管理，是搞好材料管理的基础，也是加强经济核算，促进节约使用材料，降低工程成本的有效途径。材料消耗定额的制定、执行和修改，是一项技术性很强、工作量很大、涉及面很广的艰巨复杂的工作。

一、管理组织体制

加强材料消耗定额管理，首先要从组织体制抓起，建立各级材料定额管理机构。

材料定额管理机构的任务是拟定有关材料消耗定额的政策和规定，组织编制或审批材料消耗定额，监督材料定额的执行，定期修订定额，负责材料定额的解释。

各级材料定额管理机构还应配备专职或兼职材料定额管理员，使物化劳动的消耗定额与活动的消耗定额一样有人管，负责材料消耗定额的解释和业务指导；经常检查定额使用情况，发现问题，及时纠正；做好定额考核工作；收集积累有关定额资料，以便修订调整定额。

二、材料定额的制订和修订

1.做好材料消耗定额的制订和补充工作

建筑企业材料消耗定额的制订和补充工作应落实到职能部门，将其作为职能部门的正常业务工作。这就要求有关人员熟悉和研究材料消耗定额的编制原则和方法，对不能满足实际要求的材料消耗定额进行定期修订和补充。

编制材料消耗定额，要遵循以下几点原则：

（1）降低消耗的原则。加强材料消耗定额管理的目的，就是为了提高经济效益，降低消耗。

（2）实事求是的原则。制订材料消耗定额，要从客观实际条件出发，确定合理的定额水平。

（3）先进的原则。充分发挥和调动生产工人合理使用材料的积极性，为实现定额水平而努力。

（4）确保工程质量的原则。确保工程质量是最大的节约，质量低劣的产品是最大的浪费。材料消耗定额很难一次编齐全，往往在执行中逐步齐备。有的项目可能在制订时遗漏了，有的项目可能随着技术工艺的不断进步而产生。应根据制订定额的基本原则和方法，及时调查研究，收集资料，及时拟定补充定额。

2.材料消耗定额的修订

（1）找出需要修改定额的实际原因。如施工条件能不能达到定额中规定的要求、定额水平是否脱离实际可能或定额用量要求过严，失去了一定的约束力，质量要求是否符合实际，等等。通过调查，针对原因所在，研究解决问题的办法。

（2）掌握原始数据。平时在实际施工中要经常注意原始消耗资料的积累，作为修订定额的原始依据。

（3）正确做好修改定额的计算，使修订后的定额更加符合实际，推动施工生产发展。

（4）修订的定额一定要按规定程序，报请上级批准后执行，如果随便修改，没有经过一定的审批程序，那就失去了定额应有的严肃性。

在修订材料消耗定额的过程中，要由技术、施工、材料等有关部门共同研究解决，进行技术和经济上的综合处理。

三、材料消耗定额的调整

材料消耗定额管理过程中，经常需要结合实际情况对材料消耗定额做出相应的调整。材料消耗定额的调整，可由企业自行审定后执行。

当工程设计要求与消耗定额不符时，可根据工程设计的要求，对比定额规定的条件作适当调整。如抹灰和楼地面面层的厚度，工程设计为了某种原因，要求大于定额规定厚度时，可以按增加部分调整材料消耗定额。

【例】某地面面层的设计要求作 50 mm 厚的细石混凝土，但本单位的材料消耗定额规定厚度为 40 mm，材料消耗定额按规定可以作相应调整。

材料消耗定额调整系数=设计要求厚度/定额规定厚度=50/40=1.25

当使用材料的规格与材料消耗定额规定的规格不同时，也要调整定额。如使用水泥的强度等级未完全按定额规定的强度等级组织供应时，必须做出调整。有些单位对定额规定混凝土的细集料改为以中、粗砂为主，粒径发生变化导致水泥用量也必须做出相应调整。

施工中的某些特殊要求影响材料消耗量时，可按规定作相应调整。如混凝土一般在定额确定时，规定坍落度为 40～60 mm。若施工中要求增加坍落度时，在保持水胶比不变的情况下，要根据混凝土的强度等级适当增加水泥用量。

四、材料消耗定额的考核

加强材料消耗定额执行过程中的考核工作可以提高材料使用过程的经济效益。考核工作的重点是计算材料的节约与超耗，可采用实物和货币两种方式进行考核。

采用实物形式时，按下式进行考核：

某种材料节约（超耗）量=定额消耗总量－实际消耗总量

采用实物形式时，按下式进行考核：

某种材料节约（超耗）额=定额消耗总额－实际消耗总额

上面两个公式表明了材料应消耗量（额）与实消耗量（额）之间的差异，是材料节约、超耗直接的量化反映。除此之外，还应以节超率考核材料的节超水平。计算公式为：

材料节约（超耗）率=材料节约（超耗）量/材料定额需用总量×100%

除了考核某种材料节超率之外，还要考核材料的综合节超率。综合节超率通常采用货币形式考核。

材料综合节约（超耗）率=材料总节约（超耗）额/材料定额需用总额×100%

收集和积累材料定额执行情况的资料，经常进行调查研究和分析工作，是材料定额管理中的一项重要工作。这样不仅能清楚材料使用过程中节约和浪费的原因，更重要的是可以采取措施，堵塞漏洞，总结、交流节约经验，进一步减少材料消耗，降低工程成本，还可以为修订和补充定额提供可靠资料。

材料消耗的数量标准是企业自身生产经营体系的重要组成部分。随着我国投资体制和基本建设管理体制的改革和发展，以传统的工程概（预）算进行工程承包和结算的管理模式在逐步改变。招标投标制的普遍推行，市场竞争、企业核心技术和国际化程度的提高，对企业的材料消耗定额将提出更高的要求，使得造价管理向着国际通行规则发展，即量价分离。许多地区已推行"定额量、指导费、市场价"的造价管理体系，更客观、全面地体现出企业的经营生产能力。

第7单元　材料核算管理

第1讲　材料核算管理方法及成本分析

一、材料核算的概念

材料核算是企业经济核算的重要组成部分。材料核算是以货币或实物数量的形式,对建筑企业材料管理工作中的采购、供应、储备、消耗等项业务活动进行记录、计算、比较和分析,总结管理经验,找出存在问题,从而提高材料供应管理水平的活动。

材料供应核算是建筑企业经济核算工作的重要组成部分。材料费用一般占建筑工程造价 60% 左右,材料的采购供应和使用管理是否经济合理,对企业的各项经济技术指标的完成,特别是经济效益的提高有着重大的影响。因此建筑企业在考核施工生产和经营管理活动时,必须抓住工程材料成本核算、材料供应核算这两个重要的工作环节。

进行材料核算,应做好以下基础工作。

（1）要建立和健全材料核算的管理体制。

要使材料核算的原则贯穿于材料供应和使用的全过程,做到干什么、算什么,人人讲求经济效果,积极参加材料核算和分析活动。这就需要组织上的保证,把所有业务人员组织起来,形成内部经济核算网,为实行指标分管和开展专业核算奠定组织基础。

（2）要建立健全核算管理制度。

明确各部门、各类人员以及基层班组的经济责任,制定材料申请、计划、采购、保管、收发、使用的办法、规定和核算程序。把各项经济责任落实到部门、专业人员和班组,保证实现材料管理的各项要求。

（3）要有扎实的经营管理基础工作。

基础工作主要包括材料消耗定额、原始记录、计量检测报告、清产核资和材料价格等。材料消耗定额是计划、考核、衡量材料供应与使用是否取得经济效果的标准;原始记录是反映经营过程的主要凭证;计量检测是反映供应、使用情况和记账、算账、分清经济责任的主要手段;清产核资是摸清家底,弄清财、物分布占用,进行核算的前提;材料价格是进行考核和评定经营成果的统一计价标准。没有良好的基础工作,就很难开展经济核算。

二、材料核算的基本方法

1. 工程成本的核算

工程成本核算是指对企业已完工程的成本水平,执行成本计划的情况进行比较,是一种既全面而又概略的分析方法。工程成本按其在成本管理中的作用有三种表现形式:预算成本、计划成本和实际成本。

（1）预算成本。

预算成本,是根据构成工程成本的各个要素,按编制施工图预算的方法确定的工程成本,是考核企业成本水平的重要标尺,也是结算工程价款、计算工程收入的重要依据。

（2）计划成本。

计划成本,是施工企业为了加强成本管理,在生产过程中有效地控制生产成本所确定的工程成本目标值。计划成本应根据施工图预算，结合单位工程的施工组织设计和技术组织措施计划、管理费用计划确定。计划成本是结合企业实际情况确定的工程成本控制额，是控制和检查成本计划执行情况的依据，是企业降低消耗的目标。

（3）实际成本。

实际成本，是指企业完成建筑安装工程实际发生的应计入工程成本的各项费用之和，是企业生产实际耗费在工程上的综合反映，是影响企业经济效益高低的重要因素。

工程成本核算，首先是将工程的实际成本与预算成本进行比较，考查工程成本是节约还是超支。其次是将工程实际成本与计划成本进行比较，检查企业执行成本计划的情况，考查实际成本是否控制在计划成本范围之内。预算成本和计划成本的考核，都要从工程成本总额和成本项目两个方面进行。在考核成本变动时，要借助两个指标，即成本降低额和成本降低率。成本降低额包括预算成本降低额和计划成本降低额，用以反映成本节超的绝对额；成本降低率包括预算成本降低率和计划成本降低率，用以反映成本节超的幅度。

在考核工程成本水平和成本计划执行情况的基础上，还应考核企业所属施工单位的工程成本水平，查明其成本变动对企业工程成本总额变动的影响程度；分析工程的成本结构、成本水平的动态变化，考察工程成本结构和水平变动的趋势。同时，还要分析成本计划和施工生产计划的执行情况，考察两者的实施进度是否同步。

通过进行工程成本核算，对企业的工程成本水平和执行成本计划的情况作出初步评价，为进行深入的成本分析，查明成本升降原因提供依据和方向。

2. 工程成本材料费的核算

工程项目的经济效益主要来源于材料费的节约，材料费管理不善就容易发生被盗、损毁、盘盈、盘亏等。因此，材料费的核算是工程项目实际成本核算的重点，材料费的核算必须从材料购入（调拨）、耗用和管理等环节入手，着重考虑材料的量差和价差。

（1）材料的量差。

材料的量差，是指建筑安装工程定额规定的材料定额消耗量与施工生产过程中材料实际消耗量之间的差值。材料部门应按照定额供料，分单位工程记账，分析节约与超支，促进材料的合理使用，降低材料消耗。做到对工程用料，临时设施用料，非生产性其他用料，区别对象划清成本项目。对属于费用性开支非生产性用料，要按规定掌握，不能记入工程成本。对供应两个以上工程同时使用的大宗材料，可按定额及完成的工程量进行比例分配，分别记入单位工程成本。为了抓住重点，简化基层实物量的核算，可以根据各类工程的用料特点并结合各班组的核算情况，占工程材料费用比重较大的主要材料按品种核算，如钢材、木材、水泥、砂、石、石灰等，施工队建立分工号的实物台账；一般材料则按类别核算，掌握班组用料节超情况，从而找出材料的量差，为企业进行经济活动分析提供资料。

（2）材料的价差。

材料的价差，是材料投标价格与实际采购供应材料价格之间的差值。发生材料价差的情况下，要区别供料方式。价差的处理方法随供料方式的不同而不同。

由建设单位供料、按承包商的投标价格向施工单位结算的，价差则发生在建设单位，由建设单位进行核算。施工单位实行包料、按施工图预算包干的，价差发生在施工单位，由施工单位材料部门进行核算，并按合同的规定计入工程成本。

三、材料成本分析

1. 材料成本分析的概念

材料成本分析就是利用成本数据按期间与目标成本进行比较。对材料成本进行分析，可以找出成本升降的原因，总结经营管理的经验，制定切实可行的措施，不断提高企业的经营管理水平和经济效益。

成本分析可以在经济活动的事先、事中或事后进行。在经济活动开展之前，通过成本预测分析，可以选择达到最佳经济效益的成本水平，确定目标成本，为编制成本计划提供可靠依据。在经济活动过程中，通过成本控制与分析，可以发现实际支出与目标成本之间的差异，以便及时采取措施，保证成本目标的实现。在经济活动完成之后，通过实际成本分析，评价成本计划的执行效果，考核企业经营业绩，总结经验，指导未来。

2. 成本分析方法

成本分析方法很多，如技术经济分析法、比重分析法、因素分析法、成本分析会议等。材料成本分析通常采用的具体方法有趋势分析法、因素分析法和指标对比法。

（1）指标对比法。

指标对比法是一种以数字资料为依据进行对比的方法。通过指标对比，确定存在的差异，然后分析形成差异的原因。

指标对比法主要有：

1）实际指标和计划指标比较。

2）实际指标和定额、预算指标比较。

3）本期实际指标与上期（或上年同期成本企业历史先进水平）的实际指标对比。

4）企业的实际指标与同行业先进水平比较。

【例】本期实际指标与预算指标对比如表 2—24 所示。

表 2—24 建筑直接工程费成本表（单位：万元）

成本项目	预算成本	实际成本	成本降低额	成本降低率/（%）
人工费	204.5	206.03	−1.53	−0.75
材料费	1610.3	1475.56	134.74	8.37
机械使用费	125.6	125.32	0.28	0.22
其他直接费	32.1	31.27	0.83	2.59
现场经费	90.8	80.24	10.56	11.63
工程成本合计	2063.3	1918.42	144.88	7.02

从表 2—24 中可以看出材料费的成本降低额为 134.74 万元，降低率为 8.37%。

（2）因素分析法。

因素分析法是一种通过分析材料成本各构成因素的变动对材料成本的影响程度，找出材料成本节约或超支原因的方法。

因素分析法具体有连锁替代法和差额计算法。

1）连锁替代法。

连锁替代法以计划指标和实际指标的组成因素为基础，把指标的各个因素的实际数，顺序、连环地去替换计划数，每替换一个因素，计算出替代后的乘积与替代前乘积的差额，即为该替代因素的变动对指标完成情况的影响程度。各因素影响程度之和就是实际数与计划数的差额。

【例】假设成本中材料费超支 780 元，用连锁替代法进行分析。影响材料费超支的因素有 3 个，即产量、单位产品材料消耗量和材料单价，有关资料见表 2—25。它们之间的关系可用下列公式表示：

$$材料费总额＝产量×单位产品材料消耗量×材料单价$$

表 2—25 材料费总额组成因素表

指标	计划数	实际数	差额
材料费/元	4500	5280	+780
产量/m³	100	110	+10
单位产品材料消耗量/kg	9	8	−1
材料单价/元	5	6	+1

第一次替代，分析产量变动的影响：

$$110（m^3）×9（kg/m^3）×5（元/kg）=4950 元$$

$$4950 元−4500 元=450 元$$

第二次替代，分析材料消耗定额变动的影响：

$$110（m^3）×8（kg/m^3）×5（元/kg）=4400 元$$

$$4400 \text{ 元} - 4950 \text{ 元} = -550 \text{ 元}$$

第三次替代，分析材料单价变动的影响：

$$110 \text{（m}^3\text{）} \times 8 \text{（kg/m}^3\text{）} \times 6 \text{（元/kg）} = 5280 \text{ 元}$$

$$5280 \text{ 元} - 4400 \text{ 元} = 880 \text{ 元}$$

分析结果：

$$450 \text{ 元} - 550 \text{ 元} + 880 \text{ 元} = 780 \text{ 元}$$

通过计算可以看出，材料单价的提高对材料费超支的影响程度最大。

2）差额计算法。

差额计算法是连锁替代法的一种简化形式，它是利用同一因素的实际数与计划数的差额，来计算该因素对指标完成情况的影响。

仍以表 10-2 为例分析，由于产量变动的影响程度：

$$\text{（}+10\text{）} \times 9 \times 5 = 450 \text{ 元}$$

由于单位产品材料消耗量变动的影响程度：

$$110 \times \text{（}-1\text{）} \times 5 = -550 \text{ 元}$$

由于单价变动的影响程度：

$$110 \times 8 \times \text{（}+1\text{）} = 880 \text{ 元}$$

分析结果：

$$450 + \text{（}-550 + 880\text{）} = 780 \text{ 元}$$

可见，分析的结果与连锁替代法相同。

（3）趋势分析法。

趋势分析法是将一定时期内连续各期有关数据列表反映并借以观察其增减变动基本趋势的一种方法。

【例】某企业 2009～2013 年各年的某类单位工程材料成本如表 2—26 所示。

表 2—26 单位工程材料成本表（单位：元）

年度	2009	2010	2011	2012	2013
单位成本	600	660	730	790	850

表中数据说明该企业某类单位工程材料成本总趋势是逐年上升的，但上升的程度多少，并不能清晰地反映出来。为了更具体地说明各年成本的上升程度，可以以某一年为基础，计算各年的趋势百分比。现假设以 2009 年为基年，各年与 2004 年的比较如表 2—27。

表 2—27 各年单位工程材料成本上升程度比较表

年度	2009	2010	2011	2012	2013
单位成本比率/（%）	100.0	110.0	121.7	131.7	141.7

从表 2—27 可以看出该类单位工程材料成本在 5 年内逐年上升，每年上升的幅度约是上一年的 11% 左右，这样就可以对材料成本变动趋势有进一步的认识，还可以预测以后成本上升的幅度。

第2讲 材料核算管理

一、材料流通过程的核算

1. 材料采购的核算

材料采购的核算以材料采购预算成本为基础，与实际采购成本进行比较，从而考核其成本降低或超支程度。

（1）材料采购实际价格。

材料采购实际价格，是指材料在采购和保管过程中所发生的各项费用的总和，其构成因素包括材料原价、供销部门手续费、包装费、运杂费、采购保管费五个方面。其中哪一个因素发生变化，都会直接影响到材料实际成本的高低，进而影响工程成本的高低。因此，在材料采购及保管过程中力求节约，降低材料采购成本是材料采购核算的重要环节。

市场供应的材料由于货源地、产品成本、运输距离不同，质量情况也不一致。因此要在材料采购或加工订货时作各种比较，注意综合核算材料成本，即同样的材料比质量，同样的质量比价格，同样的价格比运距。尤其是大宗材料，运费占其价格组成的主要成分，减少运输及管理费用显得尤为重要，应尽量做到就地取材。

按材料实际价格计价，是指对每批材料的收发、结存数量都按其在采购或加工订货过程中所发生的实际成本计算单价。这样能够反映材料的实际成本，准确地核算建筑产品材料费用。但是存在及时性差的缺点，这是由于每批材料的购价、运距和使用的交通工具都不一致，导致运杂费的分摊十分繁琐，使库存材料的实际平均单价发生变化，加重日常的材料成本核算工作，往往会影响核算的及时性。通常，按实际成本计算价格采用"先进先出法"或"加权平均法"等。

1）先进先出法。

先进先出法是指如果同一种材料每批进货的实际成本各不相同时，按各批材料不同的数量及价格分别计入账册，在领用时以先购入的材料数量及价格先计价核算工程成本，按先后顺序依此类推。

2）加权平均法。

加权平均法是指同一种材料在发生不同实际成本时，按加权平均法求得平均单价；当下一批进货时，又以余额（数量及价格）与新购入的数量、价格作新的加权平均计算，得出新的平均价格。

（2）材料预算价格。

材料预算价格是以历史水平为基础，并考虑当前和今后的变动因素预先编制的一种计划价格。材料预算价格是地区性的，由地区主管部门颁布，是根据本地区工程分布、投资数额、材料用量、材料源地、运输方法等因素综合考虑，采用加权平均的计算方法确定的。同时也明确规定了其使用范围，在地区范围以外的工程，则应按规定增加远距离的运费差价。

材料预算价格,包括从材料来源地起至到达施工现场的材料仓库或材料堆放场地为止的全部费用,即材料原价、供销部门手续费、包装费、运杂费、采购及保管费。

1)材料原价。

①国内生产的材料。

市场销售材料,根据当地商业部门规定的现行批发牌价和本地区实际供需时考虑的部分零售价格确定;企业自销产品,按其主管部门批准的现行出厂价计算;构件、成品和半成品,由主管部门综合各类企业的生产成本计算。

②国外生产的材料。

国外生产材料的原价按国家批准的进口材料价格计算。对单独引进并签订对外合同的成套设备,要单独计算价格并另加海关征收的各项费用。

③加工材料。

加工费和加工过程的损耗费一并计入材料原价。

④综合价格。

同一种材料,因产地、包装、供应单位不同时,应按市场占有率加权平均计算。

2)供销部门手续费。

凡通过市场销售的材料,都要按照我国商品定价相关规定的费率计算供销部门手续费。供销部门手续费不得重复计算。表 2—28 列举了目前我国各地区大部分执行国家经贸委规定的费率。

表 2—28　供销部门手续费率

序号	材料类别	费率/(%)	备　　注
1	金属材料	2.5	包括:黑色、有色、生铁等
2	机电材料	1.8	二类机电、仪器、仪表等
3	化工材料	2	酸、碱、橡胶及制品等
4	木材	3	竹、木等及胶合板
5	轻工产品	3	
6	建筑材料	3	包括一、二、三类物资

3)包装费。

包装费是指为了便于材料的运输或为保护材料而进行包装所需要的费用,包括材料本身的包装及支撑、棚布等。

由生产厂负责包装的,其包装费用已计入材料原价内,无需另行计算,但应扣除包装的回收价值。包装材料的回收价值,按地区主管部门规定计算,如无规定可参照下列比例结合本地区实际情况确定。

①木制包装的,回收率按 70%计算,回收价值按包装材料原价的 20%计算。

②铁质包装的回收率,铁桶取 95%、铁皮取 50%、铁丝取 20%,回收价值按包装材料原价的 50%计算。

③纸质、纤维品包装的，回收率按 50%计算，回收价值按包装材料原价的 50%计算。

包装材料回收价值的计算公式如下：

包装品回收价值＝包装品（材料）原价×回收率×回收值

4）运杂费。

材料运杂费应按材料的来源、运输工具、运输方式、运输里程以及厂家和交通部门规定的运价费率标准进行计算。材料运杂费包括材料产地至车站、码头的短途运输费及车站、码头至用料地的长途运输费；调车及驳船费；过路（桥、闸）费；多次装卸费；有关部门附加费和合理的运输损耗。

编制材料预算价格时，应以就地就近取材为原则，结合资源分布、市场状况、运输条件等因素来确定材料的来源地。

5）采购及保管费。

根据材料部门在组织材料资源过程中所发生的各项费用，综合确定其取费标准。计算公式如下：

采购及保管费＝（材料原价＋供销部门手续费＋包装费＋运杂费）×采购及保管费率

式中"采购及保管费率"通常取 2.5%。

（3）材料采购成本的考核。

企业进行采购成本考核时，往往分类或按品种从价值上综合考核成本的节超。常用的考核指标有材料采购成本降低（超耗）额和材料采购成本降低（超耗）率。

1）材料采购成本降低（超耗）额。

材料采购成本降低（超耗）额＝材料采购预算成本－材料采购实际成本

式中"材料采购预算成本"是按预算价格事先计算的计划成本支出；"材料采购实际成本"是按实际价格事后计算的实际成本支出。

2）材料采购成本降低（超耗）率。

材料采购成本降低（超耗）率用来考核成本降低或超耗的水平和程度。计算公式如下：

材料成本降低（超耗）率=材料成本降低（超耗）额/材料采购预算成本×100%

2. 材料供应的核算

材料供应计划是根据施工生产进度计划和材料消耗定额等编制的，是组织材料供应的依据。施工生产进度计划确定了一定时期内应完成的工程量，而材料供应量是根据工程量乘以材料消耗定额，并综合考虑库存、合理储备、综合利用等因素确定的。因此按质、按量、按时配套供应各种材料，是保证施工生产正常进行的基本条件之一。

材料供应的核算，主要是考查材料供应计划的执行情况，就是将一定时期内的材料实际收入量与计划收入量进行对比，考查计划完成的情况，反映材料供应对生产的保证程度。一般从以下两个方面进行考核。

（1）材料供应计划完成率。

考核材料供应计划完成率，就是考核材料供应量是否充足，某种材料在某一时期内的收入总量是否完成了计划，检查收入量是否满足了施工生产的需要。计算公式如下：

材料供应计划完成率=实际收入量/计划供应量×100%

【例】某施工企业某月材料供应计划及完成情况见表2—29。

表2—29　某单位供应材料情况考核表

材料名称	规格	单位	进料来源	进料方式	进料数量		实际完成情况 /（%）
					计划	实际	
水泥	425	t	×××水泥厂	卡车运输	400	450	112.5
黄砂		t	材料公司	卡车运输	750	640	85.3
碎石	5～40 mm	t	材料公司	航空运输	1680	1800	107.1

检查材料实际收入量是保证生产任务所必须的条件，收入量不充分时就会造成材料供应数量不足而中断施工生产，如表10-6中砂子实际完成计划收入的85.3%，这会在一定程度上影响施工生产的顺利进行。

（2）材料供应的及时率。

在材料供应工作中，存在着收入时间是否及时的问题。当收入总量的计划完成情况较好但收入不及时，也会导致施工现场发生停工待料现象。也就是说，即使收入总量充分，但供应时间不及时，同样会影响施工生产的正常进行。材料供应及时率的计算公式如下：

材料供应及时率=实际供应保证生产的天数/实际生产天数×100%

【例】在分析考核材料供应及时率时，需要把时间、数量、平均每天需用量和期初库存量等资料联系起来考核。例如表8-7中，某单位8月份水泥供应情况为107.5%，从总量上看满足了施工生产的需要，但从时间上看，供应不及时，大部分水泥的供应时间集中在中下旬，必然影响上旬施工生产的顺利进行。

从表2—30可以看出，当月的水泥供应总量超额完成了计划，但由于供应不均衡，月初需用的材料却集中于后期供应，其结果造成了工程发生停工待料现象。

实际收入总量430 t中，能及时利用于生产建设的只有345 t，停工待料3天，供应及时率的计算公式如下：

8月份水泥供应及时率=23（天）/31（天）×100%=74.2%

3.材料储备的核算

为了防止材料积压或储备不足，保证生产的需要，加速资金的周转，企业必须经常进行材料储备的核算，考查材料储备定额的执行情况。

材料储备的核算，是将实际储备材料数量（金额）与储备定额数量（金额）进行对比。当实际储备数量超过最高储备定额时，说明材料有超储积压；当实际储备数量低于最低储备定额时，说明材料储备不足，需要动用保险储备。

表 2—30 某单位 8 月份水泥供应及时性考核表

进货批数	计划需用量		期初库存量	计划收入		实际收入		完成计划/(%)	对生产保证程度	
	本月	平均每日用量		日期	数量	日期	数量		按日数计	按数量计
	400	15	30						2	30
第一批				1	80	5	45		3	45
第二批				7	80	14	105		7	105
第三批				13	80	19	120		8	120
第四批				19	80	27	178		3	45
第五批				25	80					
合计					400		448	107.5	23	345

材料储备的周转状况，标志着材料储备管理水平的高低。反映储备周转状况的指标有储备实物量和储备价值量。

（1）储备实物量的核算。

储备实物量的核算是对材料周转速度的核算，即核算材料对生产的保证天数、在规定期限内的周转次数和周转一次所需的天数。计算公式如下：

某种材料储备对生产的保证天数=该种材料期末库存量/该种材料平均每日消耗量

某种材料周转次数=该种材料年度消耗量/该种材料平均库存量

某种材料周转天数=（该种材料平均库存量/该种材料年度消耗量）×360（天）

【例】某建筑企业核定砂子的最高储备天数为 6 天，某年度耗用砂子 154380 t，其平均库存量为 3540 t，期末库存为 4350 t。计算其实际储备天数对生产的保证程度及超储或储备不足情况。

实际储备天数=（砂子平均库存量/砂子年度消耗量）×360=3540/154380×360=8.25（天）

砂子平均每日消耗量=154380/360=428.83（t）

对生产的保证天数=砂子期末库存量/砂子平均每日消耗量=4350/428.83=10.14（天）

其超储天数=报告期实际天数−最高储备天数=8.25−6=2.25（天）

超储数量=超储天数×砂子平均每日消耗量=2.25×428.83=964.88（t）

（2）储备价值量的核算。

储备价值量的核算，是把实物数量乘以材料单价用货币作为单位进行综合计算，属于价值形态的检查考核，可以不受质量、价格的限制，将各类材料进行最大限度地综合。上述有关周转速度方面（周转次数、周转天数）的计算方法均适用于储备价值量的核算，它还可以从百元产值占用材料储备资金情况及节约使用材料资金方面进行计算考核。其计算公式如下：

百元产值占用材料储备资金=定额流动资金中材料储备资金平均数/年度建筑安装工作量×100

流动资金中材料资金节约额=[（计划周转天数-实际周转天数）/360]×年度材料消耗金额

二、材料消耗过程的核算

1. 工程费用组成

按国家现行有关文件的规定，建筑安装工程费由直接工程费、间接费和利润税金三部分构成。

（1）直接工程费。

直接工程费由直接费、其他直接费和现场经费组成的。

1）直接费。

直接费包括人工费、材料费和施工机械使用费。

①人工费。

人工费是指直接从事建筑安装工程的生产工人和附属生产单位（非独立经济核算单位）工人开支的各项费用之和。

人工费＝∑（人工概预算定额消耗量×工程量×相应等级的工资单价）

②材料费。

材料费是指施工过程中耗用的构成工程实体的原材料、辅助材料、构配零件和半成品的费用，以及周转材料和工具的摊销或租赁费用。

材料费＝∑（材料概预算定额消耗量×工程量×材料预算单价）

③施工机械使用费。

施工机械使用费是指使用施工机械作业所发生的机械使用费以及机械安装、拆除和进出场费。

施工机械使用费＝∑（施工机械台班概预算定额用量×工程量×机械台班单价）

2）其他直接费。

其他直接费是指除了直接费之外的，在施工过程中发生的具有直接费性质的费用。一般包括冬雨季和夜间施工增加费；材料二次搬运费；仪器、仪表和生产工具使用费；检验试验费；特殊工程培训费；特殊地区施工增加费和工程定位复测、工程点交、场地清理等费用。

其他直接费是按相应的计取基础乘以其他直接费率确定的。

对于土建工程：

其他直接费＝直接费×其他直接费率

对于安装工程：

其他直接费＝人工费×其他直接费率

3）现场经费。

现场经费是指组织施工生产和管理，为施工做准备所需的费用，包括临时设施费和现场管理费两方面。

①临时设施费。

临时设施费是指企业为建筑安装工程施工中所必需的生活、生产用的临时建、构筑物和其他临时设施的搭设、维修、拆除费用或摊销费用，一般单独核算，包干使用。临时设施包括临时宿舍、文化福利及公用事业房屋与构筑物、仓库、办公室、加工厂及规定范围内的道路、水、电、管线等。

②现场管理费。

现场管理费是指发生在施工现场以及针对工程的施工所进行的组织经营管理等支出的费用。现场管理费的组成见图2—13。

现场管理费 ┤
- 现场管理人员的基本工资、工资性补贴、职工福利费、劳动保护费等
- 现场办公费
- 差旅交通费
- 固定资产使用费
- 工具用具使用费
- 保险费
- 工程保修费
- 工程排污费
- 其他费用

图2—13 现场管理费的组成

类似于其他直接费，现场管理费是按相应的计取基础乘以现场管理费率确定的。计算公式如下：

对于土建工程：

现场管理费＝直接费×现场管理费费率

对于安装工程：

现场管理费＝人工费×现场管理费费率

（2）间接费。

间接费由企业管理费、财务费和其他间接费组成。

1）企业管理费。

企业管理费是指企业为组织施工生产经营活动所发生的管理费用，具体内容见图2—14。

$$
\text{企业管理费}\begin{cases}
\text{企业管理人员的基本工资} \\
\text{企业办公费} \\
\text{差旅交通费} \\
\text{固定资产使用费} \\
\text{工具用具使用费} \\
\text{工会经费} \\
\text{职工教育经费} \\
\text{劳动保险费} \\
\text{职工养老保险费及待业保险费} \\
\text{保险费} \\
\text{税金} \\
\text{其他费用}
\end{cases}
$$

图 2—14　企业管理费的组成

2）财务费。

财务费是指企业为筹集资金而发生的各项费用，包括企业经营期间发生的短期贷款利息净支出、汇兑净损失、金融机构手续费等。

3）其他间接费。

其他间接费，包括按有关规定支付的定额编制管理费、定额测定费和上级管理费。

（3）利润和税金。

利润，是指建筑安装企业为社会劳动所创造的价值在工程造价中的体现，按照规定的利润率计取。

税金，包括国家税法规定的应计入工程费用的营业税、城乡维护建设税及教育费附加等。

2. 工程材料消耗的核算

现场材料使用过程的管理，主要包括按单位工程实行定额供料和对施工组织耗用材料实行限额领料。前者是按概（预）算定额对在建工程实行定额供应材料；后者是在分部分项工程中以施工定额对施工组织限额领料。

实行限额领料可以使生产部门"先算后用"、"边用边算"，克服"先用后算"或"只用不算"。实行限额领料是工程材料消耗管理的出发点，有利于加强企业材料管理，提高企业管理水平；有利于调动操作人员的积极性，合理地有计划地使用材料。

检查材料消耗情况，主要是用材料的实际消耗量与定额消耗量进行对比，来反映材料节约或浪费的情况。考核材料节约或浪费的方法根据材料使用情况的不同而不同。

（1）核算某项工程某种材料的消耗情况。

核算某项工程某种材料的定额与实际消耗情况，计算公式如下：

某种材料节约（超耗）量＝该种材料定额耗用量－该种材料实际耗用量

上式计算结果为正数表示节约，为负数则表示超耗。

某种材料节约（超耗）率＝该种材料节约（超耗）量/该种材料定额耗用量×100%

同样，上式计算结果为正百分数节约率，为负百分数则表示超耗率。

【例】某工程浇捣墙基 C20 混凝土，每立方米定额用强度等级为 42.5 级的水泥 252 kg，共浇捣 24.5 m³，实际用水泥 5824 kg，则：

水泥节约量＝252×24.5-5824＝350（kg）

水泥节约率＝350/（252×24.5）×100%=5.7%

（2）核算多项工程某种材料的消耗情况。

多项工程某种材料节约或超支的计算公式同上，但某种材料的计划耗用量，即定额要求完成一定数量建筑安装工程所需消耗的材料数量的计算公式应为：

某种材料定额耗用量＝Σ（材料消耗定额×实际完成的工程量）

【例】某工程浇捣混凝土和砌墙工程均需使用黄砂，工程资料如表 2—31。

表 2—31　某工程黄砂消耗量

分部分项工程名称	完成工程量 /m³	消耗定额 /(kg/m³)	限额用量 /t	实际用量 /t	节约量（＋）超耗量（－）/t	节约率（＋）超耗率（－）/(%)
M5 砂浆砌一砖半外墙	64.7	320	20.985	20.117	0.868	4.14
现浇 C20 混凝土圈梁	2.85	673	1.7136	1.852	−0.1384	−8.08
合计			22.6986	21.969	0.730	3.22

根据表 2—31 资料，可以看出，两项操作化整为零节约砂子 0.730 t，其节约率为 3.22%。如果作进一步分析检查，则砌墙工程节约砂子 0.868 t，节约率达 4.14%；混凝土工程超耗砂子 0.1384 t，超耗率为 8.08%。

（3）核算一项工程使用多种材料的消耗情况。

由于各种材料的使用价值和计量单位不同，因此考核时不能直接进行加减，而应该利用材料价格作为同度量单位相加，再将总量进行对比。计算公式如下：

材料节约或超支额＝Σ材料价格×（材料实际消耗量－材料定额消耗量）

【例】某施工企业以 M5 混合砂浆砌一砖半外墙 120 m³，各种材料的定额消耗金额及实际消耗金额情况见表 2—32。

表 2—32 材料消耗分析表

材料名称规格	单位	消耗数量		材料计划价格/元	消耗金额/元		节约量(+)超耗量(一)/元	节约率(+)超耗率(一)/(%)
		定额	实耗		定额	实耗		
32.5级水泥	kg	4810	4500	0.293	1409.33	1318.5	90.83	6.44
黄砂	kg	35150	36500	0.028	984.2	1022	−37.8	−3.84
石灰膏	kg	3471	4128	0.101	350.57	416.93	−66.36	−18.93
标准砖	块	54500	54000	0.222	12099	11988	111	0.92
合计					14843.1	14745.4	97.67	0.66

（4）核算多项分项工程使用多种材料的消耗情况。

核算多项分项工程使用多种材料的消耗情况，一般指以单位工程为对象的材料消耗情况的核算。采用这种方法既可以了解分部分项工程以及各项材料的定额执行情况，又可以分析全部工程项目耗用材料的综合效益，见表 2—33 中举例说明。

表 2—33 材料消耗分析表

工程名称	工程量		材料		材料单耗		材料价格/元	材料费用/元	
	单位	数量	名称	单位	实际	定额		按实际计	按定额计
C10基础加固混凝土	/m³	20	32.5级水泥	kg	192	200	0.293	1125.12	1172
			黄砂	kg	585	600	0.028	327.6	336
			5~40 mm碎石	kg	1050	1080	0.0215	451.5	464.4
			大石块	kg	500	475	0.024	240	228
C20基础钢筋混凝土	/m³	35	32.5级水泥	kg	241	252	0.293	2471.46	2584.26
			黄砂	kg	592	601	0.028	580.16	588.98
			5~40 mm碎石	kg	1237	1270	0.0215	930.84	955.68
合计								6126.68	6329.32

3.周转材料的核算

周转材料可以反复、多次地用于施工过程，因此其价值的转移方式不同于其他材料的一次转移，而是分多次转移，通常称为摊销。周转材料的核算，主要是核算周转材料费用的收入与支出之间的差异和摊销额度。

（1）费用收入。

周转材料的费用收入，是在施工图的基础上，以概（预）算定额为标准，随工程款结算而取得的资金收入。

周转材料的取费标准，是在概（预）算定额中根据周转材料的不同材质综合编制的，在施工生产中不再因为实际使用的材质予以调整。现以模板和脚手架为例，介绍周转材料费用收入的主要计算方法。

模板工程中，基础、梁、墙、台、柱等不同部位的操作项目规定有不同的费用标准。一般以每立方米混凝土量为单位计取费用，每项费用中均包括零件、板和钢支撑的费用。

脚手架分为单层建筑脚手架、现浇预制框架建筑脚手架和其他建筑脚手架。除烟囱、水塔脚手架外，其他均按建筑面积以平方米计算。

（2）费用支出。

核算过程中，根据施工工程的实际投入量来计算周转材料的费用支出。在实行周转材料租赁制度的企业，费用支出表现为实际支付的租赁费用和维修、赔偿费用；在不实行周转材料租赁制度的企业，费用支出则表现为按照上级规定的摊销率所提取的摊销额，摊销额的计算基数为全部周转材料拥有量。

（3）费用摊销。

1）一次摊销法。

一次摊销法，是指周转材料一经使用其价值即全部转入工程成本的摊销方法。一次摊销法适用于与主件配套使用并独立计价的零配件等的核算。

2）五·五摊销法。

五·五摊销法，是指在周转材料投入使用和到其报废期时，分别将其价值的50%摊入工程成本的摊销方法。这种方法适用于价值偏高而不宜一次摊销的周转材料。

3）期限摊销法。

期限摊销法，是根据周转材料使用期限和单价来确定摊销额度的摊销方法。这种方法适用于价值较高，使用期限较长的周转材料。

第一步，分别计算各种周转材料的月摊销额，计算公式如下：

某种周转材料月摊销额（元）＝（某种周转材料采购价-预计残余价值）/该种周转材料预计使用时限（月）

第二步，计算各种周转材料月摊销率，计算公式如下：

某种周转材料月摊销率（%）=该种周转材料月摊销额/该种周转材料采购价

第三步，计算月度周转材料总摊销额，计算公式如下：

某种周转材料总摊销额（元）＝∑（该种周转材料采购价×该种周转材料摊销率）

4.工具的核算

（1）工具费用的收入与支出。

工具费用的收入，是按照框架结构、排架结构、升板结构、全装配结构等不同结构类型以及领事馆、旅游宾馆和大型公共建筑等不同用途，分不同檐高（以20 m为界），以每平方米建筑面积计取的。一般情况下生产工具费用约占工程直接费的2%左右。工具费用的支出，包括购置费、租赁费、摊销费、维修费以及个人工具的补贴费等项目。

（2）工具的账务。

工具的账务是与施工企业的财务管理和实物管理相对应的，分为由财务部门建立的财务账和由料具部门建立的业务账。

1）财务账。

财务账分为总账、分类账和分类明细账三级。

①总账。

总账是一级账，以货币单位反映工具资金来源和资金占用的总体规模。资金来源是指购置、加工、制作、调拨、租用的工具价值的总额；资金占用是企业在库和在用的全部工具价值的余额。

②分类账。

分类账是二级账，在总账之下，按工具类别设置，用于反映工具的摊销和余额状况。

③分类明细账。

分类明细账是三级账，是针对二级账户的核算内容和实际需要，按工具品种分别设置的账户。

在实际工作中，要做到三级账户平行登记，保证各类费用的对口衔接。

2）业务账。

业务账分为总数量账、新品账、旧品账和在用分户账四种。

①总数量账。

总数量账可以在一本账簿中分门别类地登记，也可以按工具的类别分设几个账簿进行登记，用以反映企业或单位的工具数量总规模。

②新品账。

新品账又称在库账，是总数量账的隶属账，用以反映已经投入使用的工具的数量。

③旧品账。

旧品账又称在用账，也是总数量账的隶属账，用以反映经投入使用的工具的数量。

某种工具在总数量账上的数额，应等于该种工具的新品账与旧品账之和。因施工需要使用新品时，应按实际领用数量冲减新品账，同时记入旧品账。当旧品完全损耗时按实际消耗冲减旧品账。

④在用分户账。

在用分户账是旧品账的隶属账，用以反映在用工具的动态和分布情况。某种工具在旧品账上的数量，应等于各在用分户账之和。

（3）工具费用的摊销。

1）一次摊销法。

一次摊销法是指工具一经使用其价值即全部转入工程成本，并通过收入的工程款得到一次性补偿的核算方法。这种方法适用于消耗性工具。

2）五·五摊销法。

工具费用的五·五摊销法，与周转材料核算中的五·五摊销法是一样的，是指在工具投入使用和到其报废期时，分别将其价值的50%摊入工程成本，通过工程款收入分两次得到补偿的摊销方法。这种方法适用于价值较低的中小型低值易耗工具。

3）期限摊销法。

期限摊销法，是指按工具使用年限和单价确定每次摊销额度，多次摊销的核算方法。工具的价值在各个核算期内部分地进入工程成本并得到补偿。这种方法适用于固定资产工具及价值较高的低值易耗工具。

第8单元　机电工程设备供应与管理

第1讲　机电工程设备采购管理

机电工程设备采购管理是机电工程综合管理的一个重要组成部分，是以机电工程整体目标为中心，综合进度管理目标、质量管理目标、资金管理目标、健康安全管理目标，结合设备采购的特点和实际情况，按规定的程序获得价格合理、品质优良、交货及时的设备的全过程管理。本目主要运用《建筑法》《建设工程招投标法》、《合同法》等有关知识，结合机电工程设备采购管理的特点，在采购管理在机电工程项目实践中的应用。

一、设备采购工作程序

采购工作应遵循"公开、公平、公正"和"货比三家"的原则，按质、按量、按时以合理价格获得所需的设备。采购工作程序是保证设备采购工作顺利进行的程序化文件。

1. 设备采购工作的阶段划分

设备采购工作以建立组织开始，经采买、催交、检验、直到最后一批产品通过检验为止，是项目管理的核心之一。通常将设备采购管理分为三个阶段，即准备阶段、实施阶段和收尾阶段。不同的阶段侧重点不同。

（1）准备阶段

主要工作有建立组织、需求分析、熟悉市场、确定采购策略和编制采购计划。

1）建立组织

①成立采购小组，执行设备采购程序。根据设备的采购难度、设备技术的复杂程度、预估的资金占用量的大小、设备的重要程度及各个采办单位的组织机构的不同，成立的组织也各不相同，国内最常见的是成立设备采购小组。其特点是：暂时

性、灵活性、针对性。由于是针对特定的设备成立的采购小组，采购小组目标明确，分工清晰，任务落实，往往有较高的功效。

②设备采购小组的采买行为应符合《中华人民共和国招投标法》的要求。

2）需求分析、熟悉市场

①对拟采购的设备的技术水平、制造难度、特殊的检查仪表或器材要求、第三方监督检查要求（如果合同有要求的话）、对监造人员的特殊要求、售后服务的要求等方面做一个全面、细致的分析。

②调查市场情况，重点调查原材料的供给情况、有类似设备的制造业绩的厂商情况、潜在厂商的任务饱和度、类似设备的市场价格或计价方式、类似设备的加工周期、不同的运输方式的费用情况等。

3）确定采购方式和策略

通过需求分析，在对潜在供货商的调查的基础上，结合项目的总体目标和设备的具体特性，确定采购方式和策略。

①对潜在供货商的要求

a.能力调查。调查供货商的技术水平；调查供货商生产能力，了解供货商的生产周期。

b.地理位置调查。调查潜在供货商的分布，分析供货商的地理位置、交通运输对交货期的影响程度。例如超大型设备的制造和运输，若供货商的制造基地远离港口，就很难满足采购方整体到货的要求。若大宗设备在西北制造，项目所在地地处南方，则运输周期和费用都会大大降低该供货商中标的概率。

②确定采购策略

在完成需求分析和市场调查的基础上，确定采购策略：即采用公开招标、邀请报价还是单独合同谈判的方式进行采购。

a.对于市场通用产品、没有特殊技术要求、标的金额较大、市场竞争激烈的大宗设备、永久设备应采用公开招标的方式；

b.对于拟采购的标的物数量较少、价值较小、制造高度专业化的情况，可以采用邀请报价的方式；

c.对于拥有专利技术的设备、为使采购的设备与原有设备配套而新增购的设备、负责工艺设计者为保证达到特定的工艺性能或质量要求而提出的特定供货商提供的设备、特殊条件下（如抢修）为了避免时间延误而造成更多花费的设备，宜采用单独合同谈判的方式。

4）编制采购计划

①设备采购计划的主要内容：设备名称（包括附件、备件）、型号、规格、数量、预计单价；技术质量标准。

②设备采购过程的里程碑计划。设备采购应服务于项目的总体计划。设备采购计划应结合项目的总体进度计划、施工计划、资金计划进行编制，避免盲目性。

（2）实施阶段

主要工作包括接收请购文件、确定合格供应商、招标或询价、报价评审或评标定标、召开供应商协调会、签订合同、调整采购计划、催交、检验、包装及运输等。

（3）收尾阶段

主要工作有交接、材料处理、资料归档和采购总结等。

2．设备采购工作流程

设备采购工作基本流程见图2—15。

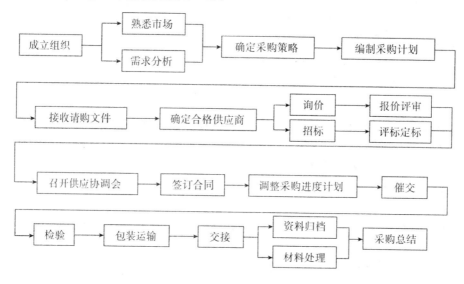

图2—15 采购工作基本流程

3．设备采购工作中心任务

设备采购工作应围绕以下3个中心任务展开

（1）质量安全保证

人身安全保证和项目运行安全保证是核心。要确保此核心，必须严格按设计文件指定的质量标准执行采购、检查和验收。对于重大设备，如大型的压机、汽轮发电机、轧机、石油化工设备，应进行设备监造或第三方认证。

（2）进度保证

以项目整体进度为着眼点，综合采用监造、催交、催运等手段，严格按拟定的设备采购周期进行控制，使设备采购计划与设计进度和施工进度合理搭接，处理好他们间的接口管理关系，以保证项目能按计划运行。例如：设备主装置、需要早期施工的设备管路及其配套设备应优先采购。

（3）经济保证

1）经济保证的原则。以项目全寿命周期总成本最低为目标，通过优化方案、优化工艺、简化检维护措施、减少仓储保管费用、避免二次倒运等技术、经济手段，使项目的全过程成本最低，着眼于项目建设的大局，以项目总体成本的降低为标准，不能只看采购直接成本的降低，要从项目采购的全过程来探求降低总成本的有效措施。

2）经济保证的措施

①准确预算是设备采购的基准。设备采购预算是对资金使用的一个整体规划，准确预算可确保资金的使用在合理的范围内浮动，有效地控制资金的流向和流量，达到控制设备采购成本的目的。

②充分利用环境，建立健全市场信息机制。充分利用采购内外环境，为科学决策提供有力参考；加强成本控制（内部环境），将各项费用控制在预定的基准以内。

③对全过程精细化管理，最大程度的降低采购成本。对每一个环节都进行精细控制。

二、设备采购文件的编制要求

设备采购文件的编制是项目实施采购工作中重要的一环。

1. 设备采购文件编制原则

设备采购文件编制原则：按程序、有依据、求节约。

（1）按程序：设备采购文件由项目采购经理根据相关程序进行编制。要经过编制、技术参数复核、进度（计划）工程师审核、经营（费控）工程师审核，由项目经理审批后实施。若实行公开招标或邀请招标的，还要将该文件报招标委员会审核，由招标委员会批准后实施。

（2）有依据：设备采购文件编制的依据是工程项目建设合同、设备请购书、采购计划及业主方对设备采购的相关规定等文件。

（3）求节约：设备采购文件的编制要本着全流程成本的思想，力求达到准确预算、充分利用环境、全过程细节控制。利用价值工程原理，用性价比方法，保证质量，降低成本。

2. 设备采购文件的组成

设备采购文件由设备采购技术文件和设备采购商务文件组成。

（1）设备采购技术文件

1）设备请购文件

①设备请购书包括下列文件：供货和工作范围；技术要求和说明、工程标准（工程规定图纸、数据表；检验要求；供货商提交文件的要求等。'

②设备请购书及附件由项目控制（计划）经理向项目采购经理提交，对于未设置控制部的公司则由项目设计经理提交；

2）请购设备的技术要求：设备工艺负荷说明；对制造设备的材料的要求；特殊设计要求；超载能力和裕度要求；控制仪表的要求；电气和公用工程技术数据；采用的设计规范和标准；设备材料的表面处理和防腐、涂漆；图纸和文件的审批；二底图和蓝图的份数、电子交付物的要求；操作和维修手册的内容和所需份数；指定用途、年限的备品备件清单；性能曲线、检验证书和报告；其他有关说明。

3）请购设备技术附件：数据表、技术规格书、图纸及技术要求、特殊要求和注意事项等。

（2）设备采购商务文件

1）设备采购商务文件组成：询价函及供货一览表；报价须知；设备采购合同基本条款和条件；包装、唛头、装运及付款须知；确认报价回函（格式）。

2）设备采购商务文件要点

①常采用标准通用文件，在执行某一特定项目时，应根据项目合同及业主的要求把以上通用商务文件修改为适合该设备使用的设备采购商务文件。

②设备采购技术文件和商务文件组成设备采购文件后，即可按采买计划，依照程序规定向已经过资质审查的潜在供货商发出。

三、设备询价的工作程序

设备采购招标（询价）工作是设备采办工作中的重要环节。招标（询价）工作程序是否规范，组织得是否严谨，标的是否界定准确，各项要求是否完整都直接影响标价，甚至对项目的整体运行产生重大影响。本条主要知识点是：预询价；选择合格供货厂商；设备询价的工作程序；项目采购评审。

1. 预询价

在 EPC 项目的总包商投标阶段，潜在的 EPC 总承包商要根据业主（建设方）提出的要求及项目的主要参数制定项目的总体方案，以此为依据对项目的主要材料和设备参数进行初步框定，按框定的材料和设备参数向供货商征询其价格区间，作为 EPC 项目进行项目总承包报价的依据

2. 选择合格供货厂商

在对潜在供货商调查的基础上，经过规定程序的评估，形成合格供货商名单。潜在供货商在成为合格供货方后，才能被纳入设备采购的供方的名录，才能进行投标或商务谈判等后续程序。此程序相当于招投标程序中的资格预审。

招标（询价）只针对经过资格审查的合格供货商。

（1）合格供货商的审查内容

对于初次欲进系统的供货商，资格预审要按各公司或集团公司的程序进行，重点要考虑下述内容：

1）供货商所取得的资质证书要适合制造该类设备。

2）供货商的装备和技术必须具备制造该类设备的能力并可保证产品质量和进度。

3）供货商执行合同的信誉是否良好。

4）供货商经营管理和质保体系运作的状态。

5）上年和当时的财务状态是否良好。

6）当年的生产负荷状态。

7）同型号设备或类似设备的供货业绩。

8）供货商制造场地至建设现场的运输条件是否满足要求。

9）对于已改制或正在改制的供货商应关注其各方面的变化和法律地位。

10）对于成套商或中间商应特别关注其货物来源及质量、成套能力、资金状况和执行合同的信誉。

（2）公开招标的供货商名录

设备采购实行公开招标时，由招标人通过公众媒体发出招标通告，已通过资质评审的潜在供货商均可参与投标。

（3）邀请招标的供货商名录

1）"短名单"。在项目实施过程中，设备采购方为了避免不同技术档次、信誉档次、产品质量档次的供货商之间进行恶性竞标，往往在已有的合格供货商名录中，挑选更加符合设备供货要求的潜在供货商，形成"短名单"。

2）严格按程序进行。入选"短名单"规则的制定、审核、批准。审定人员（评委）资格的认定。评审的工作流程。形成的"短名单"的报批。对有些项目，形成的"短名单"要经过建设方或上级主管部门审批。

3）结合设备的实际，审查潜在供货商的资质文件

主要要考虑下述情况：

①供货商的地理位置。以能方便地取得原材料、方便地进行成品运输为关注点，一般以距建设现场或集货港口比较近为宜。

②技术能力、生产能力。力求与拟采设备的要求相匹配。

③生产任务的饱满性。一定要考虑供货商的生产安排能否与项目的进度要求协调。

④供货商的信誉。通过走访、调查、交流等手段，了解潜在供货商的企业信誉。

3. 设备询价的工作程序

选择合格供货商—招标文件（询价文件）的编制和发放—询价和报价文件的接收—报价的评价—报价评审结果交业主确认（按项目合同规定）—召开厂商协调会并决定中标厂商—签订购货合同。

4. 设备采购评审

设备采购小组应尽快组织相关专家，按招投标法的规定，进行投标文件的评审。评审包括技术评审、商务评审和综合评审。

（1）技术评审

1）技术评审由相关专业的有资质的专家进行，由项目设计经理组织评审。

2）技术评审的依据是设备采购招标文件所包括的所有的设备技术文件和供货商的技术标书，并据此对供货商的技术标书进行评审，做出合格、不合格或局部澄清后合格的结论。

3）对供货商在评价合格的基础上作横向比较并排出推荐顺序。

（2）商务评审

1）商务评审由采购工程师（或费控工程师）负责组织相关专家进行评审。

2）对于技术评审不合格的厂商不再作商务评审。

3）严格按经过批准的评标办法进行，未列入评标办法的指标不得作为商务评

标的评定指标。

4）商务评审的依据是设备采购招标文件（询价商务文件）和厂商的商务报价，对照招标书，逐项对各家商务标的响应性做出评价，重点评审厂商的价格构成是否合理并具有竞争力。

5）对各厂商的商务报价作横向比较并排出推荐顺序。

（3）综合评审

1）采购经理在技术评审和商务评审的基础上组织综合评审。评审人员由有资质的专家组成，按法定程序进行评审。

2）综合评审既要考虑技术，也要考虑商务，并从质量、进度、费用、厂商执行合同的信誉、同类产品业绩、交通运输条件等方面综合评价并排出推荐顺序。

3）项目经理依据推荐的供货商排名审批评审结果。对于价格高、制造周期长的重要设备还需要按程序报请上级主管单位审批。

4）如果报价突破已经批准的预算，则需要从费控工程师开始逐级办理审批手续。

5）最终按经过批准的修正预算进行控制。

第 2 讲　机电工程设备监造与验收管理

一、设备监造管理的要求

设备监造是指承担设备监造工作的单位（以下简称监造单位）受设备采购单位或建设单位（以下简称委托人）的委托，按照设备供货合同的要求，坚持客观公正、诚信科学的原则，对工程项目所需设备在制造和生产过程中的工艺流程、制造质量及设备制造单位的质量体系进行监督，并对委托人负责的服务。设备监造并不减轻制造单位的质量责任，不代替委托人对设备的最终质量验收。监造人员对被监造设备的制造质量承担监造责任。

1．编制设备监造大纲

（1）设备监造大纲的编制依据

1）设备供货合同；

2）国家有关法规、规章、技术标准；

3）设备设计（制造）图纸、规格书、技术协议；

4）《设备监造管理暂行办法》国质检质联[2002]174 号；

5）设备制造相关的质量规范和工艺文件。

（2）设备监造大纲的内容

1）制定监造计划及进行控制和管理的措施；

2）明确设备监造单位：本单位自行监造。若外委需签订设备监造委托合同；

3）明确设备监造过程:V 有设备制造全过程监造和制造中重要部位的监造；

4）明确有资格的相应专业技术人员到设备制造现场进行监造工作；

5）明确设备监造的技术要点和验收实施要求。

2．设备监造的要求

设备监造是一个监督过程，它涉及整个设备的设计和制造过程。验证设备设计、制造中的重要质量特性与订货合同以及规定的适用标准、图纸和专业守则等的符合性。

（1）监造人员的要求

1）监造人员应具备本专业的丰富技术经验，并熟悉 GB/T19000—IS09000 系列标准和各专业标准。

2）监造人员应专业配套，熟练掌握监造设备合同技术规范、生产技术标准、工艺流程以及补充掠术条件的内容。

3）具有质量管理方面的基本知识，掌握 GB/T1—9000 系列标准的全部内容，能够参与供货合同的制造单位质量体系和设备质量的评定工作。如发生重大事故时就需要进行质量保证体系审核。

4）掌握所监造设备的生产工艺及影响其质量的因素，熟悉关键工序和质量控制点的要求和必要条件。

5）思想品德好，作风正派，身体健康。具备一定的组织协调能力，有高度的责任感和善于处理问题。

（2）设备监造的内容

1）审查制造单位质量保证体系；施工技术文件和质量验收文件；质量检查验收报告。

2）审查制造单位施工组织设计和进度计划。

3）审查原材料、外购件质量证明书和复验报告。

4）审查设备制造过程中的特种作业文件，审查特种作业人员资质证。

5）现场见证（外观质量、规格尺寸、制造加工工艺等）；停工待检点见证。

3．监督点的设置

根据设备监造的分类，设置监督控制点，包括对设计过程中与合同要求的差异的处置。主要监督点的设童要求：

（1）停工待检（H）点：针对设备安全或性能最重要的相关检验、试验而设置，例如重要工序节点、隐蔽工程、关键的试验验收点或不可重复试验验收点。压力容器的水压试验就属于停工待检点。监督人员须按标准规定监视作业，确认该点的工序作业。停工待检（H）点的检查重点之一就是验证作业人员上岗条件要求的质量与符合性。

（2）现场见证（W）点：针对设备安全或性能重要的相关检验、试验而设置，监督人员在现场进行作业监视。如因某种原因监督人员未出席，则制造厂可进行此点相应的工序操作，经检验合格后，可转人下道工序，但事后必须将相关的结果交给监督人员审查认可。

（3）文件见证（R）点：要求制造厂提供质量符合性的检验记录、试验报告、原材料与配套零部件的合格证明书或质保书等技术文件，使总承包方确信设备制造相应的工序和试验已处于可控状态。

4．监造工作方法

（1）日常巡检。监造人员现场检查制造单位执行工艺规程情况、工序质量情况、各种程序文件的贯彻情况、不合格品的处置情况以及标识、包装和发运情况。

（2）监造会议。根据设备监造需要，监造机构或监造工程师组织召开相关单位、人员参加的协调会议，协调处理质量、进度等方面的问题。

（3）停工待检（H）点的监督

针对重要工序节点、隐蔽工程、关键的试验验收点或不可重复试验验收点，监造工程师必须按制造商提交的报检单中的约定时间，参加该控制点的检查。如制造商未按规定提前通知，致使监造人员不能如期参加现场监督，监造人员有权要求重新见证、现场检验。

该控制点需得到监造工程师签证后，设备制造商方能转入下道工序。

（4）现场见证（W）点的监督

监造工程师应对现场见证（W）点进行旁站监造。制造商需提前通知监造人员，监造人员在约定的时间内到达现场进行见证和监造。现场见证（W）点作业时应有监造人员在场对制造单位的试验、检验等过程进行现场监督检查，对符合要求的予以签认。

（5）文件见证（R）点监督

监造人员审查设备制造单位提供的文件，由监造人员对符合要求的资料予以签认。检查的内容包括：原材料、元器件、外购外协件的质量证明文件；施工组织设计；技术方案；人员资质证明；进度计划；制造过程中的检验、试验记录等。

（6）召开质量会议

在设备制造过程中如发生质量问题，监造工程师应及时通知制造商处理，并组织有关单位召开质量会议，分析原因，制定整改措施和预防措施，并监督整改和预防措施的执行。同时将相关情况以书面形式报告委托方。

（7）周例会、月例会。监造工程师应组织相关方召开周例会、月例会，就质量、进度、整改措施和预防措施的实施情况进行通报和总结。

（8）监造日记。由监造人员编写，记录每天监造检查工作内容及相关情况。在监造过程中，如发现、发生质量问题，监造人员应及时通知制造商进行处理，并组织相关人员分析原因，制定整改措施和预防措施，并监督整改和预防措施的执行。同时将相关情况以书面形式向委托方汇报。

（9）监造周报及月报

监造工作小组每周一向委托方提交上周的"监造周报"，每月的规定日期前提交上月"监造月报"，全面反映设备监造过程中的质量情况、进度情况及问题处理情况。"监造周报"和"监造月报"具体内容包括：设备制造进度情况；质量检查的内容；发现的问题及处理方式；前次发现问题处理情况的复查；监造人、时间等其他相关信息。

（10）监造总结

设备监造工作结束后，监造工程师应编写设备监造工作总结，整理监造工作中的有关资料、记录等文件。

二、设备检验要求

设备是项目施工的物质条件，设备的质量是工程质量的基础。加强设备检验是提高工程质量的重要保证。本条主要知识点是：设备验收的主要依据；设备验收的内容；设备进场验收程序。

1．设备验收的主要依据

（1）设备采购合同。包括：全部与设备相关的参数、型号、数量、性能和其他要求；进度、供货范围、设备应配有的备品备件数量；相关服务的要求如安装、使用、维护服务、施工过程的现场服务。跨国的采买合同还应明确付款货币名称，如两种以上货币时的比例；人民币与外币的汇率比及时间。

（2）设计单位的设备技术规格书、图纸和材料清册。

（3）设备采买单位制定的监造大纲。

2．设备验收的内容

设备验收项目主要包括核对验证、外观检查、运转调试检验和技术资料验收四项。

（1）核对验证

1）核对设备（含主要部件）的型号规格、生产厂家、数量等。

2）设备整机、各类单元设备及部件出厂时所带附件、备件的种类、数量等应符合制造商出厂文件的规定和定购时的特殊要求。关键原材料和元器件质量及文件复核，包括关键原材料、协作件、配套元器件的质量及质保书。设备复验报告中的数据与设计要求的一致性。关键零部件和组件的检验、试验报告和记录以及关键的工艺试验报告与检验、试验记录和复核。

3）验证产品与制造商按规定程序审批的产品图样、技术文件及相关标准的规定和要求的符合性。设备与重要设计图纸、文件与技术协议书要求的差异复核，主要制造工艺与设计技术要求的差异复核。

4）购置协议的相关要求是否兑现。

5）变更的技术方案是否落实。

6）查阅设备出厂试验的质量检验的书面文件，应符合设备采购合同的要求。

7）验证监造资料。

8）查阅制造商证明和说明出厂设备符合规定和要求所必须的文件和记录。

（2）外观检查

检验应包括但不限于下列内容：安装完整性、管缆布置、工作平台、加工表面、非加工表面、焊接结构件、涂漆、外观、贮存、接口、非金属材料、连接件、备件、附件专用工具、包装、运输、各种标志应符合供货商技术文件的规定和采购方的要求，产品标志还应符合相关特定产品标准的规定。

（3）运转调试检验

设备的调试和运转应按制造商的书面规范逐项进行。所有待试的动力设备，传动、运转设备应按规定加注燃油、润滑油（脂）、液压油、冷却液等，相关配套辅助设备均应处于正常状态。记录有关数据形成运转调试检验报告。

（4）技术资料的验收

设备出厂验收文件一般称为设备随机文件，应为文本文件和电子文档。应符合国家、行业的有关法律、法规和相关标准的规定。

3．设备施工现场验收程序

（1）设备施工现场验收应由业主、监理、生产厂商、施工方有关代表参加。

（2）对进场设备包装物的外观检查，要求按进货检验程序规定实施。

（3）设备安装前的存放、开箱检查要求按设备存放、开箱检查规定实施；设备验收的具体内容，结合现场的实际，按规定的验收步骤实施。

（4）验收进口设备首先应办理报关和通关手续，经商检合格后，再按进口设备的规定，进行设备进场验收工作。

三、设备现场检验与试验

为保证工程质量，必须加强对机电工程所使用设备的管理。施工单位应建立一整套严格的质量管理体系，建立健全各项管理制度。从采购、运输、验收、保管、安装和调试等各环节严格把关，实行专人负责和共同审核机制，会同施工、建设、监理三方对主要设备和重点工程进行审核验收并签字确认。落实责任追究制度，奖罚分明，管理有序，确保机电工程的施工质量。

1．设备的基本要求

机电工程所使用的主要材料、成品、半成品、配件、器具和设备必须符合国家或行业的现行技术标准，满足设计要求。其基本要求如下：

（1）实行生产许可证和安全认证制度的产品，比如：机电设备、施工机具、照明灯具、开关插座、安保器材、仪器仪表、管件阀门等，必须具有许可证编号和安全认证标志，相关材证资料齐全有效。

（2）在施工中应用的设备必须具有质量合格证明文件，规格、型号及性能检测报告。进场时应做检查验收，对其规格、型号、数量及外观质量进行检查，不合格的建材产品应立即退货。涉及安全、节能、环保等功能的产品，应按各专业工程质量验收规范的规定进行复验（试），复验合格并经监理工程师检查认可后方可使用。

（3）按规定须进行抽检的建材产品，应按规定程序由相关单位委托具有法定资质的检测机构，会同监理（建设）、施工单位，按相关标准规定的取样方法、数量和判定原则，进行现场抽样检验。施工单位应根据工程需要配备相应的检测设备，检测设备的性能应符合有关施工质量检测的规定。

（4）建筑给水、排水及采暖工程所使用的管材、管件、配件、器具及设备必须是认证厂家生产的合格品，并有中文质量合格证明文件，生活给水系统所涉及的材料必须达到饮用水卫生标准。

（5）主要器具和设备必须有完整的安装使用说明书，设备有铭牌，注明厂家、型号。在运输、保管和施工过程中，应采取有效措施防止损坏或腐蚀。

（6）机电设备安装施工用的辅助材料原则上使用厂家指定产品，非指定产品必须要求材料供应商提供材料的材质证明及合格证，其规格和质量必须符合工艺标准规定的技术参数指标，以确保达到工程质量标准。

（7）管道使用的配件的压力等级、尺寸规格等应和管道配套。塑料和复合管材、管件、胶粘剂、橡胶圈及其他附件应是同一厂家的配套产品。

（8）工程中使用的设备优先选用环保节能产品，辅助材料必须满足有关环保及消防要求。

（9）电气设备上计量仪表和与电气保护有关的仪表应检定合格，投入试运行时，应在有效期内。

（10）电力变压器、柴油发电机组、不间断电源柜、高低压成套配电柜、控制柜（屏、台）及动力、照明配电箱（盘）等重要电力设备应有出厂试验记录及完整的技术资料。

（11）防腐保温材料除应符合设计的质量要求外，还应符合环保、消防等方面的技术规范要求。

2．设备的检验与试验

机电工程的设备、成品和半成品必须进行入场检验，查验产品外包装、品种、规格、附件等，如对产品质量有异议应送有资质第三方检验机构进行抽样检测，并出具检测报告，确认符合相关技术标准规定并满足设计要求，才能在施工中应用。成套设备或控制系统除符合相关技术标准规定外，还应有出厂检验与试验记录，并提供安装、调试、使用和维修的完整技术资料，确认符合相关技术规范规定和设计要求，才能在施工中应用。

入场检验工作应由工程总承包方牵头，协调施工、建设、监理和供货商共同参与完成，检验工作程序规范，结论明确，记录完整。具体要求如表2—34所示。

表2—34　机电工程设备进场检验要求

序号	设备、材料	检验项目	查验要求
1	开关、插座、接线盒和风扇及其附件	产品证书	查验合格证 防爆产品有防爆标志和防爆合格证号 安全认证标志
		外观检查	完整、无破裂、零件齐全 风扇无变形损伤，涂层完整，调速器等附件适配
		电气性能	现场抽样检测 对塑料绝缘材料阻燃性能有异议时，按批抽样送有资质的试验室检测

续表

序号	设备、材料	检验项目	查验要求
2	电线、电缆	产品证书	按批查验合格证、生产许可证编号和安全认证标志
		外观检查	包装完好，抽检的电线绝缘层完整无损，厚度均匀 电缆无压扁、扭曲，铠装不松卷 耐热、阻燃的电线、电缆外护层有明显标识和制造厂标
		电气性能	现场抽样检测绝缘层厚度和圆形线芯的直径符合制造标准对电线、电缆绝缘性能、导电性能和阻燃性能有异议时，按批抽样送有资质的试验室检测
3	电气工程用导管	产品证书	按批查验合格证
		外观检查	钢导管无压扁、内壁光滑 非镀锌钢导管无严重锈蚀，油漆完整 镀锌钢导管镀层均匀完整、表面无锈斑 绝缘导管及配件无碎裂、表面有阻燃标记和制造厂标
		质量性能	现场抽样检测导管的管径、壁厚及均匀度符合出厂标准对绝缘导管及配件的阻燃性能有异议时，按批抽样送有资质的试验室检测
4	安装用型钢和电焊条	产品证书	按批查验合格证和材质证明书
		外观检查	型钢表面无严重锈蚀，无过度扭曲、弯折变形 电焊条包装完整，拆包抽检，焊条尾部无锈斑
5	镀锌制品和外线金具	产品证书	按批查验合格证或厂家出具的镀锌质量证书
		外观检查	镀锌层覆盖完整、表面无锈斑、无砂眼、无变形 金具配件齐全
6	电缆桥架、线槽	产品证书	查验合格证
		外观检查	部件齐全，表面光滑、不变形 钢制桥架涂层完整，无锈蚀 玻璃钢制桥架色泽均匀，无破损碎裂 铝合金桥架涂层完整，无扭曲变形，不压扁，无划伤
7	封闭母线、插接母线	产品证书	查验合格证和随带安装技术文件
		外观检查	插接母线上的静触头无缺损、表面光滑、镀层完整 母线螺栓搭接面平整、镀层覆盖完整、无起皮和麻面 防潮密封良好，各段编号标志清晰 附件齐全，外壳不变形

续表

序号	设备、材料	检验项目	查验要求
8	裸母线、裸导线	产品证书	查验合格证
		外观检查	包装完好，裸母线平直，表面无明显划痕 裸导线表面无明显损伤，不松股、扭折和断股（线）
		质量性能	测量厚度和宽度符合制造标准 测量线径符合制造标准
9	电缆头部件及接线端子	产品证书	查验合格证
		外观检查	部件齐全，表面无裂纹和气孔 随带的袋装涂料或填料不泄漏
10	照明灯具及附件	产品证书	普通灯具应有安全认证标志 防爆灯具应有防爆标志和防爆合格证号 新型气体放电灯具应有随带的技术文化和产品合格证
		外观检查	检查灯具涂层完整，无任何变形损伤 附件齐全
		质量性能	抽样检测成套灯具的绝缘电阻、内部接线等性能指标 对游泳池和类似场所灯具（水下灯及防火灯具）的密闭和绝缘性能有异议时，按批抽样送有资质的试验室检测
11	仪表设备及材料	开箱检查	产品包装及密封无破损，外观完好 产品的技术文件和质量证明书齐全 铭牌标志、附件、备件齐全 型号、规格、数量与设计要求相符
12	仪表盘柜、箱	外观检查	表面平整，内外表面漆层完好 型号、规格与设计要求相符 盘、柜、箱内的仪表、电源设备及其所有部件的外形尺寸和安装孔尺寸准确，安装定位牢固可靠
13	高低压成套配电柜、控制柜（屏台）及动力、照明配电箱（盘）	产品证书	查验产品合格证和随带技术文件
		外观检查	涂层完整，无明显变形损伤 检查柜内元器件无损坏丢失、接线牢固可靠
14	蓄电池柜、不间断电源柜	产品证书	许可证编号和安全认证标志 不间断电源柜应有出厂试验记录
		外观检查	蓄电池柜内电池壳体无碎裂、漏液、充油 充气设备无泄露

续表

序号	设备、材料	检验项目	查验要求
15	柴油发电机组	产品证书	查验产品合格证和附带的技术文件 发电机及其控制柜应有出厂试验记录
		开箱检查	依据装箱单，核对主机、附件、专用工具、备品备件
16	电动机、电加热器、电动执行机构和低压开关设备	产品证书	查验合格证、许可证编号和安全认证标志 安装、调试、使用说明等技术文件
		开箱检查	查验电气接线端子完好，元器件装配件牢固无缺损，附件齐全
17	变压器、箱式变电所、高压电器及电瓷制品	产品证书	产品合格证和技术文件齐全完整 变压器应有出厂试验记录
		开箱检查	检查绝缘件无缺损、裂纹、渗漏现象 充气高压设备气压指示正常 涂层完整，无损伤 查验附件

机电工程其他专用设备、附件、辅材均应符合相关质量要求，有产品合格证及性能检测报告或厂家的质量证明书，并符合工程设计要求。仪表设备的性能试验应按现行相关技术规范的规定执行。

第3讲　机电工程设备现场保管的要求

进入现场的设备、器具要妥善安放，入库材料应由有关责任人和仓库保管员负责入库验收。验收内容为材料的类别、规格、型号、数量以及采购材料的合格证明等。室外保管要有完整的外包装，采取防雨、防晒、防风和防火等必要的防护措施。室内保管要注意防潮防火，易破碎物品要采取保护措施并予以醒目标识。具体要求如下：

（1）现场的材料应按型号、品种分区摆放，并分别编号、标识。

（2）易燃易爆的材料应专门存放、专人负责保管，并有严格的防火、防爆措施。

（3）有防湿、防潮要求的材料，应采取防湿、防潮措施，并做好标识。

（4）有保质期的库存材料应定期检查，防止过期，并做好标识。

（5）易损坏的材料应保护好外包装，防止损坏。

（6）材料的账、卡、物及其质量保证文件齐全、相符。

（7）仪表设备及材料验收后，应按其要求的保管条件分区保管。主要的仪表材料应按照其材质、型号及规格分类保管。

（8）仪表设备及材料在安装前的保管期限，不应超过一年。当超期保管时，应符合设备及材料保管的专门规定。

（9）油漆、涂料必须在有效期内使用，如过期，应送技检部门鉴定合格后，方可使用。

（10）保温材料在贮存、运输、现场保管过程中应不受潮湿及机械损伤。

（11）灯具、材料在搬运存放过程中应注意防震、防潮，不得随意抛扔、超高码放。应存放在干燥通风，不受撞击的场所。

第3部分

项目施工现场材料管理

及新材料应用

第1单元　施工项目材料现场管理要求

第1讲　施工项目现场材料管理原则和阶段工作

现场材料管理是指在现场施工过程中，根据工程类型、场地环境、材料保管和消耗特点，采取科学的管理办法，从材料投入到成品产出全过程进行计划、组织、协调和控制，力求保证生产需要和材料的合理使用，最大限度地降低材料消耗的工作。

施工现场是建筑安装企业从事施工生产活动，最终形成建筑产品的场所，占建筑工程造价60％左右的材料费，都是通过施工现场投入的。施工现场的材料与工具管理，属于生产领域里材料耗用过程的管理，与企业其他技术经济管理有密切的关系，是建筑企业材料管理的关键环节。现场材料管理的水平，是衡量建筑企业经营管理水平和实现文明施工的重要标志，也是保证工程进度、工程质量，提高劳动效率，降低工程成本的重要环节，并对企业的社会声誉和投标承揽任务有极大影响。因此，加强现场材料管理，是提高材料管理水平，克服施工现场混乱和浪费现象，提高经济效益的重要途径之一。

一、现场材料管理的原则和任务

1. 全面规划

在开工前作出现场材料管理规划，参与施工组织设计的编制，规划材料存放场地、道路，做好材料预算，制定现场材料管理目标。

2. 计划进场

按施工进度计划，组织材料分期分批有秩序地入场，一方面保证施工生产需要，另一方面要防止形成大批剩余材料。计划进场是现场材料管理的重要环节和基础。

3．严格验收

按照各种材料的品种、规格、质量、数量要求，严格对进场材料进行检查，办理收料。验收是保证进场材料品种、规格对路以及质量完好、数量准确的第一道关口，是保证工程质量，降低成本的重要保证。

4．合理存放

按照现场平面布置要求，做到合理存放，在方便施工、保证道路畅通、安全可靠的原则下，尽量减少二次搬运。合理存放是妥善保管的前提，是生产顺利进行的保证，是降低成本的有效措施。

5．妥善保管

按照各项材料的自然属性，依据物资保管技术要求和现场客观条件，采取各种有效措施进行维护、保养，保证各项材料不降低使用价值。妥善保管是物尽其用，实现成本降低的保证条件。

6．控制领发

按照操作者所承担的任务，依据定额及有关资料进行严格的数量控制。控制领发是控制工程消耗的重要关口，是实现节约的重要手段。

7．监督使用

按照施工规范要求和用料要求，对已转移到操作者手中的材料，在使用过程进行检查，督促班组合理使用，节约材料。监督使用是实现节约，防止超耗的主要手段。

8．准确核算

用实物量形式，通过对消耗活动进行记录、计算、控制、分析、考核和比较，反映消耗水平。准确核算既是对本期结果的反映，又为下期提供改进的依据。

二、现场施工材料管理阶段划分及工作任务

1．施工前的准备工作

（1）了解工程合同的有关规定、工程概况、供料方式、施工地点和运输条件、施工方法和施工进度、主要材料和机具的用量、临时建筑及用料情况等，全面掌握整个工程的用料情况及大致供料时间。

（2）根据生产部门编制的材料预算和施工进度计划，及时编制材料供应计划，包括组织人员、材料名称、规格、数量、质量与进场日期。掌握主要构件的需用量和加工工件所需图纸、技术要求等情况，组织和委托门窗、铁件、混凝土构件的加工，材料的申请工作。

（3）深入调查当地地方材料的货源、价格、运输工具及运载能力等情况。

（4）积极参加施工组织设计中关于材料堆放位置的设计。按照施工组织设计平面图和施工进度需要，分批组织材料进场和堆放，堆放位置应以施工组织设计中材料平面布置图为依据。

（5）根据防火、防水、防雨、防潮的管理要求，搭设必需的临时仓库，需防潮和其他特殊要求的材料，要按照有关规定妥善保管，确定材料堆放方案时，应注意以下问题：

1）材料堆场应以使用地点为中心，在可能的条件下，越靠近使用地点越好，避免发生二次搬运。

2）材料堆场及仓库、道路的选择不能影响施工用地，避免料场、仓库中途搬家。

3）材料堆场的容量必须能够存放供应间隔期内最大需用量。

4）材料堆场的场地要平整，设排水沟，不积水，构件堆放场地要夯实。

5）现场临时仓库要符合防火、防雨、防潮和保管要求，雨期施工需要排水措施。

6）现场运输道路要坚实，循环畅通，有回转余地。

7）现场的石灰池要避开施工道路和材料堆场，最好设在现场的边沿。

2. 施工过程的组织与管理

施工过程中现场材料管理工作的主要内容是：

（1）建立健全现场管理的责任制。

（2）加强现场平面布置管理。

（3）掌握施工进度，搞好平衡。

（4）所用材料和构件，要严格按照平面布置图堆放整齐。

（5）认真执行材料、构件的验收、发放、退料和回收制度。

（6）认真执行限额领料制度，监督和控制队组节约使用材料，加强检查、定期考核，努力降低材料的消耗。

（7）抓好节约措施的落实。

3. 工程竣工收尾和施工现场转移的管理

工程完成总工作量的 70 %以后，即进入收尾阶段，新的施工任务即将开始，必须做好施工转移的准备工作。

第2讲　施工项目材料管理主要工作内容

一、施工项目材料管理内容

施工项目材料管理是项目经理部为顺利完成项目施工任务，从施工准备开始到项目竣工交付为止，所进行的材料计划、订货采购、运输、库存保管、供应、加工、使用、回收等所有材料管理工作。施工项目材料管理的主要内容有以下几个方面：

1.项目材料管理体系和制度的建立

建立施工项目材料管理岗位责任制，明确项目材料的计划、采购、验收、保管、使用等各环节管理人员的管理责任以及管理制度。实现合理使用材料，降低材料成本的管理目标。

2.材料流通过程的管理

包括材料采购策划、供方的评审和评定、合格供货商的选择、采购、运输、仓储、等材料供应过程所需要的组织、计划、控制、监督等各项工作。实现材料供应的有效管理。

3.材料使用过程管理

包括材料进场验收、保管出库、材料领用、材料使用过程的跟踪检查、盘点、剩余物质的回收利用等。实现材料使用消耗的有效管理。

4.材料节约

探索节约材料、研究代用材料、降低材料成本的新技术、新途径和先进科学方法。

二、施工现场材料管理主要工作

1.材料进场验收

项目材料验收是材料由采购流通向消耗转移的中间环节,是保证进入现场的材料满足工程质量标准、满足用户使用功能、确保用户使用安全的重要管理环节。材料进场验收的管理流程如图 3－1:

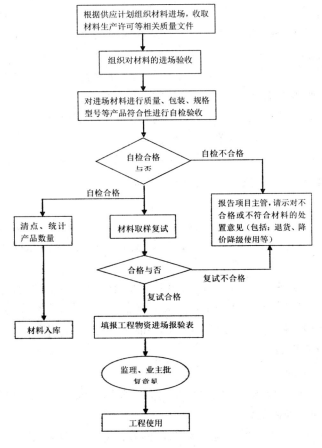

图3－1　材料进场验收的管理流程图

（1）材料进场验收准备：

1）验收工具的准备。针对不同材料的计量方法准备所需的计量器具。

2）做好验收资料的准备。包括材料计划、合同、材料的质量标准等。

3）做好验收场地及保存设施的准备。根据现场平面布置图，认真做好材料的堆放和临时仓库的搭设，要求做到有利于材料的进出和存放，方便施工、避免和减少场内二次搬运准备露天存放材料所用的覆盖材料。易燃、易爆、腐蚀性材料，还应准备防护用品用具。

（2）核对资料。核对到货合同、发票、发货明细、以及材质证明、产品出厂合格证、生产许可证、厂名、品种、出厂日期、出厂编号、试验数据等等有关资料，查验资料是否齐全、有效。

（3）材料数量检验。材料数量检验应按合同要求、进料计划、送料凭证，可采取过磅称重、量尺换算、点包点件等检验方式。核对到货票证标识的数量与实物数量是否相符，并做好记录。

（4）材料质量检验。材料质量检验又分为外观质量检验和内在质量检验。外观质量检验是由材料验收员通过眼看、手摸和简单的工具查看材料的规格、型号、尺寸、颜色、完整程度等。内在质量的验收主要是指对材料的化学成份、力学性能、工艺性能、技术参数等的检测，通常是由专业人员负责抽样送检，采用试验仪器和测试设备检测。

要求复检的材料要有取样送检证明报告；新材料未经试验鉴定，不得用于工程中；现场配制的材料应经试配，使用前应经认证。

（5）办理入库手续。验收合格的材料，方可办理入库手续。由收料人根据来料凭证和实际数量出具收料单。

（6）验收中出现问题的处理。在材料验收中，对不符合计划要求或质量不合格的材料，应更换、退货或让步接收（降级使用），严禁使用不合格的材料。若发现下列情况，应分别处理：

1）材料实到数量与单据或合同数量不同，及时通知采购人员或有关主管部门与供货方联系确定，并根据生产需要的缓急情况可以按照实际数量验收入库，保证施工急需。

2）质量、规格不符的，及时通知采购人员或有关主管部门，不得验收入库。

3）若出现到货材料证件资料不全和对包装、运输等存在疑义时应作待验处理。待验材料也应妥善保管，在问题没有解决前不得发放和使用。

2.材料储存保管

（1）材料储存保管的一般要求：

1）材料仓库或现场堆放的材料必须有必要的防火、防雨、防潮、防盗、防风、防变质、防损坏等措施。

2）易燃易爆、有毒等危险品材料，应专门存放，专人负责保管，并有严格的安全措施。

3）有保质期的材料应做好标识，定期检查，防止过期。

4）现场材料要按平面布置图定位放置，有保管措施，符合堆放保管制度。

5）对材料要做到日清、月结、定期盘点、账物相符。

6）材料保管应特别注意性能互相抵触的材料应严格分开。如酸和碱；橡胶制品和油脂；酸、稀料等液体材料与水泥、电石、滑石粉、工具、配件等怕水、怕潮材料都要严格分开，避免发生相互作用而降低使用性能甚至破坏材料性能的情况。进库的材料须验收后入库，按型号、品种分区堆放，并编号、标识，建立台账。

（2）材料保管场所：

1）封闭库房。材料价值高、易于被偷盗的小型材料，怕风吹日晒雨淋，对温、湿度及有害气体反应较敏感的材料应存放在封闭库房。如水泥、镀锌板、镀锌管、胶粘剂、溶剂、外加剂、水暖管件、小型机具设备、电线电料、零件配件等均应在封闭库房保管。

2）货棚。不易被偷盗、个体较大、只怕雨淋、日晒，而对温度、湿度要求不高的材料，可以放在货棚内。如陶瓷制品、散热器、石材制品等均可在货棚内存放。

3）料场。存放在料场的材料，必然是那些不怕风吹、日晒、雨淋，对温、湿度及有害气体反应不敏感的材料，或是虽然受到各种自然因素影响，但在使用时可以消除影响的材料，如钢材中大型型材、钢筋、砂石、砖、砌块、木材等，可以存放在料场。料场一般要求地势较高，地面穷实或进行适当处理，如作混凝土地面或铺砖。货位铺设垛基垫起，离地面 30-50cm，以免地面潮气上返。

4）特殊材料仓库。对保管条件要求较高，如需要保温、低温、冷冻、隔离保管的材料，必须按保管要求，存放在特殊库房内。如汽油、柴油、煤油等燃料必须分别在单独库房保管；氧气、乙炔应专设库房；毒害品必须单独保管。

（3）材料的码放。材料码放形状和数量，必须满足材料性能要求：

1）材料的码放形状，必须根据材料性能、特点、体积特点确定。

2）材料的码放数量，首先要视存放地点的地坪负荷能力而确定，使地面、垛基不下陷，垛位不倒塌，高度不超标为原则。同时根据底层材料所能承受的重量，以材料不受压变形、变质为原则。避免因材料码放数量不当造成材料底层受压变形、变质，从而影响使用。

（4）按照材料的消防性能分类设库。材料的安全消防不同的材料性能决定了其消防方式有所不同。材料燃烧有的宜采用高压水灭火，有的只能使用干粉灭火器或黄砂灭火；有的材料在燃烧时伴有有害气体挥发，有的材料存在燃烧爆炸危险，所以现场材料应按材料的消防性能分类设库。

（5）材料保养。材料在库存阶段还需要进行认真的保养，避免因外界环境的影响造成所保管材料的性能的损失。

1）为防止金属材料及金属制品产生锈蚀而采取的除锈保养。

2）为避免由于油脂干脱造成其性能受到影响的工具、用具、配件、零件、仪表、设备等需定期进行涂油保养。

3）对于易受潮材料采用的日晒、烘干、翻晾，使吸入的水分挥发，或在库房内放置干燥剂吸收潮气，降低环境湿度的干燥保养。

4）对于怕高温的材料，在夏季采用房顶喷水、室内放置冰块、夜间通风等措施的降温保养。

5）对于易受虫、鼠侵害的材料，进行喷洒、投放药物，减少损害防虫和鼠害的保养措施。

（6）材料标识管理：

1）材料基本情况标识：入库或进入现场的材料都应挂牌进行标识，注明材料的名称、品种、规格（标号）、产地、进货日期、有效期等。

2）状态标识：仓库及现场设置物资合格区、不合格区、待检区，标识材料的检验状态（合格、不合格、待检、已检待判定）。

3）半成品标识：半成品的标识是通过记号、成品收库单、构件表及布置图等方式来实现的。

4）标牌：标牌规格应视材料种类和标注内容选择适宜大小（一般可用 250mm×150mm、80mm×60mm 等）的标识牌来标识。

3.材料发放

（1）项目经理部对现场物资严格坚持限额领料制度，控制物资使用，定期对物资使用及消耗情况进行统计分析，掌握物资消耗、使用规律。

（2）超限额用料时，须事先办理手续，填限额领料单，注明超耗原因，经批准后，方可领发材料。

（3）项目经理部物资管理人员掌握各种物资的保持期限，按"先进先出"原则办理物资发放，不合格物资登记申报并进行追踪处理。

（4）核对凭证材料出库凭证是发放材料的依据。要认真审核材料发放地点、单位、品种、规格、数量，并核对签发人的签章及单据、有效印章，无误后方可进行发放。

（5）物资出库时，物资保管人员和使用人员共同核对领料单，复核、点交实物，保管员登卡、记账；凡经双方签认的出库物资，由现场使用人员负责运输、保管。

（6）检查发放的材料与出库凭证所列内容是否一致，检查发放后的材料实存数量与账务结存数量是否相符。

（7）项目经理部要对物资使用情况定期进行清理分析，随时掌握库存情况，及时办理采购申请补足，保证材料正常供应。

（8）建立领发料台账，记录领发状况和节超状况。

4.材料使用监督

对于发放后投入使用的材料，项目经理部相关人员对于材料的使用进行如下监督管理。

（1）组织原材料集中加工，扩大成品供应。根据现场条件，将混凝土、钢筋、木材、石灰、玻璃、油漆、砂、石等不同程度地集中加工处理。

（2）坚持按分部工程或按层数分阶段进行材料使用分析和核算。以便及时发现问题，防止材料超用。

（3）现场材料管理责任者应对现场材料使用进行分工监督、检查。

（4）认真执行领发料手续，记录好材料使用台账。

（5）按施工场地平面图堆料，按要求的防护措施保护材料。

（6）按规定进行用料交底和工序交接。

（7）严格执行材料配合比，合理用料。

（8）做到工完场清，要求"谁做谁清，随做随清，操作环境清，工完场地清"。

（9）回收和利用废旧材料，要求实行交旧（废）领新、包装回收、修旧利废。

1）施工班组必须回收余料，及时办理退料手续，在领料单中登记扣除。

2）余料要造表上报，按供应部门的安排办理调拨和退料。

3）设施用料、包装物及容器等，在使用周期结束后组织回收。

4）建立回收台账，记录节约或超领记录。

第 3 讲　施工项目周转材料管理

一、周转材料的分类

（1）按材料的自然属性划分。周转材料按其自然属性可分为钢质、木质和复合型三类。钢质周转材料主要有定型组合钢模板、大钢模板、钢脚手板等，木质周转材料主要有木模板、杉槁架木、木脚手板等，复合型周转材料包括竹木、塑钢周转材料，如酚醛覆膜胶合板等。

近年来，通过在原有基础上的改进和提高，传统的杉槁、架木、脚手板等"三大工具"已经被高频焊管和钢制脚手板所替代；木模板也基本由钢模板所取代。这些都有利于周转材料的工具化、标准化和系列化。

（2）按使用对象划分。周转材料按使用对象可分为混凝土工程用周转材料、结构及装修工程用周转材料和安全防护用周转材料三类。

二、周转材料管理的任务

周转材料的管理任务，就是以满足施工生产要求为前提，为保证施工生产任务的顺利进行，以最低的费用实现周转材料的使用、养护、维修、改制及核算等一系列工作。

（1）准备周转材料。根据施工生产的需要，及时、配套地提供足够的、适用的周转材料。

（2）制定管理制度。各种周转材料具有不同的特点，建立健全相应的管理制度和办法，可以加速周转材料的流转，以较少的投入发挥更大的能效。

（3）加强养护维修。加强对周转材料的养护维修，可以延长使用寿命，提高使用效率。

三、周转材料管理

周转材料的管理多采取租赁制，对施工项目实行费用承包，对班组实行实物损耗承包。一般是建立租赁站，统一管理周转材料，规定租赁标准及租用手续，制定承包办法。

（1）周转材料的租赁。租赁是产权的拥有方和使用方之间的一种经济关系，指在一定期限内，产权的拥有方为使用方提供材料的使用权，但不改变其所有权，双方各自承担一定的义务，履行契约。实行租赁制度的前提条件是必须将周转材料的产权集中于企业进行统一管理。

1）租赁方法。租赁管理应根据周转材料的市场价格及摊销额度的要求测算租金标准。其计算公式是：

$$日租金 = \frac{月摊销费 + 管理费 + 保养费}{月度日历天数}$$

式中"管理费"和"保养费"均按材料原值的一定比例计取，一般不超过原值的2%。

租赁需签订租赁合同，在合同中应明确租赁的品种、规格、数量，并附租用物明细表以备核查；租用的起止日期、租用费用以及租金结算方式；使用要求、质量验收标准和赔偿办法；双方的责任、义务及违约责任的追究和处理。

通过对租赁效果的考核可以及时找出问题，采取相应的有效措施提高租赁管理水平。主要考核指标有出租率、损耗率和周转次数。

①租率。

$$出租率 = \frac{租赁期内平均出租数量}{租赁期内平均拥有量} \times 100\%$$

$$租赁期内平均出租数量 = \frac{租赁期内租金收入（元）}{租赁期内单位租金（元）}$$

式中"租赁期内平均拥有量"是以天数为权数的各阶段拥有量的加权平均值。

②损耗率。

$$损耗率 = \frac{租赁期内损耗量总金额（元）}{租赁期内出租数量总金额（元）} \times 100\%$$

③周转次数。周转次数主要用来考核组合钢模板。

$$周转次数 = \frac{租赁期内钢模支模面积(m^2)}{租赁期内钢模平均拥有量(m^2)}$$

2）租赁管理过程。

①租用。工程项目确定使用周转材料后，应根据使用方案制定需用计划，由专人向租赁部门签订租赁合同，并做好周转材料进入施工现场的各项准备工作，如存放及拼装场地等。租赁部门必须按合同保证配套供应，并登记周转材料租赁台账。

②验收和赔偿。租用单位退租前必须清除混凝土灰垢，为验收创造条件。租赁部门对退库周转材料应进行外观质量验收。如有丢失或损坏应由租用单位赔偿。验收及赔偿都有一定的标准，对丢失或损坏严重的（指不可修复的，如管体有死弯、板面有严重扭曲等）按原值的50%赔偿；一般性损坏（指可以修复的，如板面打孔、开焊等）按原值的30%赔偿；轻微损坏（指不需使用机械，仅用手工即可修复的）按原值的10%赔偿。

③结算。租用天数一般指从提运的次日至退租日的日历天数，租金逐日计取、按月结算。租用单位实际支付的租赁费用包括租金和赔偿费。

$$租金 = \Sigma\,[租用数量 \times 单件日租金（元）\times 租用天数]$$

$$赔偿费 = \Sigma\,[丢失损坏数量 \times 单件原值（元）\times 相应赔偿率（\%）]$$

$$租赁费用（元）= 租金（元）+ 赔偿费（元）$$

根据结算结果由租赁部门填制租金及赔偿结算单。为简化结算工作，也可直接根据租赁合同进行结算，这就要求加强合同的管理，严防遗失，避免错算和漏算。

（2）周转材料的费用承包。周转材料的费用承包是指以单位工程为基础，在上级核定的费用额度内，组织周转材料的使用，实行节约有奖，超耗受罚的办法。费用承包管理是适应项目法施工的一种管理形式，或者说是项目法施工对周转材料管理的要求，包括签订承包协议、确定承包额和考核费用承包效果。

1）签订承包协议。承包协议是对承、发包双方的责、权、利进行约束的内部法律文件。一般包括工程概况、应完成的工程量、需用周转材料的品种、规格、数量及承包费用、承包期限、双方的责任与权利、不可预见问题的处理以及奖罚等内容。

2）承包额的确定。承包额是承包者所接受的承包费用的收入。承包额有两种确定方法，一种是扣额法，是按照单位工程周转材料的预（概）算费用收入，扣除规定的成本降低额后剩余的费用。计算公式如下：

$$扣额法费用收入（元）= 概（预）算费用收入（元）\times（1-成本降低率）$$

另一种是加额法，是指根据施工方案所确定的使用数量，结合额定周转次数和计划工期等因素所限定的实际使用费用，加上一定的系数额作为承包者的最终费用收入。所谓系数额是指一定历史时期的平均耗费系数与施工方案所确定的费用收入的乘积。计算公式如下：

$$系数额 = 施工方案确定的费用收入(元) \times 平均耗费系数$$
$$加额法费用收入(元) = 施工方案确定的费用收入(元) + 系数额(元)$$
$$= 施工方案确定的费用收入(元) \times (1 + 平均耗费系数)$$
$$平均耗费系数 = \frac{实际耗用量 - 定额耗用量}{实际耗用量}$$

3）费用承包效果的考核。承包的考核和结算是将承包费用的收、支进行对比，出现盈余为节约，反之为亏损。

提高承包经济效果的基本途径有两条：首先在使用数量既定的条件下，努力提高周转次数；同时在使用期限既定的条件下，努力减少占用量。还应减少丢失和损坏数量，积极实行和推广组合钢模的整体转移，以减少停滞，加速周转。

（3）周转材料的实物量承包。实物量承包的主体是施工班组，也称为班组定包。实物量承包是由班组承包使用，对施工班组考核回收率和损耗率，实行节约有奖、超耗受罚。在实行班组实物量承包过程中，要明确施工方法及用料要求，合理确定每次周转损耗率，抓好班组领、退的交点，及时进行结算和奖罚兑现。对工期较短、用量较少的项目，可对班组实行费用承包，在核定费用水平后，由班组向租赁部门办理租用、退租和结算，实行盈亏自负。实物量承包是费用承包的深入和继续，是保证费用承包目标值的实现和避免费用承包出现断层的管理措施。

无论是项目费用承包还是实物量承包，都应建立周转材料核算台账，记录项目租用周转材料的数量、使用时间、费用支出及班组实物量承包的结算情况。

第4讲 施工工具的管理

一、施工工具的分类

工具是人们用以改变劳动对象的手段，是生产力三要素中的重要组成部分。工具可以多次使用、在劳动生产中能长时间发挥作用。

施工生产中用到的工具品种多、用量大，按不同的分类标准有多种分类方法。工具分类的目的是满足某一方面管理的需要，便于分析工具管理动态，提高工具管理水平。

（1）按价值和使用期限分类。工具按价值和使用期限可以分为固定资产工具、低值易耗工具和消耗性工具。

1）固定资产工具。固定资产工具是指使用年限在1年以上，单价在规定限额以上的工具。如50t以上的千斤顶、塔吊、水准仪、搅拌机等。

2）低值易耗工具。低值易耗工具是指使用期限或单价低于固定资产标准的工具，如手电钻、灰槽、苫布、扳子、锤子等。

3）消耗性工具。消耗性工具是指价格较低，使用寿命短，重复使用次数很少且无回收价值的工具，如铅笔、扫帚、油刷、锹把、锯片等。

（2）按使用范围分类。工具按使用范围分为专用工具和通用工具。

1）专用工具。专用工具是指为完成特定作业项目或满足特殊需要所使用的工具。如量卡具、根据需要而自制或定购的非标准工具等。

2）通用工具。通用工具是指使用广泛的定型产品，如扳手、锤子等。

（3）按使用方式和保管范围分类。工具按使用方法和保管范围分为班组共用工具和个人随手工具。

1）班组共用工具。班组共用工具是指在一定作业范围内为一个或多个施工班组共同使用的工具。它包括两种情况：一是在班组内共同使用的工具，一般固定给班组使用并由班组负责保管，如胶轮车、水桶等；二是在班组之间或工种之间共同使用的工具，按施工现场或单位工程配备，由现场材料人员保管，如水管、搅灰盘、磅秤等。

2）个人随手工具。个人随手工具是指在施工生产中使用频繁，体积小、重量轻、便于携带，交由施工人员个人保管的工具，如瓦刀、抹子等。

（4）按性能分类。工具按其性能分为电动工具和手动工具两类。

1）电动工具。电动工具是以电动机或电磁铁为动力，通过传动机构驱动工作头的一种机械化工具。如电钻、混凝土振动器、电刨等。电动工具需要有接地、绝缘等安全防护。

2）手动工具。手动工具有镘刀、托泥板、锄镐等。

（5）按使用方向分类。工具按使用方向分为木工工具、瓦工工具、油漆工具等。这是根据不同工种区分的。

（6）按产权分类。工具按其产权分为自有工具、借入工具和租赁工具。

二、工具管理的任务及内容

（1）工具管理的任务。工具管理实质上是工具使用过程中的管理，是在保证生产适用的基础上延长工具使用寿命的管理。工具管理是施工企业材料管理的组成部分，直接影响着施工的顺利进行，又影响着劳动生产率和工程成本的高低。

1）提供工具。工具管理首先是要及时、齐备地向施工班组提供适用、好用的工具，积极推广和采用先进工具，保证施工生产的顺利进行。

2）管理工具。工具管理的另一个任务是采取有效的管理办法，延长工具的使用寿命，加速工具的流转，最大限度地发挥工具的效能，提高劳动生产效率。

3）维修工具。工具管理还要做好工具的收发、保管、养护和维修等工作，保证工具的正常使用。

（2）工具管理的内容。工具管理主要包括存储管理、发放管理和使用管理。

1）储存管理。工具验收合格入库后，应按品种、规格、新旧和损坏程度分开存放。要遵循同类工具不得分存两处、成套工具不得拆开存放、不同工具不得叠压存放的原则。要做好工具的存储管理，必须制定合理的维护保养技术规程，如防锈防腐、防刃口碰伤、防日晒雨淋等，还要对损坏的工具及时维修，保证工具处于随时可用的状态。

2) 发放管理。为了便于考核班组执行工具费定额的情况，对按工具费定额发出的工具，都要根据工具的品种、规格、数量、金额和发出日期登记入账。对出租或临时借出的工具，要做好详细记录并办理有关租赁或借用手续，以便按期、按质、按量归还。同时做好废旧工具的回收、修理工作，坚持贯彻执行"交旧领新"、"交旧换新"和"修旧利废"等行之有效的制度。

3) 使用管理。应根据不同工具的性能和特点制定相应的工具使用技术规程和规则，并监督、指导班组按照工具的用途和性能合理使用，减少不必要的损坏、丢失。

三、工具管理的方法

（1）工具租赁管理方法。工具租赁是指在不改变所有权的条件下，工具的所有者在一定的期限内有偿地向使用者提供工具的使用权，双方各自承担一定的义务的一种经济关系。工具租赁的管理方法适合于除消耗性工具和实行工具费补贴的个人随手工具以外的所有工具品种，具体包括以下几步工作。

1) 制定工具租赁制度。确定租赁工具的品种范围，制定有关规章制度，并设专人负责办理租赁业务。班组亦应指定专人办理租用、退租及赔偿事宜。

2) 测算租赁单价。日租金根据租赁单价或按照工具的日摊销费确定。计算公式如下：

$$日租金 = \frac{工具的原值 + 采购、维修、管理费用}{使用天数}$$

式中"采购、维修、管理费"按工具原值的一定比例计算，一般为原值的 1%～2%；"使用天数"可根据本企业的历史水平确定。

3) 工具出租者和使用者签订租赁协议。租赁协议应包括租用工具的名称、规格、数量、租用时间、租金标准、结算方法及有关责任事项等。

4) 建立租金结算台账。租赁部门应根据租赁协议建立租金结算台账，登记实际出租工具的有关事项。

5) 填写租金及赔偿结算单。租赁期满后，租赁部门根据租金结算台账填写租金及赔偿结算单。结算单中金额合计应等于租赁费和赔偿费之和，见表 3—1。

表 3-1 租金及赔偿结算单

合同编号：＿＿＿＿＿＿

| 工具名称 | 规格 | 单位 | 租赁费 | | | 赔偿费 | | | | | | 合计金额 |
			租用天数	日租金	金额	原值	损坏量	赔偿比例	丢失量	赔偿比例	金额	

6）租金费用来源。班组用于支付租金的费用来源是工具费收入和固定资产工具及大型低值工具的平均占用费。计算公式如下：

班组租金费用=工具费收入+固定资产工具和大型低值工具平均占用费

=工具费收入+工具摊销额×月利用率

班组所付租金，从班组租金费用中核减，由财务部门查收后作为工具费支出计入工程成本。

（2）工具的定包管理方法。"生产工具定额管理、包干使用"简称"工具定包管理"，是施工企业对班组自有或个人使用的生产工具，按定额数量配发，由使用者包干使用，实行节奖超罚的一种管理方法。

工具定包管理一般在瓦工组、木工组、电工组、油漆组、抹灰工组、电焊工组、架子工组、水暖工组实行。除固定资产工具及实行个人工具费补贴的随手工具以外的所有工具都可实行定包管理。

实行班组工具定包管理，是按各工种的工具消耗对班组集体实行定包。

1）明确工具所有权。企业拥有实行定包的工具的所有权。企业材料部门指定专人负责工具定包的管理工作。

2）测定各工种的工具费定额。工具费定额的测定，由企业材料管理部门负责，分三步进行。

第一步，向有关人员做调查了解，并查阅 2 年以上的班组使用工具的资料，以确定各工种所需工具的品种、规格及数量，作为各工种的工具定包标准。

第二步，分别确定不同工种各工具的使用年限和月摊销费，月摊销费的计算公式如下：

$$某种工具的月摊销费 = \frac{该种工具的单价}{该种工具的使用期限（月）}$$

式中"工具的单价"采用企业内部不变价格，以避免因市场价格的经常波动影响工具费定额。"工具的使用期限"可根据本企业具体情况凭经验确定。

第三步，分别测定各工种的日工具费定额，计算公式如下：

$$某工种人均日工具费定额 = \frac{该工种全部标准定包工具月摊销费总额}{该工种班组额定人数 \times 月工作日}$$

式中的"班组额定人数"是由企业劳动部门核定的某工种的标准人数;"月工作日"一般按 30 天计算。

3)确定班组月度定包工具费收入。班组月度定包工具费收入的计算公式如下:

某工种班组月度定包工具费收入=班组月度实际作业工日×该工种人均日工具费定额

班组工具费收入可按季或按月,以现金或转账的形式向班组发放,用于班组向企业使用定包工具的开支。

4)工具发放。企业基层材料部门,根据工种班组标准定包工具的品种、规格、数量,向有关班组发放工具。班组可按标准定包数量足量领取,也可根据实际需要少领。自领用之日起,按班组实领工具数量计算摊销,使用期满以旧换新后继续摊销。但使用期满后能延长使用时间的工具,应停止摊销收费。凡因班组责任造成的工具丢失和因非班组施工人员正常使用造成的损坏,由班组承担损失。

5)设立负责保管工具人员。实行工具定包的班组需设立工具员负责保管工具,督促组内成员爱护并合理使用工具,记载保管手册。

零星工具可按定额规定使用期限,由班组交给个人保管,丢失损坏须按规定赔偿。企业应参照有关工具修理价格,结合本单位各工种实际情况,制定工具修理取费标准及班组定包工具修理费收入,这笔收入可记入班组月度定包工具费收入,统一发放。班组因生产需要调动工作,小型工具自行搬运,不予报销任何费用或增加工时,确属班组无法携带需要运输车辆的,由行政部门出车运送。

6)班组定包工具费的支出与结算。第一步,根据《班组工具定包及结算台账》,按月计算班组定包工具费支出,计算公式如下:

$$某工种班组月度定包工具费支出 = \sum_{i=1}^{n}(第 i 种工具数 \times 该种工具的$$
$$日摊销费) \times 班组月度实际作业天数$$

$$第 i 种工具的日摊销费 = \frac{该种工具的月摊销费}{30 天}$$

第二步,按月或按季结算班组定包工具费收支额,计算公式如下:

$$某工种班组月度定包工具费收支额 = 该工种班组月度定包工具费收入 - 月度定包工具费支出 - 月度租赁费用 - 月度其他支出$$

式中"月度租赁费用"若班组已用现金支付,则此项不计。"月度其他支出"包括应扣减的修理费和丢失损失费。

第三步,根据工具费结算结果,填制定包工具结算单。

7)总结、分析工具定包管理效果。企业每年年终应对工具定包管理效果进行总结、分析,针对不同影响因素提出处理意见。班组工具费结算若有盈余,盈余额可全部或按比例作为工具节约奖励,归班组所有;若有亏损,则由班组负担。

8）其他工具的定包管理方法。

①按分部工程的工具使用费，实行工具的定包管理方法。这是实行栋号工程全面承包或分部、分项承包中工具费按定额包干，节约有奖、超支受罚的一种工具管理办法。承包者的工具费收入根据工具费定额和实际完成的分部工程量计算；工具费支出根据实际消耗的工具摊销额计算，其中各个分部工程的工具使用费，可根据班组工具定包管理方法中的人均日工具费定额折算。

②按完成万元工作量应耗工具费实行工具的定包管理方法。采用这种方法时，先由企业根据自身具体条件分工种制定万元工作量的工具费定额，再由工人按定额包干，并实行节奖超罚。工具领发时，采取计价"购买"或用"代金成本票"支付的方式，以实际完成产值与万元工具定额计算节约和超支。

（3）对外包队使用工具的管理方法。

1）外包队均不得无偿使用企业工具。凡外包队使用企业工具者，均须执行购买和租赁的办法，不得无偿使用。外包队领用工具时，须出具由劳资部门提供的相关资料，包括外包队所在地区出具的证明、外包队负责人、工种、人数、合同期限、工程结算方式及其他情况。

2）对外包队一律按进场时申报的工种颁发工具费。施工期内出现工种变换的，必须在新工种连续操作 25 天后，方能申请按新工种发放工具费。外包队的工具费随企业应付工程款一起发放，发放的数量可参照班组工具定包管理中某工种班组月度定包工具费收入的方法确定，两者之间的区别在于，外包队的人均日工具费定额需按照工具的市场价格确定。

3）外包队使用企业工具的支出。外包队使用企业工具的支出采取预扣工具款的方法计算，并列入工具承包合同。预扣工具款的数量，根据所使用工具的品种、数量、单价和使用时间进行预计，计算公式如下：

$$预扣工具款总额 = \sum_{i=1}^{n} (第 i 种工具日摊销费 \times 该种工具使用数量 \times 预计租用天数)$$

$$第 i 种工具日摊销费 = \frac{该种工具的市场采购价}{使用期限（日）}$$

4）外包队向施工企业租用工具的具体程序。

①外包队进场后由所在施工队队长填写《工具租用单》，一式三份，经材料员审核后分别交由外包队、材料部门和财务部门。

②财务部门根据《工具租用单》签发《预扣工具款凭证》，一式三份分别交由外包队、劳资部门和财务部门。

③劳资部门根据《预扣工具款凭证》按月分期扣款。

④工程结束后，外包队需按时归还所租用的工具，根据材料员签发的实际工具租赁费凭证与劳资部门结算。

5）租用过程中出现的问题及解决办法。

①外包队租用的小型易耗工具须在领用时一次性计价收费。

②外包队在使用工具期内，所发生的工具修理费须按现行标准支付，并从预扣工程款中扣除。

③外包队在使用工具期内，发生丢失或损坏的一律按所租用工具的现行市场价格赔偿，并从预扣工程款中扣除。

④外包队退场时，领退手续不清，劳资部门不予结算工资，财务部门不准付款。

（4）个人随手工具津贴费管理方法。

1）实行个人随手工具津贴费的范围。个人随手工具津贴费管理方法，适用于本企业内瓦工、木工、抹灰工等专业工种的工人所使用的个人随手工具。工人可以选用自己顺手的工具，这种方法有利于加强工具的维护保养，延长工具的使用寿命。

2）确定个人随手工具津贴费标准。不同工种的个人随手工具津贴费标准也不同。根据一定时期的施工方法和工艺要求，确定随手工具的品种、数量和历史消耗水平，在这个基础上制定津贴费标准，再根据每月实际作业天数，发给个人随手工具津贴费。

3）实行个人负责制。凡实行个人随手工具津贴费管理方法的工具，单位不再发放，工具的购买、维修、保管和丢失、损坏全部由个人负责。

4）确定享受个人随手工具津贴的范围。还在学徒期的学徒工不能享受个人随手工具津贴，企业将其所需用的生产工具一次性下发。学徒期满后，企业将学徒工原领工具根据工具的消耗、损坏程度折价卖给个人，再发给个人随手工具津贴。

第5讲　建筑材料节约措施

一、在生产过程中采取技术措施

在生产过程中采取技术措施，是指在材料消耗过程中，根据材料的性能和特点，采取相应的技术措施以实现材料节约。下面以混凝土为例，说明采取技术措施实现材料节约的主要方法。

（1）优化混凝土配合比。混凝土是以水泥为胶凝材料，由水和粗细集料按适当比例配制而成的混合物，经一定时间硬化成为人造石。组成混凝土的所有材料中，水泥的品种、等级很多，价格最高。因此采取一些节约措施，合理地使用水泥，不但可以保证工程质量，还可以降低成本，实现材料节约。

1）合理选择水泥的强度等级。在选择水泥强度等级时，通常情况下以所用水泥的强度等级为混凝土强度等级号的 1.5～2.0 倍为宜；混凝土等级要求较高时，可以取 0.9～1.5 倍；使用外加剂或其他工艺时，按实际情况选择其他适当比例。

使用高强度水泥配制低强度混凝土时，用较少的水泥就可以达到混凝土所要求的强度，但不能满足混凝土的和易性及耐久性要求，因此需增加水泥用量，就会造成浪费。当必须使用高强度水泥配制低强度混凝土时，可掺入一定数量的混合料，如磨细粉煤灰，在保证必要的和易性的同时也不需要增加水泥用量。反之，如果要用低强度等级的水泥配制高强度等级混凝土时，则因水泥用量太多，会对混凝土技术特性产生一系列不良影响。所以配制混凝土时必须选择合适强度的水泥。

2）在级配满足工艺要求的情况下，尺量选用大粒径的石料。同等体积的集料，粒径小的合计表面积比粒径大的合计表面积要大，需用较多的水泥浆才能裹住集料表面，这势必增加水泥用量。所以，在施工中要根据实际情况和施工工艺要求合理地选用石子粒径。

3）掌握好合理的砂率。砂率合理，可以使用最少用量的水泥满足混凝土所要求的流动性、粘聚性和保水性。

4）控制水灰比。水灰比是指水与水泥之比。水灰比确定后要严格控制，水灰比过大会影响混凝土的粘聚性和保水性，产生流浆、离析现象，并降低混凝土的强度。

（2）合理掺用外加剂。配制混凝土时合理掺用外加剂可以改善混凝土和易性，并能提高其强度和耐久性，达到节约水泥的目的。

（3）充分利用水泥性能富余系数。按照水泥生产标准，出厂水泥的实际强度等级均高于其标识等级，两者之间的差值称为水泥的富余性能。生产单位设备条件、技术水平，加上检测手段的不同，都使水泥质量不稳定，富余系数波动较大。一般大水泥厂生产的水泥，富余强度较大，所以建筑企业要加快测试工作，及时掌握各种水泥的活性，充分利用其富余系数，一般可节约 10% 左右的水泥量。

（4）掺加粉煤灰。发电厂燃烧粉状煤灰后的灰碴，经冲水后排出的是湿原状粉煤灰。湿原状粉煤灰经烘干磨细，可成为与水泥细度相同的磨细粉煤灰。一般情况下，在混凝土中加入 10.3% 的磨细粉煤灰即可节约 6% 的水泥。

在大量混凝土浇捣施工过程中，应由专人管理配合比，贯彻执行各项节约水泥措施，保证混凝土的质量和水泥用量的节约。

二、加强材料管理，降低材料消耗

（1）加强材料的基础管理。材料的基础管理是实施各项管理措施的基本条件。加强材料消耗定额管理、材料计划管理，坚持进行材料分析和"两算对比"等基础管理，可以有效地降低材料采购、供应和使用中的风险，为实现材料使用中的节约创造条件。正确使用材料消耗定额，能够编制准确的材料计划，就能够按需要采购供应材料；实行限额领料管理办法，可有效地控制材料消耗数量。实际工作中，许多工程预算完成较晚，很难事先做出材料分析，只能边干边算，极易形成材料超耗。通过材料分析和"两算对比"就可以做到先算后干，并对材料消耗心中有数。

（2）合理配置采购权限。企业应根据一定时期内的生产任务、工程特点和市场需求状况，不断地调整材料采购工作的管理流程，合理配置采购权限，以批量规模采购、资金和储备设施的充分利用、提高采购供应工作效率、调动基层的积极性为前提，力求一个相对合理的管理分工，获得较高的综合经济效益。

（3）提高配套供应能力。现场材料管理工作包括管供、管用、管节约。选择合理的供应方式，并做好施工现场的平衡协调工作，可以实现材料供应的高效率、高质量。从组织资源开始，就要求提高对生产的配套供应能力，最大限度地提高材料使用效率。

（4）加速材料储备的周转。合理确定材料储备定额，是为了使用较少的材料储备满足较多的施工生产需要。因此材料储备合理，可以加速库存材料的周转，避免资金超占，减少人力支出，从而降低综合材料成本。

（5）开展文明施工。高水平的现场材料管理体现在文明施工中。材料供应到现场时，尽量做到一次就位，减少二次搬运和堆积损失；材料堆放合理便于发放；及时清理、回收和再利用剩余材料和废旧材料；督促施工队伍减少操作中的材料损耗。落实这些措施既有利于现场面貌改观，又能够节约材料，提高企业的经济效益。

（6）定期进行经济活动分析。定期进行经济活动分析，开展业务核算，通过分析找出问题并采取相应措施，同时推广行之有效的现场材料管理经验，可以提高工程项目的经济运行能力和成本控制水平。

三、实行材料节约奖励制度

实行材料节约奖励制度，是材料消耗管理中运用的一种经济手段。材料节约奖励属于单项奖，奖金可在材料节约价值中支付。材料节约奖励，以认真执行定额、准确计量、手续完备、资料齐全、节约有物为基础，遵循多节多奖，不节不奖，国家、企业、个人三兼顾的原则确定，是一种行之有效的激励方式。

实行材料节约奖励制度，一般采用两种基本方法。一种是规定节约奖励标准，按照节约额的比例提取奖金，奖励操作工人及有关人员；另一种是在节约奖励标准中规定超耗罚款标准，控制材料超耗现象。

实行材料节约奖励制度，以细致和完善的过程管理为条件，以满足企业经营需要为目标，必须做好一系列的工作。

（1）有合理的材料消耗定额。推行材料节约奖励制度，离不开材料消耗定额。材料消耗定额，是考核材料实际消耗水平的标准。所以实行材料节约奖励制度的建筑企业，必须具备切合实际的材料消耗定额，并经上级批准执行。

对没有定额的少数分项工程，可根据历年材料消耗统计资料，测定平均消耗水平，报上级审批后作为试用定额执行。经过实践以后，可逐步调整为施工定额。

（2）有严格的材料收发制度。建筑企业材料管理中最基本的基础管理工作之一就是材料收发制度。没有收发料制度，就无法进行经济核算、限额领料，也就无法推行材料节约奖励制度。所以，凡实行材料节约奖励的企业，必须有严格的收发料制度。收、发料时一定要认真严格执行有关规定和制度，还要检验收、发料过程中可能发生的差错，及时查明原因并按规定办理调整手续。

（3）有完善的材料消耗考核制度。应建立完善的制度予以准确考核材料消耗的节超。材料消耗总量、完成工程量及材料品种和质量，是决定材料消耗水平的三个因素，考核材料消耗也必须从这三方面着手。

1）材料消耗总量。材料消耗总量是指完成本项工程所消耗的各种材料的总量，是现场材料部门凭限额领料单发放的材料数量，包括正常施工用料及由于质量原因造成的修补或返工用料。材料消耗总量的结算，应在该工程全部结束且不再发生材料使用时进行，如果结算后又发生材料耗用，应合并结算后重新考核。

2）完成工程量。在相同的材料消耗总量下，完成的工程量越大，材料单耗就越低；反之，完成的工程量越小，材料单耗就越高。所以在结算材料消耗总量的同时，要准确考核完成的工程量，以考核材料单耗。限额领料单中的工程量由任务单签发者按工程总任务量折算，工程量结算时要剔除对外加工部分。

对于需要较长时间才能完成的较大的分项工程，为了正确核算工程量，要在分项工程完成后进行复核。因设计变更或工程变更增减工程量的，应调整预算和限额领料数量；签发任务单时与编制施工组织设计时的预算工程量有出入的，要查清原因并确定工程量。属于建设单位和设计单位变更设计的，需有书面资料方可调整预算。

3）材料品种和质量。对所用材料的品种和质量，材料定额中都有具体要求和明确规定。如发生以高代低，以次代优等情况，均应按规定调整定额用量。

（4）工程质量稳定。工程质量优良就是最大的节约。实行材料节约奖励制度，必须切实贯彻执行质量监督检验制度，验收合格的分项工程方能实施奖励。

（5）制订材料节约奖励办法。实行材料节约奖励制度，必须先制订好奖励办法，包括实行奖励的范围、定额标准、提奖水平、结算、考核制度等，经有关方面批准后方可执行。

四、实行项目材料承包责任制

实行项目材料承包责任制，是材料消耗过程中的材料承包责任制，是材料部门中诸多责任制之一。项目材料承包责任制是使责、权、利紧密结合，降低单位工程材料成本的一种有效管理手段，体现了企业与项目、项目与个人在材料消耗过程中的职责、义务和与之相适应的经济利益。实行项目材料承包一般有三种形式，即单位工程材料承包、按工程部位承包和特殊材料单项承包。

（1）单位工程材料承包。单位工程材料承包适用于工期短，便于考核的单位工程，实行从开工到竣工的全部工程用料一次性承包。承包实行双控指标，即承包内容包括材料实物量和材料金额。单位工程材料承包反映工程项目的整体效益，有利于统筹管理材料采购、消耗和核算工作。由企业向项目负责人发包，考核对象是项目承包者。项目负责人从整体考虑，协调各工种、工序之间的衔接，控制材料消耗。

（2）按工程部位承包。按工程部位承包适用于工期长，参建人员多或操作单一、损耗量大的单位工程，分为基础、结构、装修、水电安装等施工阶段，分部位实行承包。按工程部位承包是由主要工程的分包施工组织承包，实行定额考核、包干使用的制度。其专业性强，管理到位，有利于各承包组织积极性的发挥。

（3）特殊材料单项承包。特殊材料单项承包是指对消耗量大，价格较高，容易损耗的特殊材料实行承包，这些材料一般功能要求特殊，使用过程易损耗或易丢失。从国外进口的材料，一般也是实行施工组织对单项材料的承包。特殊材料单项承包可以在大面积施工，多工种参建的条件下，使某项专用材料消耗控制在定额之内。

第2单元　项目施工材料质量控制措施

第1讲　材料进场前质量控制方法

（1）仔细阅读工程设计文件、施工图、施工合同、施工组织设计及其他与工程所用材料有关的文件，熟悉这些文件对材料品种、规格、型号、强度等级、生产厂家与商标的规定和要求。

（2）认真查阅所用材料的质量标准，学习材料的基本性质，对材料的应用特性、适用范围有全面了解，必要时对主要材料、设备及构配件的选择向业主提出合理的建议。

（3）掌握材料信息，认真考察供货厂家。

掌握材料质量、价格、供货能力信息，获得质量好、价格低的材料资源，以便既确保工程质量又降低工程造价。对重要的材料、构配件及设备，项目管理人员应对其生产厂家的资质、生产工艺、主要生产设备、企业质量管理认证情况等进行审查或实地考察，对产品的商标、包装进行了解，杜绝假冒伪劣产品，确保产品的质量可靠稳定，同时还应掌握供货情况、价格情况。对一些重要的材料、构配件及设备，订货前，项目部必须申报，经监理工程师论证同意后，报业主备案，方可订货。

第2讲　材料进场时质量控制方法

一、物、单必须相符

材料进场时，项目管理人员应检查到场材料的实际情况与所要求的材料在品种、规格、型号、强度等级、生产厂家与商标等方面是否相符，检查产品的生产编号或批号、型号、规格、生产日期与产品质量证明书是否相符，如有任何一项不符，应要求退货或要求供应商提供材料的资料。标志不清的材料可要求退货（也可进行抽检）。

二、检查材料质量保证资料

进入施工现场的各种原材料、半成品、构配件都必须有相应的质量保证资料。主要有：

（1）生产许可证或使用许可证。

（2）产品合格证、质量证明书或质量试验报告单。合格证等都必须盖有生产单位或供货单位的红章并标明出厂日期、生产批号或产品编号。

第3讲材料进场后质量控制方法

一、施工现场材料的基本要求

（1）工程上使用的所有原材料、半成品、构配件及设备，都必须事先经监理工程师审批后方可进入施工现场。

（2）施工现场不能存放与本工程无关或不合格的材料。

（3）所有进入现场的原材料与提交的资料在规格、型号、品种、编号上必须一致。

（4）不同种类、不同厂家、不同品种、不同型号、不同批号的材料必须分别堆放，界限清晰，并有专人管理。避免使用时造成混乱，便于追踪工程质量，分析质量事故的原因。

（5）应用新材料必须符合国家和建设行政主管部门的有关规定，事前必须通过试验和鉴定。代用材料必须通过计算和充分论证，并要符合结构构造的要求。

二、及时复验

为防止假冒伪劣产品用于工程，或为考察产品生产质量的稳定性，或为掌握材料在存放过程中性能的降低情况，或因原材料在施工现场重新配制，对重要的工程材料应及时进行复验。凡标志不清或认为质量有问题的材料，对质量保证资料有怀疑或与合同规定不符的一般材料，凡由工程重要程度决定、应进行一定比例试验的材料，需要进行跟踪检验，以控制和保证其质量的材料等，均应进行复验。对于进口的材料设备和重要工程或关键施工部位所用材料，则应进行全部检验。

（1）采用正确的取样方法，明确复验项目。

在每种产品质量标准中，均规定了取样方法。材料的取样必须按规定的部位、数量和操作要求来进行，确保所抽样品有代表性。抽样时，按要求填写材料见证取样表，明确试验项目。常用材料的试验项目与取样方法见表3—2。

表3—2　常用建筑材料进场复验项目表

序号	材料名称及相关标准、规范代号	进场复验项目	组批原则及取样规定
1	水泥 （GB 50204—2002） （GB 50210—2001）		

续表

序号	材料名称及相关标准、规范代号	进场复验项目	组批原则及取样规定
1	(1) 通用硅酸盐水泥（GB 175—2007/XG1—2009）	安定性凝结时间强度	（1）散装水泥： ①对同一水泥厂生产同期出厂的同品种、同强度等级、同一出厂编号的水泥为一验收批，但一验收批的总量不得超过500t。 ②随机从不少于3个车罐中各取等量水泥，经混拌均匀后，再从中称取不少于12kg的水泥作为试样。
	(2) 砌筑水泥（GB 3183—2003）	安定性凝结时间强度保水率	（2）袋装水泥： ①对同一水泥厂生产同期出厂的同品种、同强度等级、同一出厂编号的水泥为一验收批，但一验收批的总量不得超过200t。 ②随机从不少于20袋中各取等量水泥，经混拌均匀后，再从中称取不少于12kg的水泥作为试样
	(3) 铝酸盐水泥（GB 201—2000）	强度凝结时间细度	（1）同一水泥厂、同一类型、同一编号的水泥，每120t为一取样单位，不足120t也按一取样单位计。 （2）取样应有代表性，可从20袋中各取等量样品，总量至少15kg。 注：水泥取样后，超过45天使用时须重新取样试验
2	粉煤灰（GB/T 1596—2005）	细度烧失量需水量比	（1）以连续供应相同等级、相同种类的不超过200t为一验收批。 （2）取样应有代表性，从10个以上不同部位取等量样品，总量至少3kg
3	砂（JGJ 52—2006）	筛分析含泥量泥块含量	（1）以同一产地、同一规格每400m³ 或600t为一验收批，不足400m³ 或600t也按一批计。 （2）当质量比较稳定、进料量较大时，可以1000t为一验收批。 （3）取样部位应均匀分部，在料堆上从8个不同部位抽取等量试样（每份11kg）。然后用四分法缩至20kg，取样前先将取样部位表面铲除

续表

序号	材料名称及相关标准、规范代号	进场复验项目	组批原则及取样规定
4	碎石或卵石（JGJ 52—2006）	筛分析 含泥量 泥块含量 针、片状颗粒含量 压碎值指标	（1）以同一产地、同一规格每400m³或600t为一验收批，不足400m³或600t也按一批计。每一验收批取样一组。 （2）当质量比较稳定，进料量较大时，可以1000t为一验收批。 （3）一组试样40kg（最大粒径10、16、20mm）或80kg（最大粒径31.5、40mm）取样部位应均匀分布，在料堆上从五个不同的部位抽取大致相等的试样16份。每份5～40kg，然后缩分到40kg或80kg送检
5	轻骨料		
	（1）轻粗骨料（GB/T 17431.1～2—2010）	筛分析 堆积密度 吸水率 筒压强度 粒型系数	（1）以同一品种、同一密度等级每200m³为一验收批，不足200m³也按一批计。 （2）试样可以从料堆自上到下不同部位、不同方向任选10点（袋装料应从10袋中抽取）应避免取离析的及面层的材料。 （3）初次抽取的试样量应不少于10份，其总料应多于试验用料量的1倍。拌和均匀后，按四分法缩分到试验所需的用料量；轻粗骨料为50L，轻细骨料为10L
	（2）轻细骨料（GB/T 17431.1～2—2010）	筛分析 堆积密度	
6	砌墙砖和砌块		
	（1）烧结普通砖（GB/T 5101—2003）	抗压强度	（1）3.5万～15万块为一验收批，不足3.5万块也按一批计。 （2）每一验收批随机抽取试样一组（10块）
	（2）烧结多孔砖（GB 13544—2011）（GB 50203—2011）	抗压强度	（1）每5万块为一验收批，不足5万块也按一批计。 （2）每一验收批随机抽取试样一组（10块）
	（3）烧结空心砖、空心砌块（GB 13545—2003）	抗压强度	（1）3.5万～15万块为一验收批，不足3.5万块也按一批计。 （2）每批从尺寸偏差和外观质量检验合格的砖中，随机抽取抗压强度试验试样一组（10块）
	（4）非烧结垃圾尾矿砖（JC/T 422—2007）	抗压强度 抗折强度	（1）每5万块为一验收批，不足5万块也按一批计。 （2）每批从尺寸偏差和外观质量检验合格的砖中，随机抽取强度试验试样一组（10块）

序号	材料名称及相关标准、规范代号	进场复验项目	组批原则及取样规定
	(5)粉煤灰砖 (JC 239—2001)	抗压强度 抗折强度	(1)每10万块为一验收批,不足10万块也按一批计。 (2)每一验收批随机抽取试样一组(20块)
	(6)粉煤灰砌块 (JC 238—1991)(1996)	抗压强度	(1)每200m³为一验收批,不足200m³也按一批计。 (2)每批从尺寸偏差和外观质量检验合格的砌块中,随机抽取试样一组(3块),将其切割成边长200mm的立方体试件进行抗压强度试验
	(7)蒸压灰砂砖 (GB 11945—1999)	抗压强度 抗折强度	(1)每10万块为一验收批,不足10万块也按一批计。 (2)每一验收批随机抽取试样一组(10)块
	(8)蒸压灰砂空心砖 (JC/T 637—2009)	抗压强度	(1)每10万块砖为一验收批,不足10万块也按一批计。 (2)从外观合格的砖样中,用随机抽取法抽取2组10块(NF砖为2组20块)进行抗压强度试验和抗冻性试验
	(9)普通混凝土空心砌块 (GB 8239—1997)	抗压强度	(1)每1万块为一验收批,不足1万块也按一批计。 (2)每批从尺寸偏差和外观质量检验合格的砌块中,随机抽取抗压强度试验试样一组(5块)
	(10)轻骨料混凝土小型空心砌块 (GB 15229—2011)	抗压强度	
	(11)蒸压加气混凝土砌块 (GB/T 11968—2006)	立方体抗压强度 干密度	(1)同品种、同规格、同等级的砌块,以10000块为一验收批,不足10000块也按一批计。 (2)从尺寸偏差与外观检验合格的砌块中,随机抽取砌块,制作3组试件进行立方体抗压强度试验,制作3组试件做干密度检验

续表

序号	材料名称及相关标准、规范代号	进场复验项目	组批原则及取样规定
7	钢材 (GB 50204—2002)		
	(1)碳素结构钢 (GB/T 700—2006)	拉伸试验（上屈强度、抗拉强度、伸长率） 弯曲试验	(1)同一厂别，同一炉罐号、同一规格、同一交货状态每 60t 为一验收批，不足 60t 也按一批计。 (2)每一验收批取一组试件（拉伸、弯曲各 1 个）
	(2)钢筋混凝土用热轧带肋钢筋 (GB 1499.2—2007)	拉伸试验（屈服强度、抗拉强度、断后伸长率） 弯曲试验	(1)同一牌号、同一炉罐号、同一规格，每 60t 为一验收批，不足 60t 也按一批计。 (2)每一验收批取一组试件（拉伸 2 个、弯曲 2 个）。 (3)超过 60t 的部分，每增加 40t（或不足 40t 的余数），增加一个拉伸试件和一个弯曲试件
	(3)钢筋混凝土用热轧光圆钢筋 (GB 1499.1—2008)	拉伸试验（屈服强度、抗拉强度、断后伸长率） 弯曲试验	(1)同一牌号、同一炉罐号、同一尺寸、每 60t 为一验收批，不足 60t 也按一批计。 (2)每一验收批取一组试件（拉伸 2 个、弯曲 2 个）。 (3)超过 60t 的部分，每增加 40t（或不足 40t 的余数），增加一个拉伸试件和一个弯曲试件
	(4)钢筋混凝土用余热处理钢筋 (GB 13014—91)	拉伸试验（屈服强度、抗拉强度、断后伸长率） 弯曲试验	(1)同一厂别、同一炉罐号、同一规格、同一交货状态，不足 60t 也按一批计。 (2)每一验收批取一组试件（拉伸 2 个、弯曲 2 个）。 (3)在任选的两根钢筋切取
	(5)冷轧带肋钢筋 (GB 13788—2008)	拉伸试验（屈服点、抗拉强度、伸长率） 弯曲试验	(1)同一牌号、同一规格、同一生产工艺、同一交货状态，每 60t 为一验收批，不足 60t 也按一批计。 (2)每一检验批取拉伸试件 1 个（逐盘），弯曲试件 2 个（每批），松弛试件 1 个（定期）。 (3)在每（任）盘中的任意一端截去 500mm 后切取

续表

序号	材料名称及相关标准、规范代号	进场复验项目	组批原则及取样规定
	(6)冷轧扭钢筋 (JG 190—2006)	拉伸试验（抗拉强度、伸长率） 弯曲试验 重量 节距 厚度	(1)同一牌号、同一规格尺寸、同一台轧机、同一台班每10t为一验收批，不足10t也按一批计。 (2)每批取弯曲试件1个，拉伸试件2个，重量、节距、厚度各3个
	(7)预应力混凝土用钢丝 (GB/T 5223—2002)	抗拉强度 伸长率 弯曲试验	(1)同一牌号、同一规格、同一加工状态的钢丝为一验收批，每批重量不大于60t。 (2)在每盘钢丝的任一端截取抗拉强度、弯曲和断后伸长率的试验试件各一根。规定非比例伸长应力和最大力下总伸长率试验每批取3根
	(8)中强度预应力混凝土用钢丝 （YB/T 156—1999） （GB/T 2103—2008） （GB/T 10120—96）	抗拉强度 伸长率 反复弯曲	(1)同一牌号、同一规格、同一强度等级、同一生产工艺的钢丝为一验收批，每批重量不大于60t。 (2)每盘钢丝的两端取样进行抗拉强度、伸长率、反复弯曲的检验。 (3)规定非比例伸长应力和松弛率试验，每季度抽检一次，每次不少于3根
	(9)预应力混凝土用钢棒 (GB/T 5223.3—2005)	抗拉强度 断后伸长率 伸直性	(1)同一牌号、同一规格、同一加工状态的钢棒为一验收批，每批重量不大于60t。 (2)从任一盘钢棒任意一端截取1根试样进行抗拉强度、断后伸长率试验；每批钢棒不同盘中截取3根试样进行弯曲试验；每5盘取1根伸直性试验试样；规定非比例延伸强度试样为每批3根；应力松弛为每条生产线每月不少于1根。 (3)对于直条钢棒，以切断盘条的盘数为取样依据
	(10)预应力混凝土用钢绞线 (GB/T 5224—2003)	整根钢绞线的最大力 规定非比例延伸力 最大力总伸长率	(1)由同一牌号、同一规格、同一生产工艺捻制的钢绞线为一验收批，每批重量不大于60t。 (2)从每批钢绞线中任取3盘，从每盘所选的钢绞线端部正常部位截取一根进行表面质量、直径偏差、捻距和力学性能试验。如每批少于3盘，则应逐盘进行上述检验

续表

序号	材料名称及相关标准、规范代号	进场复验项目	组批原则及取样规定
	(11)预应力混凝土用低合金钢丝 (YB/T 038—1993)	拔丝用盘条： 抗拉强度 伸长率 冷弯	(1)拔丝用盘条：见本表 7－(3)（低碳热扎圆盘条） (2)钢丝： ①同一牌号、同一形状、同一尺寸、同一交货状态的钢丝为一验收批。
		钢丝： 抗拉强度 伸长率 反复弯曲 应力松弛	②从每批中抽查 5%，但不少于 5 盘进行形状、尺寸和表面检查。 ③从上述检查合格的钢丝中抽取 5%，优质钢抽取 10%，不少于 3 盘，拉伸试验每盘一个（任意端）；不少于 5 盘，反复弯曲试验每盘一个（任意端去掉 500mm 后取样）
	(12)一般用途低碳钢丝 (YB/T 5294—2009)	抗拉强度 180°弯曲试验次数 伸长率	(1)同一尺寸、同一锌层级别、同一交货状态的钢丝为一验收批。 (2)从每批中抽查 5%，但不少于 5 盘进行形状、尺寸和表面检查。 (3)从上述检查合格的钢丝中抽取 5%，优质钢抽取 10%，不少于 3 盘，拉伸试验、反复弯曲试验每盘各一个（任意端）
8	砂浆 (GB 50203—2011) (GB 50209—2010)	抗压强度	(1)每一检验批且不超过 250m³ 砌体的各种类型及强度等级的砌筑砂浆，每台搅拌机应至少抽检一次。每次至少应制作一组（3 个）标准养护试块。如砂浆等级或配合比变更时，还应制作试块； (2)冬期施工砂浆试块的留置，除应按常温规定要求外，尚应增留不少于 1 组与砌体同条件养护的试块，测试检验 28d 强度； (3)干拌砂浆：同强度等级每 400t 为一验收批，不足 400t 也按一批计。每批从 20 个以上的不同部位取等量样品。总质量不少于 15kg，分成两份，一份送试，一份备用； (4)建筑地面用水泥砂浆，以每一层或 1000m² 为一检验批，不足 1000m² 也按一批计。每批砂浆至少取样一组。当改变配合比时也应相应地留量试块

序号	材料名称及相关标准、规范代号	进场复验项目	组批原则及取样规定
9	混凝土 (GB 50010—2010) (GB 50204—2002)		
	(1)普通混凝土	抗压强度	试块的留置 ①每拌制 100 盘且不超过 100m³ 的同配合比的混凝土,取样不得少于一次; ②每工作班拌制的同一配合比的混凝土不足 100 盘时,取样不得少于一次; ③当一次连续浇筑超过 1000m³ 时,同一配合比混凝土每 200m³ 混凝土取样不得少于一次; ④每一楼层,同一配合比的混凝土,取样不得少于一次; ⑤每次取样应至少留置一组标准养护试件,同条件养护试件的留置组数(如拆模前,拆除支撑前等)应根据实际需要确定; ⑥冬期施工时,掺用外加剂的混凝土,还应留置与结构同条件养护的用以检验受冻临界强度试件及与结构同条件养护 28d,再标准养护 28d 的试件;未掺用外加剂的混凝土,应留置与结构同条件养护的用以检验受冻临界强度试件及解除冬期施工后转常温养护 28d 的同条件试件; ⑦用于结构实体检验的同条件养护试件留置应符合下列规定:对混凝土结构工程中的各混凝土强度等级,均应留置同条件养护试件;同一强度等级的同条件养护试件,其留置的数量应根据混凝土工程量和重要性确定,不宜少于 10 组,且不应少于 3 组; ⑧建筑地面工程的混凝土,以同一配合比,同一强度等级,每一层或每 1000m² 为一检验批,不足 1000m² 也按一批计。每批应至少留置一组试块

续表

序号	材料名称及相关标准、规范代号	进场复验项目	组批原则及取样规定
	(2)抗渗混凝土	抗压强度 抗渗等级	(1)试块的留置: ①连续浇筑抗渗混凝土每 500m³ 应留置一组抗渗试件(一组为 6 个抗渗试件),且每项工程不得少于两组。采用预拌混凝土的抗渗试件,留置组数应视结构的规模和要求而定。混凝土的抗渗性能,应采用标准条件下养护混凝土抗渗试件的试验结果评定。 ②冬季施工检验掺用防冻剂的混凝土抗渗性能,应增加留置与工程同条件养护 28d,再标准养护 28d 后进行抗渗试验的试件。 (2)留置抗渗试件的同时需留置抗压强度试件并应取自同一盘混凝土拌和物中。取样方法同普通混凝土,试块应在浇筑地点制作
	(3)轻骨料混凝土	干表观密度 抗压强度	(1)抗压强度、稠度同普通混凝土 (2)混凝土干表观密度试验:连续生产的预制构件厂及预拌混凝土同配合比的混凝土每月不少于 4 次;单项工程每 100m³ 混凝土至少一次,不足 100m³ 也按 100m³ 计
10	外加剂(GB 50119—2003)		
	(1)普通减水剂 (GB 8076—2008)	pH 值 密度(或细度) 减水率	(1)掺量大于 1%(含 1%)同品种的外加剂,每 100t 为一验收批,不足 100t 也按一批计。掺量小于 1% 的同品种、同一编号的外加剂,每 50t 为一验收批,不足 50t 也按一批计。 (2)从不少于三个点取等量样品混匀。 (3)取样数量,不少于 0.2t 水泥所需量
	(2)高效减水剂 (GB 8076—2008)	pH 值 密度(或细度) 减水率	
	(3)早强减水剂 (GB 8076—2008)	密度(或细度) 钢筋锈蚀 1d、3d 抗压强度 减水率	

续表

序号	材料名称及相关标准、规范代号	进场复验项目	组批原则及取样规定
	(4)缓凝减水剂 (GB 8076—2008)	pH 值 密度(或细度)混凝土凝结时间 减水剂	
	(5)引气减水剂 (GB 8076—2008)	pH 值 密度(或细度)、减水率 含气量	(1)掺量大于1%(含1%)同品种的外加剂,每100t为一验收批,不足100t也按一批计。掺量小于1%的同品种、同一编号的外加剂,每50t为一验收批,不足50t也按一批计。 (2)从不少于三个点取等量样品混匀。 (3)取样数量,不少于0.2t水泥所需量
	(6)缓凝高效减水剂 (GB 8076—2008)	pH 值 密度(或细度)混凝土凝结时间 减水剂	
	(7)缓凝剂 (GB 8076—2008)	pH 值 密度(或细度)混凝土凝结时间	
	(8)引气剂 (GB 8076—2008)	pH 值 密度(或细度)含气量	
	(9)早强剂 (GB 8076—2008)	密度(或细度) 钢筋锈蚀 1d、3d抗压强度	
	(10)泵送剂 (GB 8076—2008)	pH 值 密度(或细度) 坍落度增加值 坍落度损失	(1)以同一生产厂,同品种、同一编号的泵送剂每50t为一验收批,不足50t也按一批计。 (2)从不少于三个点取等量样品混匀。 (3)取样数量,不少于0.2t水泥所需量

续表

序号	材料名称及 相关标准、规范代号	进场复验项目	组批原则及取样规定
	(11)防水剂 (JC 474—2008)	pH 值 密度(或细度) 钢筋锈蚀	(1)年产 500t 以上的防水剂每 50t 为一验收批,500t 以下的防水剂每 30t 为一验收批,不足 50t 或 30t 也按一批计。 (2)从不少于三个点取等量样品混匀。 (3)取样数量,不少于 0.2t 水泥所需量
	(12)防冻剂 (JC 475—2004)	密度(或细度) 钢筋锈蚀 R_7、R_{+28} 抗压强度比	(1)同品种的防冻剂,每 50t 为一验收批,不足 50t 也按一批计。 (2)取样应具有代表性,可连续取,也可以从 20 个以上的不同部位取等量样品。液体防冻剂取样应注意从容器的上、中、下三层分别取样。每批取样数量不少于 0.15t 水泥所需量
	(13)膨胀剂 (GB 23439—2009)	限制膨胀率	(1)以同一生产厂,同品种、同一编号的膨胀剂每 200t 为一验收批,不足 200t 也按一批计。 (2)取样应具有代表性,可连续取,也可从 20 个以上部位取等量样品,总量不小于 10kg
	(14)喷射用速凝剂 (JC 477—2005)	密度(或细度) 钢筋锈蚀 混凝土凝结时间 1d 抗压强度	(1)同一生产厂,同品种,同一编号,每 20t 为一验收批,不足 20t 也按一批计。 (2)从 16 个不同点取等量试样混匀。取样数量不少于 4kg
11	防水卷材 (GB 50207—2012) (GB 50208—2011)		

续表

序号	材料名称及 相关标准、规范代号	进场复验项目	组批原则及取样规定
	(1)铝箔面油毡 (JC/T 504—2007)(1996 年版)	纵向拉力 耐热度 柔度 不透水性	(1)以同一生产厂的同一品种、同一等级的产品,大于 1000 卷抽 5 卷,500～1000 卷抽 4 卷,100～499 卷抽 3 卷,100 卷以下抽 2 卷,进行规格尺寸和外观质量检验。在外观质量检验合格的卷材中,任取一卷作物理性能检验。 (2)将试样卷材切除距外层卷头 2500mm 顺纵向截取 600mm 的 2 块全幅卷材送检
	(2)改性沥青聚乙烯胎防水卷材 (GB 18967—2009) (3)弹性体改性沥青防水卷材(GB 18242—2008) (4)塑性体改性沥青防水卷材(GB 18243—2008) (5)《自粘橡胶沥青防水卷材》(GB 23441—2009) (6)自粘聚合物改性沥青防水卷材 (GB 23441—2009)	拉力 最大拉力时延伸率(或断裂延伸率) 不透水性 低温柔度(或柔度) 耐热度	(1)以同一类型、同一规格 10000m² 的产品为一批,不足 10000m² 按一批计。 (2)在每批产品中随机抽取五卷进行单位面积质量、面积、厚度及外观检查。 (3)从单位面积质量、面积、厚度及外观检查合格的卷材中任取一卷进行材料性能检验。将试样卷材切除距外层卷头 2500mm 后,取 1m 长的卷材进行材料性能检验
	(7)高分子防水片材 (GB 18173.1—2006) (8)聚氯乙烯防水卷材 (GB 12952—2011) (9)氯化聚乙烯防水卷材 (GB 12953—2003) (10)氯化聚乙烯—橡胶共混防水卷材 (JC/T 684—1997)	断裂拉伸强度 扯断伸长率 不透水性 低温弯折性	(1)以同一生产厂的同一品种、同一等级的产品,大于 1000 卷抽 5 卷,500～1000 卷抽 4 卷,100～499 卷抽 3 卷,100 卷以下抽 2 卷,进行规格尺寸和外观质量检验。在外观质量检验合格的卷材中,任取一卷作物理性能检验。 (2)将试样卷材切除距外层卷头 300mm 后顺纵向切取 1500mm 的全幅卷材 2 块,一块作物理性能检验用,另一块备用
	(11)玻纤胎沥青瓦 (GB/T 20474—2006)	可溶物含量 拉力 耐热度 柔度	(1)以同一生产厂,同一等级的产品,每 20000m² 为一验收批,不足 20000m² 也按一批计。 (2)从外观、重量、规格、尺寸、允许偏差合格的油毡瓦中,任取 4 片试件进行物理性能试验

续表

序号	材料名称及相关标准、规范代号	进场复验项目	组批原则及取样规定
12	防水涂料 (GB 50207—2012) (GB 50208—2011)		
	(1)溶剂型橡胶沥青防水涂料 (JC/T 852—1999)	固体含量 不透水性 低温柔性 耐热度 延伸率	(1)同一生产厂每 5t 产品为一验收批,不足 5t 也按一批计。 (2)随机抽取,抽样数应不低于 $\sqrt{\dfrac{n}{2}}$(n 是产品的桶数)。 (3)从已检的桶内不同部位,取相同量的样品,混合均匀后取两份样品,分别装入样品容器中,样品容器应留有约 5% 的空隙,盖严,将样品容器外部擦干净立即作好标志。一份试验用,一份备用
	(2)水乳型沥青防水涂料 (JC/T 408—2005)		
	(3)聚氨酯防水涂料 (GB/T 19250—2003)	固体含量 断裂延伸率 拉伸强度 低温柔性 不透水性	(1)同一生产厂,以甲组份每 5t 为一验收批,不足 5t 也按一批计算。乙组份按产品重量配比相应增加。 (2)每一验收批按产品的配比分别取样,甲、乙组份样品总重为 2kg。 (3)搅拌均匀后的样品,分别装入干燥的样品容器中,样品容器内应留有 5% 的空隙,密封并作好标志
	(4)聚合物乳液建筑防水涂料 (JC/T 864—2008)	断裂延伸率 拉伸强度 低温柔性 不透水性 固体含量	(1)同原料、配方、连续审查的产品,出厂检验以每 5t 为一验收批,不足 5t 也按一批计。 (2)抽样按 GB/T 3186 进行。 (3)取 4kg 样品用于检验
	(5)聚合物水泥防水涂料 (GB/T 23445—2009)	断裂伸长率 拉伸强度 低温柔性 不透水性 抗渗性	(1)以同一类型 10t 产品为一验收批,不足 10t 也按一批计。 (2)产品的液体组分取样按 GB/T 3186 的规定进行。 (3)配套固体组分的抽样按 GB 12973 中的袋装水泥的规定进行,两组份共取 5kg 样品

续表

序号	材料名称及相关标准、规范代号	进场复验项目	组批原则及取样规定
13	防水密封材料 （GB 50207—2012） （GB 50208—2011）		
	（1）建筑石油沥青 （GB/T 494—2010）	软化点 针入度 延度	（1）以同一产地、同一品种、同一标号，每20t为一验收批，不足20t也按一批计。每一验收批取样2kg。 （2）在料堆上取样时，取样部位应均匀分布，同时应不少于五处，每处取洁净的等量试样共2kg作为检验和留样用
	（2）建筑防水沥青嵌缝油膏 （JC 207—2011）	耐热性（屋面） 低温柔性 拉伸粘结性 施工温度	（1）以同一生产厂、同一标号的产品每2t为一验收批，不足2t也按一批计。 （2）每批随机抽取3件产品，离表皮大约50mm处各取样1kg，装于密封容器内，一份作试验用，另两份备用
	（3）聚氨酯建筑密封胶 （JC/T 482—2003） （4）聚硫建筑密封胶 （JC/T 483—2006） （5）丙烯酸酯建筑密封胶 （JC/T 484—2006）（1996年版） （6）聚氯乙稀建筑防水接缝材料（JC/T 798—1997）	拉伸模量（或拉伸粘结性） 定伸粘结性 低温柔性	（1）以同一生产厂、同等级、同类型产品每2t为一验收批，不足2t也按一批计。每批随机抽取试样1组，试样量不少于1kg。（屋面每1t为一验收批） （2）随机抽取试样，抽样数应不低于 $\sqrt{\dfrac{n}{2}}$（n 是产品的桶数）。 （3）从已初检的桶内不同部位，取相同量的样品，混合均匀后A、B组分各2份，分别装入样品容器中，样品容器应留有5%的空隙，盖严，并将样品容器外部擦干净，立即作好标志。一份试验用，一份备用
	（7）建筑用硅酮结构密封胶 （GB 16776—2005）	23℃拉伸粘结性	（1）以同一生产厂、同一类型、同一品种的产品，每2t为一验收批，不足2t也按一批计。 （2）随机抽样，抽取量应满足检验需用量（约0.5kg）。从原包装双组分结构胶中抽样后，应立即另行密封包装

序号	材料名称及相关标准、规范代号	进场复验项目	组批原则及取样规定
14	刚性防水材料 (GB 50207—2012) (GB 50208—2011)		
	(1)水泥基渗透结晶型防水材料 (GB 18445—2001)	抗压强度 抗折强度 粘结强度 抗渗压力	(1)同一生产厂每 10t 产品为一验收批，不足 10t 也按一批计。 (2)在 10 个不同的包装中随机取样，每次取样 10kg。 (3)取样后应充分拌和均匀，一分为二，一分送试；另一份密封保存一年，以备复验或仲裁用
	(2)无机防水堵漏材料 (GB 23440—2009)	抗压强度 抗折强度 粘结强度 抗渗压力	(1)连续生产同一类别产品，30t 为一验收批，不足 30t 也按一批计。 (2)在每批产品中随机抽取。5kg(含)以上包装的，不少于三个包装中抽取样品；少于 5kg 包装的，不少于十个包装中抽取样品。 (3)将所取样充分混合均匀。样品总质量为 10kg。将样品一分为二，一份为检验样品；另一份为备用样品
15	陶瓷砖 (GB 50210—2001)		
	(1)陶瓷砖 (GB/T 4100—2006)	吸水率 (用于外墙) 抗冻性 (寒冷地区)	(1)以同一生产厂、同种产品、同一级别、同一规格，实际的交货量大于 5000m² 为一批，不足 5000m² 也按一批计。 (2)吸水率试验试样。 ①每块砖的表面积不大于 0.04m² 时需取 10 块整砖； ②如每块砖的表面积大于 0.04m² 时，需取 5 块整砖； ③每块砖的质量小于 50g，则需足够数量的砖使每种测试样品达到 50～100g。 (3)抗冻性试验试样需取 10 块整砖
	(2)陶瓷马赛克 (JC/T 456—2005)	吸水率 耐急冷急热性	(1)以同一生产厂的产品每 500m² 为一验收批，不足 500m² 也按一批计。 (2)从表面质量、尺寸偏差合格的试样中抽取 15 块

续表

序号	材料名称及相关标准、规范代号	进场复验项目	组批原则及取样规定
16	石材 (GB 50210—2001) (GB 50327—2001)		
	(1)天然花岗石建筑板材 (JC 830.1—2005) (GB/T 18601—2009)	放射性 (室内用) 弯曲强度 (幕墙工程) 耐冻融性	(1)以同一产地、同一品种、等级、类别的板材每200m² 为一验收批,不足200m² 的单一工程部位的板材也按一批计。 (2)在外观质量,尺寸偏差检验合格的板材中抽取,抽样数量按照GB/T 18601中7.1.3条规定执行。弯曲强度试样尺寸为$(10H+50)$mm×100mm×Hmm(H 为试样厚度,且$\leqslant$68mm),每种条件下的试样取5块/组(如干燥、水饱和条件下的垂直和平行层理的弯曲强度试样应制备20块),试样不得有裂纹、缺棱和缺角。抗冻系数试样尺寸与弯曲强度一致,无层理石材需试块10块,有层理石材需平行和垂直层理各10块进行试验
	(2)天然大理石 (GB/T 19766—2005) (JC 830.1—2005)	放射性 (室内用) 弯曲强度 (幕墙工程) 耐冻融性	(1)以同一产地、同一品种、等级、类别的板材每100m³ 为一验收批。不足100m³ 的单一工程部位的板材也按一批计。 (2)在外观质量,尺寸偏差检验合格的板材中抽取,抽样数量按照GB/T 19766中7.1.3条规定执行。具体抽样量同上
17	铝塑复合板 (GB 50210—2001) (GB/T 17748—2008)	铝合金板与夹层的剥离强度(用于外墙)	(1)以同一等级、同一品种、同一规格的产品3000m² 按一批计。 (2)从每批中随机抽取三张板,分别在每张板上取25mm×350mm的试件两块
18	木材、木地板 (GB 50206—2012) (GB 50210—2001) (GB 50325—2010)(2006年版)		

续表

序号	材料名称及相关标准、规范代号	进场复验项目	组批原则及取样规定
	(1) 装饰单板贴面人造板 (GB/T 15104—2006)	甲醛释放量	(1) 同一地点、同一类别、同一规格的产品为一验收批。 (2) 随机抽取 3 份,并立即用不会释放或吸附甲醛的包装材料将样品密封
	(2) 细木工板 (GB/T 5849—2006)		
	(3) 层板胶合木 (GB/T 50—2001)	甲醛释放量	(1) 同一地点、同一类别、同一规格的产品为一验收批。 (2) 甲醛释放量试验需随机抽取 3 份,并立即用不会释放或吸附甲醛的包装材料将样品密封
	(4) 实木复合地板 (GB/T 18103—2000)		
	(5) 中密度纤维板 (GB/T 11718—2009) (GB/T 17657—1999)		
19	墙体节能工程用保温材料 (GB 50411—2007)		
	(1) 模塑聚苯乙烯泡沫塑料板 (GB/T 10801.1—2002)	导热系数 表观密度 压缩强度	同一厂家同一品种的产品,当单位工程建筑面积在 20000m² 以下时抽查不少于 3 次;20000m² 以上时各抽查不少于 6 次。 抽样数量:2m²
	(2) 挤塑聚苯乙烯泡沫塑料板 (GB/T 10801.2—2002)	导热系数 压缩强度	
	(3) 建筑绝热用硬质聚氨酯泡沫塑料 (GB/T 21558—2008)	导热系数 表观密度 压缩性能	同一厂家同一品种的产品,当单位工程建筑面积在 20000m² 以下时各抽查不少于 3 次;20000m² 以上时各抽查不少于 6 次。 抽样数量:2m²
	(4) 喷涂硬质聚氨酯泡沫塑料 (GB/T 20219—2006)	导热系数 表观密度 抗压强度	
	(5) 建筑保温砂浆 (GB/T 20473—2006)	导热系数 干表观密度 抗压强度(压缩强度)	同一厂家同一品种的产品,当单位工程建筑面积在 20000m² 以下时各抽查不少于 3 次;20000m² 以上时各抽查不少于 6 次。 抽样数量:7kg 干混合料
	(6) 玻璃棉、矿渣棉、矿棉及其制品 (GB/T 13350—2008) (GB/T 11835—2007)	导热系数 密度	同一厂家同一品种的产品,当单位工程建筑面积在 20000m² 以下时各抽查不少于 3 次;20000m² 以上时各抽查不少于 6 次。 抽样数量:板材 2m²,管材长度 2m

序号	材料名称及 相关标准、规范代号	进场复验项目	组批原则及取样规定
20	幕墙节能工程用保温材料 (GB 50411—2007)		
	(1)模塑聚苯乙烯泡沫塑料板 (GB/T 10801.1—2002)	导热系数 表观密度	同一厂家同一品种的产品,当单位工程建筑面积在20000m² 以下时各抽查不少于3次;20000m² 以上时各抽查不少于6次。 抽样数量:2m²
	(2)挤塑聚苯乙烯泡沫塑料板 (GB/T 10801.2—2002)	导热系数	
	(3)建筑绝热用硬质聚氨酯泡沫塑料 (GB/T 21558—2008)	导热系数 表观密度	同一厂家同一品种的产品,当单位工程建筑面积在20000m² 以下时各抽查不少于3次;20000m² 以上时各抽查不少于6次。 抽样数量:2m²
	(4)喷涂硬质聚氨酯泡沫塑料 (GB/T 20219—2006)	导热系数 表观密度	
	(5)建筑保温砂浆 (GB/T 20473—2006)	导热系数 干表观密度	同一厂家同一品种的产品,当单位工程建筑面积在20000m² 以下时各抽查不少于3次;20000m² 以上时各抽查不少于6次。 抽样数量:7kg 干混合料
	(6)玻璃棉、矿渣棉、矿棉及其制品 (GB/T 13350—2000) (GB/T 11835—2007)	导热系数 密度	同一厂家同一品种的产品,当单位工程建筑面积在20000m² 以下时各抽查不少于3次;20000m² 以上时各抽查不少于6次。 抽样数量:板材 2m²,管材长度 2m
21	屋面、地面节能工程用保温材料 (GB 50411—2007)		
	(1)模塑聚苯乙烯泡沫塑料板 (GB/T 10801.1—2002)	导热系数 表观密度 压缩强度	同一厂家同一品种的产品,当单位工程建筑面积在20000m² 以下时各抽查不少于3次;20000m² 以上时各抽查不少于6次。 抽样数量:2m²
	(2)挤塑聚苯乙烯泡沫塑料板 (GB/T 10801.2—2002)	导热系数 压缩强度	

续表

序号	材料名称及相关标准、规范代号	进场复验项目	组批原则及取样规定
	(3)建筑绝热用硬质聚氨酯泡沫塑料 (GB/T 21558—2008)	导热系数 表观密度 压缩性能	同一厂家同一品种的产品,当单位工程建筑面积在 20000m² 以下时各抽查不少于 3 次;20000m² 以上时各抽查不少于 6 次。 抽样数量:2m²
	(4)喷涂硬质聚氨酯泡沫塑料 (GB/T 20219—2006)	导热系数 表观密度 抗压强度	
	(5)建筑保温砂浆 (GB/T 20473—2006)	导热系数 干表观密度 抗压强度(压缩强度)	同一厂家同一品种的产品,当单位工程建筑面积在 20000m² 以下时各抽查不少于 3 次;20000m² 以上时各抽查不少于 6 次。 抽样数量:7kg 干混合料
	(6)玻璃棉、矿渣棉、矿棉及其制品 (GB/T 13350—2000) (GB/T 11835—2007)	导热系数 密度	同一厂家同一品种的产品,当单位工程建筑面积在 20000m² 以下时各抽查不少于 3 次;20000m² 以上时各抽查不少于 6 次。 抽样数量:板材 2m²,管材长度 2m
22	采暖、通风和空调用保温材料 (GB 50411—2007)		
	(1)柔性泡沫橡塑绝热制品 (GB/T 17794—2008)	导热系数 密度 吸水率	同一厂家同材质的产品复验次数不得少于 2 次
	(2)玻璃棉、矿渣棉、矿棉及其制品 (GB/T 13350—2008) (GB/T 11835—2007)		
	(3)高密度聚乙烯外护管聚氨酯泡沫塑料预制直埋保温管 (CJ/T 114—2000)	导热系数 密度 吸水率	

续表

序号	材料名称及相关标准、规范代号		进场复验项目	组批原则及取样规定
23	粘结材料 (GB 50411—2007)			
	(1)胶粘剂 (JGJ 144—2004) (JG 158—2008) (JG 149—2006)		粘接强度［常温常态浸水 48h 拉伸粘接强度（与水泥砂浆）］	同一厂家同一品种的产品，当单位工程建筑面积在 20000m² 以下时各抽查不少于 3 次；20000m² 以上时各抽查不少于 6 次。 抽样数量:5kg
	(2)粘结砂浆 (JG/T 230—2007)		拉伸粘接原强度（与聚苯板和水泥砂浆）	同一厂家同一品种的产品，当单位工程建筑面积在 20000m² 以下时各抽查不少于 3 次；20000m² 以上时各抽查不少于 6 次。 抽样数量:5kg
	(3)瓷砖粘接剂 (JC/T 547—2005) (JG/T 230—2007)		粘接强度（粘接拉伸强度）	同一厂家同一品种的产品，当单位工程建筑面积在 20000m² 以下时各抽查不少于 3 次；20000m² 以上时各抽查不少于 6 次。 抽样数量:5kg
24	增强网 (GB 50411—2007)			
	(1)耐碱型玻纤网格布 (JC/T 561.2—2006)		力学性能 抗腐蚀性能	同一厂家同一品种的产品，当单位工程建筑面积在 20000m² 以下时各抽查不少于 3 次；20000m² 以上时各抽查不少于 6 次。 抽样数量:长度 2m
	(2)镀锌钢丝网 (QB/T 3897—1999)		力学性能 抗腐蚀性能	同一厂家同一品种的产品，当单位工程建筑面积在 20000m² 以下时各抽查不少于 3 次；20000m² 以上时各抽查不少于 6 次。 抽样数量:长度 2m
25	建筑外窗	(GB 50210—2001)	抗风压性能 空气渗漏性能 雨水渗透性能	(1)同一厂家的同一品种、类型、规格的门窗及门窗玻璃每 100 樘划分为一个检验批，不足 100 樘也为一个检验批。
		(GB 50411—2007)	气密性 传热系数 中空玻璃露点	(2)同一厂家的同一品种同一类型的产品各抽查不少于 3 樘

续表

序号	材料名称及相关标准、规范代号	进场复验项目	组批原则及取样规定
26	幕墙 (GB 50411—2007) (GB/T 15225—1994)	气密性能	(1)当幕墙面积大于 3000m² 或建筑外墙面积 50％时,应现场抽取材料和配件,在检测试验室安装制作试件进行检测。 (2)应对一个单位工程中面积超过 1000m² 的每一种幕墙均取一个试件进行检测
27	幕墙玻璃 (GB 50411—2007) (GB/T 11944—2002)	传热系数 遮阳系数 可见光透射比 中空玻璃露点	同一厂家同一产品抽查不少于一组
28	幕墙隔热型材 (GB 50411—2007) (GB 5237.6—2004) (JG/T 175—2011)	抗拉强度 抗剪强度	同一厂家同一产品抽查不少于一组
29	散热器 (GB 50411—2007)	单位散热量 金属热强度	同一厂家同一规格的散热器按其数量的 1％见证取样送检,但不得少于 2 组
30	风机盘管机组 (GB 50411—2007) (GB/T 19232—2003)	供冷量 供热量 风量 出口静压 功率 噪声	同一厂家的风机盘管机组按数量复验 2％,不得少于 2 台
31	低压配电系统用电缆、电线 (GB 50411—2007)	截面 每芯导体电阻值	同一厂家各种规格总数的 10％,且不少于 2 个规格

续表

序号	材料名称及相关标准、规范代号	进场复验项目	组批原则及取样规定
32	钢结构工程用高强螺栓 (GB 50205—2001)	连接副预应力	(1)在施工现场待安装的检验批中随机抽取; (2)每批应抽取8套
		连接副扭矩系数	(1)在施工现场待安装的检验批中随机抽取; (2)每批应抽取8套
		连接摩擦面抗滑移系数	(1)制造批可按分部(子分部)工程划分规定的工程量每2000t为一批,不足2000t可视为一批; (2)选用两种或两种以上表面处理工艺时,每种处理工艺应单独检验; (3)每批三组试件
33	钢网架 (GB 50205—2001)	节点承载力	每项试验做3个试件

（2）取样频率应正确。

在材料的质量标准中，均明确规定了产品出厂（矿）检验的取样频率，在一些质量验收规范中（如防水材料施工验收规范）也规定取样批次。必须确保取样频率不低于这些规定，这是控制材料质量的需要，也是工程顺利进行验收的需要。业主、政府主管部门、勘察单位、设计单位在工程施工过程中一般介入得不深，在主体或竣工验收时，主要是看质量保证资料和外观，如果取样频率不够，往往会对工程质量产生质疑，作为材料管理人员要重视这一问题。

（3）选择资质符合要求的实验室来进行检测。

材料取样后，应在规定的时间内送检，送检前，监理工程师必须考察试验室的资质等级情况。试验室要经过当地政府主管部门批准，持有在有效期内的"建筑企业试验室资质等级证书"，其试验范围必须在规定的业务范围内。

（4）认真审定抽检报告。

与材料见证取样表对比，做到物单相符。将试验数据与技术标准规定值或设计要求值进行对照，确认合格后方可允许使用该材料。否则，责令施工单位将该种或该批材料立即运离施工现场，对已应用于工程的材料及时作出处理意见。

三、合理组织材料供应，确保施工正常进行

项目部应合理地、科学地组织材料采购、加工、储备、运输，建立严密的计划、调度与管理体系，加快材料的周转，减少材料的占用量，按质、按量、如期满足工

程项目需要。

四、合理组织材料使用，减少材料的损失

正确按定额计量，使用材耗损降低，加强运输和仓库保管工作，加强材料限额管理和发放工作，健全现场管理制度以避免材料损失。

第3单元　新型建筑材料推广与应用

第1讲　"三新技术"推广应用管理

一、"三新"技术

（1）新产品

新产品指采用新技术原理、新设计，研制、生产的全新产品，或在结构、材质、工艺等某一方面比原有产品有明显改进，从而显著提高了产品性能或扩大了使用功能的产品。在研究开发过程，新产品可分为全新产品、模仿型新产品、改进型新产品、形成系列型新产品、降低成本型新产品和重新定位型新产品。按照建筑行业应用领域，新产品可分建筑材料新产品、建筑机械新产品、建筑模板新产品等等。

（2）新工艺、新技术

建筑行业的生产与其他行业相比，有其特殊性，就是其产品均为独一无二的，其建造地点均为固定的，建筑结构也有着不同的特点，因此，建筑行业的技术进步除体现在新产品（如新型建筑材料、新型施工材料、新型施工设备等）外，主要体现在工艺创新的过程中。

在建筑行业，新工艺就是新技术，只要能促进生产力发展，提高生产效率，降低生产成本，有利于可持续发展的工艺和技术，均值得提倡。目前，我国建筑业还处于规模型增长阶段，技术进步对建筑业总产出的贡献率不到20%，从而反映作为传统产业的建筑业，科技进步作用不够明显，比例较低，整体产出增长仍属于外延粗放型，因此，结合进入世界贸易组织（WTO）的新形势，提高效率、扩大内涵、走集约化发展之路成为我国建筑业迎接挑战的当务之急。

二、"三新"技术推广应用管理

（1）基本规定

1）新技术是指经过鉴定、评估的先进、成熟、适用的技术、材料、工艺、产品。新技术推广工作应依据《中华人民共和国促进科技成果转化法》、《建设领域推广应用新技术管理规定》（建设部令第 109 号）等法律、法规，重点围绕建设部、

省（市）发布的新技术推广项目进行。

2）推广应用新技术应当遵循自愿、互利、公平、诚实信用原则，依法或者依照合同约定，享受利益，承担风险。对技术进步有重大作用的新技术，在充分论证的基础上，可以采取行政和经济等措施，予以推广。

3）企业应建立健全新技术推广管理体系，明确负责此项工作的岗位与职责。从事新技术推广应用的有关人员应当具备一定的专业知识和技能，具有较丰富的工程实践经验。

4）工程中推广使用新材料、新技术、新产品，应有法定鉴定证书和检测报告，使用前应进行复验并得到设计、监理认可。

5）企业不得采用国家和省（市）明令禁止使用的技术，不得超越范围应用限制使用的技术。

（2）新技术推广应用实施管理

①企业对列入推广计划的项目应进行过程检查与总结。列入省（市）推广项目计划的项目，每半年向省（市）建设主管部门上报项目完成情况。

②对于未能按期执行的项目，应分析原因并对该项目予以撤销或延期执行。

③对新技术推广工作作出突出贡献的单位和个人，应按"促进科技成果转化法"给予奖励。

（3）北京市新技术应用示范工程的管理

北京市建筑业新技术应用示范工程是指采用了先进适用的成套建筑应用技术，在建筑节能环保技术应用等方面有突出示范作用，并且工程质量达到北京市优质工程要求的建筑工程（即本市通常所称的"一优两示范工程"以下简称示范工程）。

北京市住房和城乡建设委员会负责示范工程项目的立项审批、实施与监督及项目的评审验收工作，北京市城建技术开发中心协助进行有关具体工作。

①示范工程中采用的建筑业新技术包括当前建设部和北京市发布的《科技成果推广项目》中所列的新技术；以及在建筑施工技术、建筑节能与采暖技术、建筑用钢、化学建材、信息化技术、建筑生态与环保技术、垃圾、污水资源化技术等方面，经过专家鉴定和评估的成熟技术。

②企业应建立相应的管理制度，规范示范工程管理工作，并对实施效果好的示范工程进行必要的奖励。

③示范工程的确立应符合以下规定：

a.企业级示范工程由各单位自行确定。示范工程应能代表企业当前技术水平和质量水平，具有带动企业整体技术水平的提高，且质量优良、技术经济效益显著的典型示范作用。

b.申报北京市、建设部建筑业新技术应用示范工程，应符合北京市和建设部有关规定所要求的立项条件，并按要求及时申报。

c.示范工程应施工手续齐全，实施单位应具有相应的技术能力和规范的管理制度。

d.示范工程中应用的新技术项目应符合建设部和北京市的有关规定，在推广应用成熟技术成果的同时，应加强技术创新。

e.示范工程应与质量创优、节能与环保紧密结合，满足"一优两示范"的要求。

④示范工程的过程管理与验收规定：

a.列入示范工程计划的项目应认真组织实施。实施单位应进行示范工程年度总结或阶段性总结，并将实施进展情况报上级主管部门备案。主管部门进行必要检查。

b.停建或缓建的示范工程，应及时向主管部门报告情况，说明原因。

c.示范工程完成后，应进行总结验收。企业级示范工程由企业主管部门自行组织验收。部市级示范工程按有关规定执行。示范工程验收应在竣工验收后进行，实施单位应在验收前提交验收申请。

d.验收文件应包括：《示范工程申报书》及批准文件、单项技术总结、质量证明文件、效益分析证明（经济、社会、环境），示范工程总结的技术规程、工法等规范性文件，以及示范工程技术录像及其他相关技术创新资料等。

三、"三新"技术许可管理

建设部关于印发《"采用不符合工程建设强制性标准的新技术、新工艺、新材料核准"行政许可实施细则》的通知（建标[2005]124号）规定：

"不符合工程建设强制性标准"是指与现行工程建设强制性标准不一致的情况，或直接涉及建设工程质量安全、人身健康、生命财产安全、环境保护、能源资源节约和合理利用以及其它社会公共利益，且工程建设强制性标准没有规定又没有现行工程建设国家标准、行业标准和地方标准可依的情况。

在中华人民共和国境内的建设工程，拟采用不符合工程建设强制性标准的新技术、新工艺、新材料时，应当由该工程的建设单位依法取得行政许可，并按照行政许可决定的要求实施。未取得行政许可的，不得在建设工程中采用。

国务院建设行政主管部门负责"三新核准"的统一管理，由建设部标准定额司具体办理。国务院有关行政主管部门的标准化管理机构出具本行业 "三新核准"的审核意见，并对审核意见负责；

省、自治区、直辖市建设行政主管部门出具本行政区域"三新核准"的审核意见，并对审核意见负责。

《实施工程建设强制性标准监督规定》第五条规定，工程建设中拟采用的新技术、新工艺、新材料，不符合现行强制性规定的，应当由拟采用单位提请建设单位组织专题技术论证，报批准标准的建设行政主管部门或者国务院有关主管部门审定。

工程建设中采用国际标准或者国外标准，现行强制性标准未作规定的，建设单位应当向国务院建设行政主管部门或者国务院有关行政主管部门备案。

本条是对不符合现行强制性标准或现行强制性标准未作规定的特定情形。

（1）科学技术是推动标准化发展的动力。

人们的生产实践活动都需要运用科学技术，依照对客观规律的认识，掌握了科学技术和实践经验，去制定一套生产建设活动的技术守则，以指导、制约人们的活动，从而避免因违反客观事物规律受到惩罚或经济损失，同时也是准确评价劳动成果，公正解决贸易纠纷的尺度，通过标准来指导生产建设，促进工程质量、效益的提高，科学技术成为标准的重要组成部分，也是推动标准化发展的动力。

标准是以实践经验的总结和科学技术的发展为基础的，它不是某项科学技术研究成果，也不是单纯的实践经验总结，而必须是体现两者有机结合的综合成果。实践经验需要科学的归纳、分析、提炼，才能具有普遍的指导意义；科学技术研究成果必须通过实践检验才能确认其客观实际的可靠程度。因此，任何一项新技术、新工艺、新材料要纳入到标准中，必须具备：①技术鉴定；②通过一定范围内的试行；③按照标准的制定提炼加工。

标准与科学技术发展密切相连，标准应当与科学技术发展同步，适时将科学技术纳入到标准中去。科技进步是提高标准制定质量的关键环节。反过来，如果新技术、新工艺、新材料得不到推行，就难以获取实践的检验，也不能验证其正确性，纳入到标准中也会不可靠。为此，给出适当的条件允许其发展，是建立标准与科学技术桥梁的重要机制。

（2）层次的界限。

在本条的规定中，分出了两个层次的界限：①不符合现行强制性标准规定的；②现行强制性标准未作规定的。这两者的情况是不一样的，对于新技术、新工艺、新材料不符合现行强制性标准规定的，是指现行强制性标准中已经有明确的规定或者限制，而新技术、新工艺、新材料达不到这些要求或者超过其限制条件，则受本《规定》的约束；对于国际标准或者国外标准的规定，现行强制性标准未作规定，采纳时应当办理备案程序，责任由采纳单位负责。但是，如果国际标准或者国外标准的规定不符合现行强制性标准规定，则不允许采用。这是，国际标准或者国外标准的规定属于新技术、新工艺、新材料的范畴，则应该按照新技术、新工艺、新材料的规定进行审批。

（3）国际标准和国外标准。

积极采用国际标准和国外先进标准是我国标准化工作的原则。国际标准是指国际标准化组织 ISO 和国际电工委员会 IEC 所制定的标准，以及 ISO 确认并公布的其他国际组织制定的标准。

国外标准是指未经 ISO 确认并公布的其他国际组织的标准、发达国家的国家标准、区域性组织的标准、国际上有权威的团体和企业（公司）标准中的标准。

由于国际标准和国外标准制定的条件不尽相同，在我国对此类标准进行实施时，如果工程中采用的国际标准，规定的内容不涉及强制性标准的内容，一般在双方约定或者合同中采用即可，如果涉及强制性标准的内容，即与安全、卫生、环境保护和公共利益有关，此时在执行标准上涉及国家主权的完整问题，因此，应纳入标准实施的监督范畴。

（4）程序。

无论是采用新技术、新工艺、新材料还是采用国际标准或者国外标准，首先是建设项目的建设单位组织论证，决定是否采用，然后按照项目的管理权限通过负责实施强制性标准监督的建设行政主管部门或者其他有关行政部门，根据标准的具体规定向标准的批准部门提出。国务院建设行政主管部门、国务院有关部门和各省级建设行政主管分别作为国家标准和行业标准的批准部门，根据技术论证的结果确定是否同意。

第 2 讲　建设领域新技术推广应用

一、建设领域推广应用新技术管理规定

《建设领域推广应用新技术管理规定》（建设部令第 109 号）所称的新技术是指经过鉴定、评估的先进、成熟、适用的技术、材料、工艺、产品。所称的限制、禁止使用的落后技术是指已无法满足工程建设、城市建设、村镇建设等领域的使用要求，阻碍技术进步与行业发展，且已有替代技术，需要对其应用范围加以限制或者禁止使用的技术、材料、工艺和产品。

第六条　推广应用新技术和限制、禁止使用落后技术的发布采取以下方式：

（一）《建设部重点实施技术》（以下简称《重点实施技术》）。由国务院建设行政主管部门根据产业优化升级的要求，选择技术成熟可靠，使用范围广，对建设行业技术进步有显著促进作用，需重点组织技术推广的技术领域，定期发布。

《重点实施技术》主要发布需重点组织技术推广的技术领域名称。

（二）《推广应用新技术和限制、禁止使用落后技术公告》（以下简称《技术公告》）。根据《重点实施技术》确定的技术领域和行业发展的需要，由国务院建设行政主管部门和省、自治区、直辖市人民政府建设行政主管部门分别组织编制，定期发布。

《技术公告》主要发布推广应用和限制、禁止使用的技术类别、主要技术指标和适用范围。

限制和禁止使用落后技术的内容，涉及国家发布的工程建设强制性标准的，应由国务院建设行政主管部门发布。

（三）《科技成果推广项目》（以下简称《推广项目》）。根据《技术公告》推广应用新技术的要求，由国务院建设行政主管部门和省、自治区、直辖市人民政府建设行政主管部门分别组织专家评选具有良好推广应用前景的科技成果，定期发布。

《推广项目》主要发布科技成果名称、适用范围和技术依托单位。其中，产品类科技成果发布其生产技术或者应用技术。

二、建设部推广应用新技术管理细则

第七条　建设部通过科技示范工程（以下简称示范工程）和新技术产业化基地

（以下简称产业化基地）、科技发展试点城市、企业技术中心及技术市场等形式，推动建设行业推广应用新技术。

第九条　城市规划、公用事业、工程勘察、工程设计、建筑施工、工程监理、房地产开发和物业管理等单位，应当积极采用建设部推广应用的新技术，严格执行限用和禁用落后技术规定，其应用新技术的业绩应当作为衡量企业技术进步的重要内容。

第十六条　对技术公告公布的限用和禁用技术，施工图设计审查单位、工程监理单位和质量监督部门应将其列为审查内容；建设单位、设计单位和施工单位不得在工程中使用；凡违反技术公告应用禁用或限用落后技术的，视同使用不合格的产品，建设行政主管部门不得验收、备案；违反技术公告并违反工程建设强制性标准的，依据《建设工程质量管理条例》对实施单位进行处罚。

第十九条　推广项目立项应具备以下条件：

1.符合重点实施技术领域、技术公告和科技成果推广应用的需要。

2.通过科技成果鉴定、评估或新产品新技术鉴定，鉴定时间一般在一年以上。

3.具备必要的应用技术标准、规范、规程、工法、操作手册、标准图、使用维护管理手册或技术指南等完整配套且指导性强的标准化应用技术文件。

4.技术先进、成熟、辐射能力强，适合在全国或较大范围内推广应用。

5.申报单位必须是成果持有单位且具备较强的技术服务能力。

6.没有成果或其权属的争议。

参 考 文 献

[1] 中华人民共和国住房和城乡建设部. 建筑与市政工程施工现场专业人员职业标准（JGJ/T 250—2011）[S]. 北京：中国建筑工业出版社，2011.

[2] 北京土木建筑学会. 材料员必读. [M]. 北京：中国电力出版社，2013.

[3] 本书编委会. 建筑施工手册 [M]. 5 版. 北京：中国建筑工业出版社，2012.

[4] 江苏省建设教育协会. 材料员专业基础知识 [M]. 北京：中国建筑工业出版社，2014.

[5] 中华人民共和国住房和城乡建设部. 混凝土结构工程施工规范（GB 50666—2011）[S]. 北京：中国建筑工业出版社，2011.

[6] 本书编委会. 新版建筑工程施工质量验收规范汇编 [M]. 3 版. 北京：中国建筑工业出版社，2014.

中国建材工业出版社
China Building Materials Press

我们提供

图书出版、图书广告宣传、企业/个人定向出版、设计业务、企业内刊等外包、代选代购图书、团体用书、会议、培训，其他深度合作等优质高效服务。

编辑部
010-88386119

出版咨询
010-68343948

市场销售
010-68001605

门市销售
010-88386906

邮箱：jccbs-zbs@163.com　　网址：www.jccbs.com.cn

发展出版传媒　　服务经济建设

传播科技进步　　满足社会需求